COLEÇÃO ZOOLOGIA BRASÍLICA

1. NOSSOS PEIXES MARINHOS (Vida e Costumes) – Eurico Santos – (2141/4)
2. OS PEIXES DA ÁGUA DOCE (Vida e Costumes) – Eurico Santos – (2142/0)
3. ANFÍBIOS E RÉPTEIS (Vida e Costumes) – Eurico Santos – (2143/7)
4. DA EMA AO BEIJA-FLOR (Vida e Costumes das Aves) – Eurico Santos – (2001/8)
5. PÁSSAROS DO BRASIL (Vida e Costumes) – Eurico Santos – (2142/0)
6. ENTRE O GAMBÁ E O MACACO (Vida e Costumes dos Mamíferos) – Eurico Santos – (2146/6)
7. MOLUSCOS DO BRASIL – Eurico Santos – (2147/2)
8. O MUNDO DOS ARTRÓPODES – Eurico Santos – (2148/9)
9. OS INSETOS (Vida e Costumes) – 1º – Eurico Santos – (2149/5)
10. OS INSETOS – 2º – Eurico Santos – (2150/0)
11. MISCELÂNEA ZOOLÓGICA – Eurico Santos – (2151/7)

COLEÇÃO VIS MEA IN LABORE

1. MANUAL DO AMADOR DE CÃES – Eurico Santos – (2152/3)
2. PESCA E PISCICULTURA – Eurico Santos – (2153/0)
3. AMADOR DE PÁSSAROS – Eurico Santos – (2154/6)
4. HISTÓRIA NATURAL DAS AVES DO BRASIL (Ornitologia Brasileira) – J. T. Descourtilz – (2155/2)
5. HISTÓRIAS, LENDAS E FOLCLORE DE NOSSOS BICHOS – Eurico Santos – (2156/9)
6. AVES DO BRASIL – Deodato Silva – (2157/5)
7. NOSSAS MADEIRAS – Eurico Santos – (2158/1)
8. CAÇA E CAÇADAS – Eurico Santos – (2159/8)
9. MANUAL PRÁTICO DE PISCICULTURA – João M. Ferreira da Silva – (2160/3)
10. MANUAL DO LAVRADOR BRASILEIRO – Eurico Santos – (2161/0)
11. DICIONÁRIO DE AVICULTURA E ORNITOTECNIA – Eurico Santos – (2162/6)
12. DICIONÁRIO DE PEIXES DO BRASIL – Eurico Santos – (2163/2)
13. APICULTURA – Ciência da Longa Vida – Neif Pereira Guimarães – (2164/9)

PÁSSAROS DO BRASIL
Vida e Costumes dos Pássaros do Brasil

COLEÇÃO ZOOLOGIA BRASÍLICA

VOL. 5

Prefácio
DR. ARTHUR NEIVA

Pranchas e cores
YVONNE DEMONTE
LUDMILLA DEMONTE

Desenhos
MIRIAM COLONNA
RUTH DORIS SECCHIN
e
ERALDO FARIA

Capa
BRANCA DE CASTRO

EDITORA ITATIAIA
BELO HORIZONTE
Rua São Geraldo, 53 — Floresta — Cep. 30150-070
Tel.: 3212-4600 — Fax: 3224-5151
e-mail: vilaricaeditora@uol.com.br
www.villarica.com.br

EURICO SANTOS

PÁSSAROS DO BRASIL
VIDA E COSTUMES DOS PÁSSAROS DO BRASIL

SÉTIMA EDIÇÃO

EDITORA ITATIAIA
Belo Horizonte

2004

Direitos de Propriedade Literária adquiridos pela
EDITORA ITATIAIA
Belo Horizontes

Impresso no Brasil
Printed in Brazil

SUMÁRIO

PREFÁCIO	11	**CAPÍTULO III**	
		FORMICARÍDEOS	57
INTRODUÇÃO		Choca	60
OS PÁSSAROS	21	Chocão	62
		Borralhara	62
		Matraca	63
PARTE 1		Galinha-do-mato	63
PÁSSAROS QUE GRITAM		Galinha-do-mato	64
		Mãe-da-taoca	64
CAPÍTULO I		Papa-formiga	65
DENDROCOLAPTÍDEOS	28	Trovoada	66
Descrição das Espécies	30		
Arapaçu	30	**CAPÍTULO IV**	
Arapaçu-grande	31	RINOCRIPTÍDEOS	69
Pica-pau-vermelho	31		
Pica-pau-de-bico-comprido	31	**CAPÍTULO V**	
Arapaçu-de-bico-torto	31	COTINGÍDEOS	72
		Descrição das espécies	74
CAPÍTULO II		Araponguinha	74
FURNARÍDEOS	34	Caneleiro	76
Descrição das Espécies	34	Caneleirinho	76
Curriqueiro	34	Tropeiro	77
João-de-barro	35	Tinguaçu	79
Lendas	42	Galo-da-serra	81
Tico-tico-do-biri	43	Tesourinha	84
João-teneném	45	Chibante	85
Casaca-de-couro	47	Assobiador	86
João-tiriri	48	Corocochó	87
Corruíra-do-brejo	49	Quiruá	87
Maria-com-a-vovó	49	Anambé-preto	88
João-de-pau	50	Pavó	90
Cochicho	51	Maú	91
Arapaçu-dos-coqueiros	52	Anambé-açu	92
Arapaçu	54	Araponga	93
Pincha-cisco	54	*Lenda*	95
Macuquinho	55		

CAPÍTULO VI

PIPRÍDEOS	96
Descrição das Espécies	97
Tangará	97
Tangará-de-cabeça-branca	106
Tangarazinho	104
Rendeira	108

CAPÍTULO VII

TIRANÍDEOS	110
Descrição das espécies	112
Pombinha-das-almas	112
Lavadeira	113
Viuvinha	115
Viúva	116
Maria-preta	117
Suiriri	118
Teque-teque	120
Alegrinho	120
João-Pobre	121
Papa-piri	121
Maria-é-dia	122
Guaracava	123
Fruxu	123
Bem-te-vi-pequeno	124
Bem-te-vi	125
Siriri-tinga	130
Bem-te-vi-de-bico-chato	131
Caga-sebo	132
Verão	134
Lecre	136
Papa-mosca	137
Siriri	137
Tesoura	138

CAPÍTULO VIII

OXIRUNCÍDEO	145
Araponguinha	145

PARTE II
PÁSSAROS QUE CANTAM

CAPÍTULO IX

HIRUNDINÍDEOS	146
Descrição das Espécies	156
Andorinha-de-rabo-branco	156
Andorinha-de-pescoço-vermelho	156
Andorinha-grande	158
Andorinha-do-campo	160
Andorinha-pequena	161

CAPÍTULO X

CORVÍDEOS	164
Descrição das Espécies	165
Gralha-do-mato	165
Quem-quem	167
Gralha-azul	167
Gralha-do-campo	169

CAPÍTULO XI

TROGLODITÍDEOS	170
Descrição das Espécies	170
Cambaxirra	170
Lenda	177
Irapuru	177
Corruíra	179
Corruíra-açu	179
Garrinchão	180

CAPÍTULO XII

MIMÍDEOS	181
Descrição das Espécies	182
Sabiá-do-campo	182
Sabiá-da-praia	185
Japacanim	187

CAPÍTULO XIII

PLOCEÍDEOS	189
Pardal	189
Bico-de-lacre	195

CAPÍTULO XIV

TURDÍDEOS	198

Descrição das Espécies	198
Sabiá-laranjeira	198
Sabiá-branco	201
Sabiá-pardo	203
Sabiá-coleira	204
Sabiá da Capoeira	204
Sabiá-preto	205

CAPÍTULO XV
SILVIÍDEOS — 207

CAPÍTULO XVI
MOTACILÍDEOS — 209

Descrição das Espécies	210
Sombrio	210
Caminheiro	211

CAPÍTULO XVII
CICLARÍDEOS — 212

Gente-de-fora-aí-vem	212

CAPÍTULO XVIII
VIREONÍDEOS — 214

Descrição das Espécies	214
Juruviara	214
Irapuru verdadeiro	216

CAPÍTULO XIX
CEREBÍDEOS — 219

Descrição das Espécies	220
Saí-azul	220
Saí	221
Cambacica	222

CAPÍTULO XX
COMPSOTLIPÍDEOS — 224

Descrição das Espécies	225
Mariquita	225
Pia-cobra	225
Pula-pula	226
Saí	227

CAPÍTULO XXI
TERSINÍDEOS — 228

Saí-andorinha	228

CAPÍTULO XXII
TRAUPÍDEOS — 230

Descrição das Espécies	232
Bonito-do-campo	232
Gaturamo	233
Gaturamo-verdadeiro	236
Gaturamo-rei	236
Gaturamo-miudinho	237
Gaturamo-serrador	237
Viúva	238
Saíra	238
Tangara Seledon	239
Tangara C. cyanocephala	240
Tangara cayana flava	241
Tangara castanonota	242
Sanhaço-frade	243
Sanhaço	244
Tiê-sangue	248
Canário-do-mato	250
Capitão de Saíra	250
Tiê do Mato Grosso	251
Tiê-galo	251
Tiê-preto	252
Tiê-de-topete	253
Pintassilgo	254
Sabiá-tinga	255
Bico-de-veludo	256

CAPÍTULO XXIII
ICTERÍDEOS — 257

Descrição das Espécies	258
Japu	258
Japim	263
Guaxe	266
Soldado	271
Graúna-de-bico-branco	272
Graúna	274
Triste-pia	276
Vira-bosta	279

Lenda	289
Asa-de-telha	289
Iratuá	290
Soldado	291
Capitão	293
Chopim-do-brejo	294
Corrupião	294
Encontro	297
Arranca-milho	299

CAPÍTULO XXIV
FRINGILÍDEOS — 301

Descrição das Espécies	303
Azulão	303
Azulinho	304
Curió	304
Bicudo	305
Trinca-ferro	306
Bico-pimenta	307
Bicudo-encarnado	307
Furrie	308
Papa-capim	308
Patativa	309
Brejal	310
Chorão	310
Pichochó	311
Caboclinho	311
Coleiro-do-brejo	312
Coleiro-virado	312
Coleiro-da-bahia	314
Bigodinho	315
Serra-serra	315
Pintassilgo	316
Canário-da-terra	318
Canário-da-horta	320
Tipiu	321
Tico-tico	322
Pichochó	326
Quem-te-vestiu	326
Tico-tico-do-campo	327
Sabiá-do-banhado	328
Canário-do-campo	329
Tico-tico-rei	329
Cardeal	330
Cardeal-amarelo	333

NOTAS EXPLICATIVAS — 335

ÍNDICE DOS NOMES VULGARES — 361

PREFÁCIO

Pero Vaz de Caminha, no documento que deixou, transmitindo suas impressões ao deparar com um mundo novo, durante dez dias em que o observou, de 21 de abril a 1º de maio de 1500, segundo o calendário da época, demonstrou, entre outros fatos, que o Brasil fora anunciado aos navegantes lusos, antes mesmo de ser avistado, por alviçareiras aves marinhas.

As escassas referências impedem de enquadrá-las no grupo zoológico a que pertencem. Até o nome vulgar que lhes apontou já se perdeu; parece apenas constar daquela singular missiva, quando o escrivão da Armada, a 21 de abril, comentava: "Pela manhã, topamos aves, a que chamam *fura-buchos,* e neste dia, à hora de vésperas, houvemos vista de terra".

Das impressões que lançou no papel, procurando arrolar tudo quanto via, ainda contou o episódio, quando já em contacto com os caboclos: "Mostraram-lhes um papagaio pardo que aqui o capitão traz; tomaram-no logo na mão e acenaram logo para terra como os havia aí".

Em um dos períodos, ao descrever os indígenas, explicava: "Outros traziam carapuças de penas amarelas, e outros de vermelhas e outros de verdes".

Quando o intercâmbio se estabeleceu, Caminha não se olvidou de relatar o produto da barganha entre os lusos e a nova gente: "E trouxeram de lá muitos arcos e barretes de penas de aves, deles *verdes e amarelos,* de que creio o capitão há de mandar amostra".

Por uma predestinação, já o escrivão da Armada notava a presença, entre as primeiras dádivas, das cores nacionais, conjugadas nos objetos que os índios forneciam, tendo também assinalado que na terra nova havia: "Papagaios vermelhos muito grandes e formosos e dois verdes pequeninos".

O mundo das aves feriu-lhe a atenção, tanto quanto o das plantas, pois não se esqueceu, no impressionante relatório, ao descrever as primeiras investidas à floresta, de contar: "Enquanto andávamos neste mato, a cortar lenha, atravessaram alguns papagaios por essas árvores, deles verdes e outros pardos, grandes e pequenos".

Examinava a avifauna com crescente curiosidade, temendo cair em exageros e informações falsas, porque numa ocasião afirma: "Outras aves então não vimos: somente algumas pombas seixas, e pareceram-me maiores, em boa quantidade, que as de Portugal. Alguns diziam que viram rolas, mas eu não as vi", tal o escrúpulo em acreditar somente naquilo que testemunhava. Antes de terminar o documento, alude às aves que tanto o impressionaram: "E trouxeram papagaios verdes e outras aves pretas, quase como pegas, senão quanto tinham o bico branco e os rabos curtos".

Sessenta anos depois, em 1560, em fins ainda de maio, José de Anchieta transmite, em carta de São Vicente, notícias sobre as aves do Brasil. Não, entretanto, com a precisão do escrivão da Armada. De tal forma o célebre jesuíta vivia empolgado pelo problema da catequese, que a observação era imprecisa, por vezes falha e, não raro, errônea.

Dos papagaios que enchiam a nova terra, o santo varão afirma que eram mais comuns do que os corvos e todos serviam de comida, "uns, porém, prendem o ventre, outros imitam a voz humana".

Quem sabe a duríssima existência dos abnegados jesuítas, há de compreender que eram obrigados a lançar mão de tudo para se alimentarem; isto continua a ocorrer, que o digam os que atravessam sertões. Daí o aproveitamento dos papagaios até como alimento.

Tal assunto é também por coincidência tratado em epístola. Na que escreveu Anchieta, lança dois nomes indígenas: um, o de *guanumbi*, denominação dos beija-flores entre os índios, mas que o catequista, afastado de qualquer tropismo zoológico, denominava de *"pequenos pardais"*.

Acostumado a uma vida miraculosa, assegura, quando trata dos lindos passarinhos, que se alimentam "só do orvalho, desses há vários gêneros, dos quais um, afirmam todos, é gerado da borboleta".

Este erro propagou-se através de cronistas, para o que Eurico Santos chamou atenção, no seu valioso livro *Da Ema ao Beija-flor,* ao recordar Simão de Vasconcelos, que diz ter presenciado o fenômeno. O prodígio, no entanto, é de fácil explicação: existe um esfingídeo de nome *Sesia fadus* que foi descrito por Cramer em 1779. Lauro Travassos, que estuda este grupo e que muito conhece o lepidóptero em questão, referiu-me que a semelhança do vôo desse inseto crepuscular, e espécies afins, com o dos colibris, quando pairam sobre as flores, é o que há de mais impressionante; como também o modo rápido de adejar em torno das corolas e o de entrar em contacto, velozmente, com a água. Em Angra dos Reis, pessoas da roça conhecem o esfingídeo pelo nome de *borboleta-beija-flor*. Foi esse o fenômeno visto por Simão de Vasconcelos; essa a explicação para o beija-flor *"gerado da borboleta"* que Anchieta assinalou. Em compensação o jesuíta indicou a presença dos pinguins no Espírito Santo e esse limite só foi ultrapassado, séculos depois, pela observação que Pirajá da Silva fez ao encontrar a ave desgarrada em Valença, na Bahia.

O segundo nome indígena que cita é o de Anhima, que atesta "zurrar como um asno", evidente exagero, muito menor, porém, do que aquela afirmação a respeito de um pequeno pássaro: "Há também outro de corpo pequeno, mas quando sacode as asas faz tanto barulho que as árvores parecem que caem por terra".

O Conselheiro Lara e Ordonez o divulgador e comentador da epístola do célebre jesuíta, perfeito conhecedor de História Natural, de que foi entre nós um dos pioneiros, em nota, escrita em 1799, diz que o catequista se referia à meiga juriti.

Por volta de 1570, um homem de valor, amigo de Camões, escreveu um trabalho, somente publicado em 1576; chamava-se Pêro de Magalhães Gandavo.

O capítulo VII da sua *História da Província de Santa Cruz* cuida só *"Das aves que há nesta província"*. Muito mais apegado às belezas terrenas, diz uma verdade de fácil comprovação para os que viajam pelo interior do Brasil: "Entre todas as coisas de que na presente história se pode fazer menção, a que mais aprazível e formosa se oferece à vista humana, é a grande variedade das finas e alegres cores das muitas aves que nesta província se criam".

O Século XVI, contudo, não se encerraria, sem que alguém demonstrasse ainda maior interesse pela nossa avifauna, que encontrou, num homem excepcionalmente dotado, como foi Gabriel Soares de Sousa, o melhor dos intérpretes para trazer ao conhecimento dos pósteros fatos colhidos durante dezessete anos de estada na Bahia, esboçando, com a invulgar inteligência de que era detentor, uma classificação, a seu modo, do que observara.

Sente-se a intenção na maneira de epigrafar os capítulos, quando estuda nossa ornis, logo no primeiro, que tem o número LXVIII e assim começa: *"Sumário das aves que se criam na terra da Baía de Todos os Santos do Estado do Brasil"*. No segundo *"Em que se declara a propriedade do macucaguá, motum e da galinha do mato"*. Adiante *"Em que se declara a natureza dos canindés, araras e tucanos"* para em seguida tratar de outro, assim epigrafado: "Em que se diz das aves que se criam nos rios e lagos da água doce" — e depois, procurando um natural arranjo, escrever — "Das aves que se parecem com perdizes, rolas e pombas" que precede a parte "Em que se relata a diversidade que há de papagaios" para logo após, voltando suas vistas de naturalista nato para os mangues e a vida à beira-mar, fazer uma dissertação "Em que se conta a natureza de algumas aves da água salgada", passando a estudar um grupo conspícuo, "Em que se trata de algumas aves de rapina que se criam na Baía", não esquecendo as que agitam dentro da noite, às quais consagrou várias páginas "Em que se contém a natureza de algumas aves noturnas".

Não conseguindo juntar as restantes em agrupamento natural, delas se ocupa no lugar *"Em que se declara de alguns pássaros de diversas cores e costumes"* acompanhado de considerações *"Em que se trata de alguns passarinhos que cantam"* para terminar, como se fizesse um suplemento dos que foram olvidados, em o *"Que trata de outros pássaros diversos"*.

A notável contribuição deste homem, sem embargo das inevitáveis lacunas e erros, não mereceu ainda dos competentes toda a justiça de que é merecedora. Inventou uma classificação própria, baseada no modo de alimentar-se, comportar-se e viver das nossas aves, descrevendo-as e informando como algumas nidificam.

O antigo vereador da Câmara Municipal da Bahia surpreende como pudesse observar tanto e sobre quase tudo, em meio de absorventes trabalhos, no estranho mundo em que vivia.

Eis do que me recordei, enquanto escrevia a introdução de que me encarregou Eurico Santos, que também nasceu ornitologista. O destino chumbou-o a desdobrar sua atividade nas ruas asfaltadas do Rio de Janeiro. Muito mais forte, porém do que esta fatalidade, é o natural pendor, e por isso, escreveu trabalhos excelentes.

Alguns de extrema originalidade como o *Dicionário de Avicultura e Ornitotecnia,* começando em 1934 em uma das nossas boas revistas, "O Campo", e terminando em 1939, formando dois grandes volumes com cerca de 800 páginas, profusamente ilustradas, e que vem prestar assinalados serviços aos que estudam neste país, pois está elaborado com precisão e acerto.

No começo deste ano, Eurico Santos dera-nos a interessante, útil e instrutiva obra *Da Ema ao Beija-flor,* que é um consolo para os que amam este país e sua natureza.

Nessa terra, onde as devastações se sucedem ao ritmo das forças desencadeadas na natureza, ao assolarem o nordeste com as secas periódicas, ou quando o homem, conquistando a terra, derruba e queima as matas, destruindo flora e fauna, Eurico Santos escreve livros bons, belos e atraentes, porque não só narram a verdade a respeito da nossa avifauna, como nos recordam e ensinam coisas encantadas que o povo criou ou ainda conserva dos índios e que vivem no *folclore,* a cada instante relembrado pelo autor.

As aves sempre despertam, no povo da nossa terra, grande interesse. Naturalmente, e com frequência, a gula orientou a observação a respeito dos seres emplumados. Nossa gente herdou do índio o meio de lográ-los e o aparelhamento de armadilhas para capturá-los quase sempre em busca de alimento. Seus hábitos foram estudados e inventado variado instrumental de pios imitando rigorosamente o canto de muitas aves para melhor atraí-las e caçá-las.

Como destruição sistemática, o que vi de mais impressionante, é a matança que fazem os habitantes da Ilha Comprida, no litoral de São Paulo, nome bem dado, porque sendo estreita, estende-se por 70 km da barra de Icapara à de Cananéia, quando os pássaros que ali se refugiam descem das serras tangidos pelo frio, ficam embaraçados, ao iniciarem seus vôos matutinos, nas redes de malhas largas que os insulares suspendem do solo aos galhos das árvores. Assim são exterminados sabiás, juritis rolas, sendo mortos também tucanos e macucos, embora em menor número.

Tais aves são depenadas, salgadas e mandadas em barricas e caixotes como objetos de comércio, para Iguape e Cananéia e lá vendidas, às dúzias, por insignificantes quantias.

Ficam tão longe, às vezes, certos pontos do Brasil, que nunca vi qualquer protesto contra tão estúpida destruição. O homem público brasileiro supõe que, escrever um regulamento de caça e pesca basta para resolver os problemas essenciais da questão. Frequentemente, os burocratas, encarregados de regulamentar as leis, não conhecem a realidade nacional.

Aqueles praieiros da Ilha Comprida vivem da pesca e dos mariscos e as raras oportunidades que se lhes oferecem para comer carne surgem na época de as aves lá se refugiarem, quando são mortas e aproveitadas como alimento e vendidas no comércio próximo com o fito de alcançarem qualquer quantia que lhes mitigue a imensa pobreza.

No entanto, é comum por todo o Brasil ver que o jeca, na humildade da sua casa de sapé, partilhando da escassez dos seus alimentos, procura criar aves, principalmente canoras.

Os nossos matutos são muito mais interessados do que se imagina pela vida dos pássaros, e ainda me recordo de bela crônica de João Luso, no *Jornal do Comércio,* em 1908, ao visitar na Exposição da Praia Vermelha um pavilhão, ali construído pela Prefeitura, contendo aves do Distrito Federal, descrevendo o encantamento do cronista diante do conhecimento que um velho acaboclado demonstrava ter, reconhecendo-as pelos nomes e discorrendo sobre seus hábitos e costumes.

Certa ocasião, viajando debaixo de temporal desfeito, entre a África e o Brasil, nas alturas da Ilha Tristão da Cunha, embora muito afastado do vapor, tive oportunidade de apreciar um dos mais empolgantes espetáculos: albatrozes voando em plena tormenta, dando a impressão, em certos momentos, de que eram uma emanação da própria procela. Subiam a grande altura e desciam à flor das águas revoltas, iam e vinham atravessando, em todas as direções, os ventos enfurecidos, parecendo que estavam encarregados de conduzir as rajadas e desencadear a tempestade.

Tudo isso, no entanto, em busca de alimentação. Não sei como os gregos não incorporaram à sua mitologia alguns semideuses, que por castigo, tivessem sido transformados em aves marinhas. De fato, o que para nós se afigura como manifestação de beleza, não passa, entretanto, de um contínuo sofrimento provocado pelo incessante vôo, em busca de alimentação; que se consome pelo próprio esforço muscular da ave à sua procura. Escapou à mentalidade helênica criar, sob uma aparência cheia de graça e formosura, o suplício de transformar, em aves marinhas, seres merecedores de punição.

Creio que foi Pinto da Fonseca que, depois de uma excursão à Ilha dos Alcatrazes, narrou ter encontrado algumas gaivotas que, à falta de alimentos, tinham engolido até folhas de árvores. O saudoso João Florêncio Gomes falava-me de coisa parecida ocorrida com aves marinhas que pereceram em conseqüência da ingestão de gafanhotos que voavam sobre o oceano.

Com o desenvolvimento da civilização, as aves, entre nós, vão desaparecendo ou recuando cada vez mais. Algumas das nossas espécies estão prestes a extinguir-se.

Em 1918, Natterer ainda comprovou a presença de araras na baía do Rio de Janeiro; delas, como recordação, existe o topônimo Araruama, não longe da incomparável Guanabara, como em plena cidade, o bairro de Maracanã indica a presença de outras desaparecidas.

No fundo da baía, a denominação Inhaúma indica o antigo paradeiro das anhumas aqui no Rio; delas só tomei conhecimento nos confins de São Paulo e no longínquo Mato Grosso.

Em 1908, pude observar na confluência do Tietê com o Paraná, enormes bandos de araras canindés, emigrando de Mato Grosso, e ainda maiores os de papagaios, que, ao entardecer, vinham pousar e dormir nas cercanias de Itapura. Nas proximidades da Salto de Urubupungá, naquele Estado, não muito distante do Porto de Faia, presenciei numerosas araras vermelhas devastando, pela manhã, os araçazeiros. Todavia, nunca as testemunhei atravessando o Paraná, como faziam as canindés em demanda das margens do Tietê. Naquele ano, em São Paulo, já não existiam araras no município que tem este nome. No entanto, antigamente, chegavam até o litoral paulista paranaense, como atesta o nome Ararapira, que ainda perdura como um palimpsesto, a recordar ali a presença, outrora, de tão vistosos representantes da nossa fauna.

Não é somente o nosso povo, que sempre se mostrou interessado pelas aves. Também os vates, seus intérpretes e cantores, em todas as épocas, delas se ocuparam e as compreenderam; alguns chegaram a adivinhar.

Lembrei-me de Castro Alves, que nunca vira albatrozes, mas cujo nome me veio à mente, na primeira ocasião que os vi na circunstância acima citada, recordando-me da exclamação do poeta: "Albatroz, Leviatã do espaço"! Ninguém melhor o definiu.

Nossa avifauna sempre atraiu mais o observador estrangeiro que o brasileiro e um dos livros clássicos sobre o assunto foi escrito por Goeldi, livro que, já de longa data, se acha esgotado. O naturalista suíço resumiu o que presenciara e o que sabia. Capistrano de Abreu traduziu a obra, colocando-a assim ao alcance de todos. De muito, entretanto, que se reclamava novo trabalho; o assunto bem que merecia. Surgiu felizmente, Eurico Santos, que publica, com o presente, o seu terceiro livro. Se já vivesse, quando D. João VI chegou, talvez tivesse sido o fundador do Museu Nacional, que se originou da Casa dos Pássaros, de tal forma Eurico Santos ama a ornitologia.

Proporcionou à gente brasileira trabalhos bem elaborados em bom estilo e linguagem amena. Nossos adolescentes não poderiam receber, vivendo no país de civilização latina de maior população, melhor dádiva, pois não tiveram o ensejo, como ocorre com as crianças do mundo inteiro, de conhecer um Jardim Zoológico perfeito e moderno.

Reconheço os heróicos esforços da família Drummond, há longos decênios, desde 1888, querendo proporcionar este regalo aos habitantes do Rio. Nunca compreendi o descaso e o desinteresse a que sempre relegaram o Jardim Zoológico. Em 1922, em publicação de minha lavra, lancei um protesto. Mais tarde, completando meu ciclo de viagens, comprovei como esta deficiência nacional é impressionante.

Nossas crianças, até as das grandes capitais, como Rio e São Paulo, não têm idéia de um jardim zoológico moderno e, quando querem ver os representantes da nossa fauna, só vão encontrá-los empalhados nos mostruários dos museus.

As obras de Eurico Santos põem o leitor em contato com a natureza: ensinam, educam e aperfeiçoam o sentimento. Quando escreve sobre aves, vive para o seu mundo e com elas talvez se entenda, a exemplo de São Francisco de Assis.

Está executando um programa de brasilidade. Conhece o nome vulgar de todos os seres emplumados e as denominações que têm em vários pontos do país; batiza-os cientificamente com todo o rigor. Sua leitura encanta, pois abre vasto e esplêndido campo para os jovens que travam relações com os seus trabalhos, os quais se ocupam com uma das coisas mais formosas que o Brasil possui: suas belas aves e também com as "aves que aqui gorjeiam".

Perlustrando grandes zonas da minha pátria, deixei o produto da observação sobre o assunto em trabalho que escrevi em 1916. Em certa zona do país, a avifauna escasseia, mas, até hoje, os meus olhos guardam, deslumbrados, a beleza indescritível da maravilha que a natureza me proporcionou e de que dei uma fotografia inexpressiva daquela Ilha do Meio, em plena Lagoa de Paranaguá, no sul do Piauí, e cujas árvores se curvavam ao peso das garças brancas e das colhereiras rubras.

Quando, aos milheiros, levantavam vôo, alarmadas pela aproximação das embarcações, e passavam em revoada sobre a superfície das águas, senti-me mais brasileiro e meu desvanecimento cresceu diante da inenarrável expressão de beleza que talvez não se desenrole, em tal escala, em outros céus da terra.

Em um dos nossos centros civilizados, Campinas, pode-se apreciar um soberbo quadro com a chegada das andorinhas, ali protegidas pelos poderes públicos, que transformaram o velho mercado em abrigo aonde se vão acolher em quantidades inverossímeis, dando ensejo para que se julgue bem dos sentimentos dos homens da nossa terra e do seu interesse pelas aves. Foi o desvelo da nossa gente que preparou o abrigo e é oportuno assinalar um contraste em São Paulo, onde, em torno das fazendas, o colono estrangeiro é um exterminador de passarinhos.

Os naturalistas alemães foram os que mais se consagraram aos estudos das nossas aves e, entre nós, Hermann e Rodolfo von Ihering vulgarizaram o resultado de seus estudos em magnífico Catálogo. Natterer e Garbe foram os que maiores coleções fizeram.

Emilia Snethlage, ainda em nossos dias, consagrou toda sua vida ao estudo das aves brasileiras, tendo percorrido grande parte do território, sobretudo da imensa Amazônia, concorrendo de modo extraordinário para melhor conhecimento da nossa avifauna. Organizou, quando diretora do Museu Goeldi, no Pará, o melhor catálogo de aves da Amazônia. Aliás, aquele estado, foi um centro de pesquisas sobre este assunto com Goeldi, que entre outros trabalhos publicou o álbum colorido das aves amazonenses, muitas das quais eram encontradas vivendo no aviário anexo ao Museu.

De tudo isso, e muito mais também, é sabedor Eurico Santos, que aproveitou o melhor das informações para suas excelentes obras. A preocupação de acertar é tão constante que deu no índice de seu trabalho *Da Ema ao Beija-flor,* as correções introduzidas na sistemática pelo último e valioso catálogo de aves aparecido, qual o de Olivério Pinto, que põe em dia todas as alterações da nomenclatura.

Sem nenhum favor, a obra empreendida por Eurico Santos é das mais meritórias. Faculta aos interessados a visão panorâmica de um mundo encantado que sempre exerceu sobre os brasileiros grande atração, pois me recordo que as observações de Euler, a respeito da vida das aves fluminenses, foram lançadas em rodapés de um vespertino carioca, *A Notícia,* chamando a atenção do seu numeroso público de então.

Os arraiais onde assentam a inteligência, o amor ao Brasil, a educação do sentimento, o culto às coisas belas estão de parabéns com a publicação dos trabalhos de Eurico Santos.

Aprendem-se fatos novos e são recordadas coisas esquecidas. Das páginas de obras tão úteis ressuma, em cada capítulo, o acendrado amor à incomparável natureza da nossa pátria, como demonstra a presente que tanto me desvanece prefaciar.

ARTHUR NEIVA
Rio, 3-VI-39.

INTRODUÇÃO

OS PÁSSAROS

> "Ne tué pas tes amis, homme! Les oisillons, ce sont des amis fidèles, les pauvrets! Ce sont de petits anges qui, en volante et chantant, t'égaent, te servent; de la vermine, ils te préservent; et cela retombe sur toi, quand tu vás, rasant le sol, contre eux, en plein ciel, mauvais sujet, tirer ton plomb."
>
> *Frédéric Mistral*

Dever-se-ia escrever a vida dos pássaros naquela ingênua simplicidade com que Jacques de Voragine contou a vida dos santos, a *Legenda Dourada*.

Os pássaros, por serem mansos e fracos diante das forças indomáveis da natureza e dos outros seres que os cercam, em luta constante, dão bem a idéia daqueles santos, que viviam pelo mundo pregando a bondade e a concórdia, louvando em cânticos o criador de tantas maravilhas, mas que morriam, sempre, às mãos da gente bruta e má.

Mal se vislumbra o crepúsculo matutino e já os pássaros começam, ainda dentro dos ninhos, ou nos pousos favoritos onde adormeceram, a saudar mais uma vez o dia que aí vem, como que enternecidos diante do esplendor do mundo.

A luta pela existência, os mil perigos que os cercam e que bem conhecem, jamais lhes ensombram o ânimo.

Cuidam da vida e desvelam-se pela geração do porvir, cumprindo, alegremente, as ignotas determinações da Natureza, que quer a terra povoada de seres.

Os pássaros propriamente ditos são as aves que os ornitologistas classificam dentro da ordem dos passeriformes, caracterizados por uma real homogeneidade anatômica e morfológica, porém aparentemente muito diversificados pelas suas variadíssimas adaptações ao meio.

Constituem a ordem mais numerosa das aves, possuindo em seu conjunto mais da metade de espécies do que todas as outras reunidas.

Entre cerca de duas mil e tantas espécies da nossa avifauna, certamente mais de um milhar e muito são pássaros[1].

A caracterização da ordem, de um modo geral, pode ser feita, dizendo-se que os pássaros possuem o bico, aliás muito variável na forma, sem o ceroma basal. Os tarsos são nus, isto é, sem penas, e os dedos, em número de quatro, dispõem-se três para frente e um para trás.

Os ornitologistas chamam anisodátila a esse tipo de pata.

O dedo posterior, polegar ou hálux, é dotado de uma unha mais forte que as dos outros dedos. Os dois dedos anteriores externos são ligados na base.

A ordem dos pássaros pode ser subdividida em dois grandes grupos, segundo a constituição anatômica da garganta:

a) pássaros que gritam;

b) pássaros que cantam.

Nesta obra, de simples divulgação popular, tal será a divisão adotada, o que aliás se conforma, mais ou menos, com o que ensinam os ornitologistas.

Particularizando mais, diremos: a ordem dos passeriformes acha-se dividida em duas secções, segundo Garrod, que se baseou não só no número de pares de músculos intrínsecos, como no ponto da inserção deles, na siringe, órgão vocal das aves, colocada na porção inferior da laringe.

As duas grandes secções assim se denominam:

a) Acromiodos.

b) Mesomiodos.

Nos acromiodos, os músculos acima referidos são complicados e se acham aos pares, que se fixam na extremidade (dorsal ou ventral) dos meio-anéis brônquios.

A essa secção pertencem os pássaros que cantam, os canoros, e abrange quase exclusivamente o grupo dos *oscines,* assim chamados por Keyserling e Blasius.

Os mesomiodos, de siringe geralmente com um só par de músculos, são os pássaros que gritam, convindo dizer que esse é o tipo geral do órgão de fonação da maioria das aves, fora mesmo da ordem dos pássaros.

Na constituição anatômica da garganta baseia-se, pois, a primeira divisão da ordem dos pássaros; e dentro de cada uma destas se encontram, então, outras divisões, em subordens, super-famílias, famílias, subfamílias, etc., o que torna dificílimo o estudo de tal ordem de aves.

Ao tratar de cada família, daremos as principais características, as quais são baseadas, principalmente, no bico, tarso, asas, caudas, colorido, etc.

Os pássaros, sobre serem os mais belos e atraentes ornamentos da vida animal, representam um papel de destacado relevo no equilíbrio biológico, especialmente destinando-se a pôr uma barreira à invasão da terra pelos insetos.

Na partilha da terra com os outros animais, o homem venceu-os a todos, mas até hoje só os insetos sustentam, obstinadamente, a luta, disputando a parte que por direito natural lhes cabe.

Esses minúsculos seres é que na realidade são os nossos mais temíveis concorrentes no planeta.

Jean Rostant escrevia "L'insecte est notre grand adversaire. Il coûte annuellement à l'humanité plusieurs millions de vies. Il est, à vrai dire, le seul être vivant que nous ayons à craindre".

A tenacidade com que lutam conosco, devem-na eles, em grande parte, à sua maravilhosa organização estrutural, à superioridade evidente do esqueleto externo, construído de uma substância prodigiosa, a quintina, e ainda à sua quase sempre fantástica e incrível faculdade de se reproduzirem[2].

Além destas vantagens, gozam eles, em alto grau, de miraculoso poder de adaptação.

Em toda parte, para onde quer que volvamos os olhos, há ambiente propício à vida dos insetos, e em todas as matérias algumas espécies encontram sempre o que utilizar para viver.

Temos exemplos vulgares dentro de nossas casas, onde vemos as baratas, que comem todas as coisas que se lhes deparam, as traças, que vivem de papel e pano, e os chamados escaravelhos dos droguistas, que habitam no ambiente das farmácias, comendo desde o pó-de-arroz, a mostarda dos sinapismos, não se fazendo de rogados para devorar até inseticidas.

Numa planta produtora do maior veneno para os insetos, o timbó *(Lonchocarpus nicotí),* Costa Lima identificou o *coleóptero Dinoderus bifoveolatus*, que é broca desta planta[3].

L. O. Howard[4] informa que nos lagos salgados de Utah, Estados Unidos, os quais não mantêm nenhuma outra espécie de ser, vivem certas moscas da família dos efidrídeos, numa água cujo grau de salinidade é suficiente para destruir qualquer outra forma vivente, e acrescenta que moscas há que vivem nas minas de salgema da Boêmia, e, coisa realmente espantosa, outras espécies existem, ainda da família citada, que se desenvolvem em torno das aberturas dos poços de petróleo da Califórnia.

Há insetos que possuem mandíbulas tão fortes, que com elas perfuram canos e balas de chumbo e outros metais, até de grande rijeza, como o cristofle dos talheres, lâminas metálicas, zinco.

Aqui no Brasil, nas cidades de Recife, Salvador, Vitória, os tubos de chumbo, condutores de eletricidade, são atacados por um coleóptero[5].

Noutras partes do mundo, no Panamá, na Europa, na Austrália, certos coleópteros causam danos às redes de energia elétrica, e na América do Norte chegam a roer os fusíveis.

Insetos que veiculam doenças temíveis, que atacam os vegetais nos campos e nas tulhas, produtos manufaturados da indústria animal e vegetal, os que devoram panos, furam charutos, destroem madeiras, e se banqueteiam nas bibliotecas, digerindo autores intragáveis e ciências indigestas, todos já conhecem.

E assim, de formas muito variadas, e não obstante os valiosos recursos da ciência, os insetos causam enormes prejuízos ao homem, destruindo tudo.

Howard, valendo-se duma estimativa de Marlatt, calcula em 2.200.000.000 de dólares os prejuízos causados pelos insetos à agricultura norte-americana anualmente[6].

Numas considerações a tal propósito, A. O. Martins, do Instituto Biológico de São Paulo, diz que não é exagerado avaliar em 5% os prejuízos causados à lavoura por pragas e doenças.

Aceita essa porcentagem e verificado que a nossa produção agrícola foi em 1934-35 de 2.525.344:596$500, que corresponde hoje a Cr$2.525.344,59, os prejuízos causados por parasitos só nesta atividade vão a 126.267:229 $825.

A broca do café, se lhe não fosse sustado o curso, estragando 25%, ocasionaria o prejuízo de 326.978:716$ 200, calculado sobre a produção do ano de 1934-35.

Vendo uma roça de milho e verificando aí os estragos da lagarta — estragos esses notados nos milharais de quase todo o país, A. O. Martins chegou à conclusão de que, no mínimo, a lagarta inutiliza 3 pés de cada 100 e, atendendo, que a produção última do milho foi de 22.750.144 sacos, no valor de 227.501:440$000 (saco à 10$000) só esta lagartinha nos deu um prejuízo de 6.825043$200[7].

Não há fantasia. Kirkland diz que certo inseto, se não encontrasse inimigos naturais, em 8 anos destruiria toda a vegetação da América do Norte.

A voracidade dos insetos é alarmante.

Qualquer lagarta, num dia, come, de duas a três vezes, o seu próprio peso.

Forbusch cita certa larva que se alimenta de carne, comendo, em 24 horas, duzentas vezes o próprio peso.

Ora, são as aves e, grandemente, os pássaros, o poderoso exército encarregado de evitar as expansões calamitosas do mundo dos insetos, as suas reivindicações imperialistas, pois, segundo deve constar dos arquivos das rochas multimilenárias do paleozóico, foram os donos primitivos da terra.

Nessa guerra surda, tenaz, por vezes invisível, pois não cessa nem de noite, são as aves os nossos melhores aliados. Têm elas o mais louvável dos apetites. Escreve A. Toussenel[8] "que são uma locomotiva de primeira velocidade, uma máquina de alta pressão, que queima mais combustível que três ou quatro máquinas ordinárias. A ave não come somente para viver, como o homem da zona equatorial, mas ainda para manter um foco de calor interno, como o homem dos países frios, que consome tanto como dez árabes e que sente sobretudo a necessidade de ingerir matérias graxas, substâncias combustíveis por excelência.

É preciso pensar que 19 vigésimos das aves estão encarregadas de destruir sementes prejudiciais, alimárias devastadoras e insetos nocivos, os quais aniquilariam todo o trabalho do homem, tal seu poder de reprodução, se para contaminar aquela obra de devastação não tivéssemos as aves e não possuíssem elas a necessidade de devorar incessantemente.

Os pássaros, pela diversidade de predileções alimentares, garantem o extermínio das mais variadas espécies de insetos.

As formigas, muito especialmente as gorduchas das içás e as taçuíras, os cupins, mormente as aleluias enxameantes, as lagartas, que serão futuras borboletas, essas e as mariposas suas parentas, a mosca doméstica, a mosca de cocheira, a mosca das frutas, a varejeira, a berneira, as mutucas sanguissedentas, os mosquitos hematófagos, pequeníssimos vampiros que nos sugam o sangue e inoculam germes perniciosos, os gafanhotos assoladores, os coleópteros em milhares de espécies e cujas larvas em grande parte cavam galerias no cerne vivo das árvores, esfuracam as sementes, inutilizando toneladas de grãos alimentícios, os pulgões das plantas, os quais se reproduzem em miríades de indivíduos, chupando os sucos vegetais, matando as plantas, os percevejos do mato, todos os insetos, enfim, encontram, entre os pássaros, apreciadores insaciáveis.

Esses aspectos da luta biológica não escaparam, certamente, aos povos da Antigüidade.[9]

Até os próprios pássaros granívoros, que durante a roda do ano não pegam um só inseto, entregam-se, na época da alimentação dos filhotes, a tal caça. Os pássaros ninhegos são pequenos ogres, comem mais que a provedoria duma ordem rica.

Observei um pardal, na faina de alimentar os filhotes, cujo ninho ficava num beiral do telhado, defronte da varanda de minha casa. Durante pouco menos de uma hora, contei 22 entradas de petisqueiras, recebidas sempre com aplausos.

E isso bem pouco diante do que registra um observador norte-americano em referência à "house wren", uma espécie de cambaxirra, aliás passarinho insetívoro.

Diz ele[10] ter contado 110 carretos de insetos em 4½ horas. Quer dizer que aquele pequeno pássaro, para abastecer seus pequenitos, caçou um inseto em cada 2½ minutos.

Dessa legião de gastrônomos de tripa forra e apetite sempre aberto é que tratarei nas páginas que se vão seguir.

Não nos devemos jamais esquecer que, como dizia Michelet, o homem não poderá viver sem as aves e que estas viveram e podem viver perfeitamente sem o homem.

Se não por bondade, ao menos por interesse, protejamos as aves e, por mais imbeles e fracos, protejamos ainda mais particularmente os pássaros.

PARTE 1

PÁSSAROS QUE GRITAM

CAPÍTULO I

DENDROCOLAPTÍDEOS

**Arapaçus, subideira, pica-paus-vermelhos,
pica-pau-de-bico-comprido, pica-pau-de-bico-torto.**

A família dos dendrocolaptídeos do Brasil consta hoje de 101 espécies e convém notar que dela foi desmembrada enorme parte, uma subfamília, que veio a constituir família independente, a dos *furnarídeos*.

São aves da mata e a maioria apresenta grande semelhança com os pica-paus, já na forma, já no hábito de escalar os troncos das árvores, grimpando por eles.

Há algumas espécies que até possuem retrizes de pontas duras, como os picídeos. Uma característica, entre outra, é muito segura para a distinção das duas ordens. Os pica-paus possuem dois dedos para trás e dois para frente, enquanto os dendrocolaptídeos possuem três dedos para frente e um para trás, como todos os passeriformes.

Vivem, como ficou dito, na mata e alimentam-se de insetos que caçam principalmente nos troncos das árvores. São, pois, aves utilíssimas.

É natural que, vivendo a explorar troncos de árvores, por ali encontrassem quase sempre abelhas silvestres e acabassem por colocá-las no seu cardápio quotidiano, talvez até seu prato de resistência, dada a abundância destes insetos.

Tratando da biologia das abelhas melíferas do Brasil, H. von Ihering diz que os dendrocolaptídeos são seus inimigos naturais e aponta a *subideira,* também chamada *tarasca* e *arapaçu-grande (Dendrocolaptes platyrostris),* como grande comilona desses himenópteros.

Alguns, entretanto, portam-se à maneira dos *formicarídeos* e costumam até fazer parte das caravanas de aves que percorrem as matas, de parceria como teremos ensejo de contar mais adiante.

A família dos dendrocolaptídeos não é muito conhecida do povo, e os seus representantes são assinalados em sua maioria pela designação de *arapuçu* ou *pica- pau-vermelho.*

A grande maioria ocorre no extremo norte do Brasil, na região amazônica.

Como levam vida recatada, no recesso da mata, pouco se sabe a respeito dos seus costumes.

A propósito de ninhos, também não se sabe grande coisa.

O Príncipe de Wied verificou que certa espécie *(Dendroplex picus picus),* à maneira dos *pica-paus,* incuba no oco das árvores, e Euler também achou o ninho de *Lepidocolaptes fuscus tenuirostris,* que é espécie muito comum, quer nas matas, quer nas capoeiras, em fendas de diversas árvores, em altura média relativamente ao solo.

Há, evidentemente, muitas correlações entre esses pássaros e os picídeos. O povo, por sua vez, já forjou, analogicamente, a lenda da raiz do *arapaçu* ou *uirá-paçu* idêntica à do *pica-pau.*

Dizem que "o pássaro conhece uma raiz que abre todas as fechaduras, e quem quiser possuí-la, tapa o ninho da ave, e o arapaçu vai logo buscar a raiz mágica. Com o auxílio desta, pode-se sair da cadeia ou apoderar-se de tesouros, sem ser percebido.

Está explicada a razão pela qual andam por aí tantos ladrões e a polícia não os vê: estão armados com a tal raiz.

Espécies de hábitos semelhantes, ocorrentes aqui no sul, são as do gênero *Lepidocolaptes,* entre as quais *angustirostris,* de que há algumas subespécies espalhadas pelo Brasil.

DESCRIÇÃO DAS ESPÉCIES

Passemos a descrever algumas espécies, entre uma centena delas, para que os leitores façam uma idéia dos indivíduos que compõem essa enorme família, ainda envolta na sombra do desconhecido.

ARAPAÇU — Sob esse nome, que parece significar *pau grande curvo*, alusão evidente ao longo e curvo bico destes passarinhos, estão incluídas algumas espécies de dendrocolaptídeos, entre as quais citaremos *Xiphorhynchus guttatus guttatus*, que vive nas matas costeiras do Brasil, da Bahia ao Rio de Janeiro.

Goeldi viu-o e distinguiu-o bem nas matas virgens da Serra dos Órgãos. Notou-lhe o vôo rápido de uma para outra árvore e a maneira com que grimpa pelos troncos, indo de baixo para cima, inspecionando as anfratuosidades, em busca de insetos, tal qual procedem os lídimos pica-paus.

E o mais curioso é que não somente por esse hábito, mas até na voz ele se assemelha ao *Picus viridis*, o conhecido pica-pau europeu. Esse *arapaçu*, chamado também *pica-pau-vermelho*, mede 27 cm de comprimento, é de cor geral parda, com bruno avermelhado nas asas e cauda, branco-sujo na garganta, com fitas finas, negras, do ventre para trás, cabeça anegrada, na qual se inserem penas cujo canhão leva uma estria dum amarelo-alvadio.

Esse tipo de penas encontra-se também na nuca e no peito anterior.

O bico longo, que tem o comprimento da cabeça, é negro e ligeiramente curvado para baixo.

Tal é, mais ou menos, o feitio geral da família.

Fig. 1. *Pica-pau-de-bico-comprido* (Nasica kmgirostris)

Cumpre notar que há, no entanto, espécies de tamanho médio e até muito pequenas, como as do gênero *Campylorhamphus*.

ARAPAÇU-GRANDE *(Dendrocolaptes platyrostris platyrostris)* — É outra espécie do Sul vindo desde Bahia até o Rio Grande do Sul, Paraguai e nordeste da Argentina.

Mede 27 cm. É de cor pardo azeitonada, na parte superior bem mais escura na cabeça e bruno-castanho na cauda. As penas da cabeça, pescoço e peito levam uma estria amarelenta. Riscos transversais pretos ornam-lhe a barriga. A região da garganta é dum branco-amarelado.

O povo aqui do sul conhece mais esta ave pelo nome de *subideira* e *tarasca*.

A espécie é singularmente parecida com outra aqui ocorrente no sul, *Xiphocolaptes albicolis albicolis,* sendo que esta é maior (30 cm) e de mais imponente bico.

PICA-PAU-VERMELHO *(Dendrocolaptes certhia certhia)* — É espécie do extremo oeste setentrional do Brasil.

A cor geral é parda olivácea, listrada de preto, garganta esbranquiçada, cauda e rêmiges vermelhas. Mede mais de 30 cm, sendo que 13,4 cm é o comprimento da cauda. Apresenta nada menos de 4 formas diversas, todas da Amazônia.

Ainda com o nome de *pica-pau-vermelho,* conhecem-se outras espécies de gêneros diferentes.

PICA-PAU-DE-BICO-COMPRIDO *(Nasica longirostris longirostris)* — Outra espécie amazônica, de cor vermelha na parte superior, alto da cabeça pardo escuro, garganta branca, peito e abdome pardos avermelhados, pintado de branco na parte anterior. Mede quase 37 cm, sendo que o bico tem 76 mm, duas vezes mais que o comprimento da cabeça.

ARAPAÇU-DE-BICO-TORTO *(Campylorhamphus trochilirostris)* — Esse nome tão comprido quanto horrendo serve para rotular um passarinho mimoso, de 25 cm de comprimento, armado de um bico longo, monumental e sobremaneira recurvo, que lhe empresta um ar inédito e espetaculoso. Tal bico mede 65 mm. A plumagem do *arapaçu-de-bico-torto* é de cor azeitona, ou melhor, pardo-azeitonada,

Fig. 2. Araçapu-de-bico-torto (Campylorhamphus trochilirostris)

cauda castanha, cabeça e região do pescoço com largas pinceladas de cor amarelada.

Goeldi, que já andava intrigado com os préstimos de tão entortinhado bico, acabou por descobrir-lhe a utilidade. Surpreendeu, por vezes, aquele *arapaçu* explorando com a singular bicarra certos buracos que se encontram nas taquaras, dentro das quais vivem numerosas colônias de formigas. O lindo passarinho vale-se com a mestria de seus dotes naturais e caça facilmente as formigas de que se alimenta, em grande parte.

A propósito dos buracos nas taquaras, porta aberta à invasão das formigas para dentro do oco do colmo, convém fazer particular referência. Supôs-se, a princípio, que tais cavidades quadrangulares e como que cavadas a faca fossem feitas por pica-paus, mas já Goeldi dava como certo que o autor destes buracos eram os caxinguelês.

Parece que os ratos de taquara e caxinguelês furam assim os colmos daquelas gigantescas gramíneas em procura da água que às vezes ali se acumula. Encontrando uma entrada já preparada, várias formigas, do gênero *Camponotus,* aí se instalam.

As avezinhas de que tratamos sabem muito bem os hábitos de toda a bicharia que anda pelos matos e por isso vemo-las sempre metidas nos taquarais em busca das formigas.

Como tudo isso é maravilhoso! Como sabem os animais tirar partido das mais variadas circunstâncias.

Os caxinguelês e os ratos do mato, acossados pela sede, descobrem que há água dentro dos colmos das taquaras e furam-nas para se dessedentar; as formigas aproveitam-se do ensejo e no oco daquelas gramíneas constroem as suas cidades, e os *arapaçus,* por sua vez, procurando alimento, ali vão caçar a presa apetecida.

O *arapaçu,* a que nos referimos, empoleira-se, como é de hábito entre os pássaros, mas sabe também rastejar pelos troncos na postura clássica dos pica-paus. Trata-se, à vista do que já vimos, de um insetívoro que merece proteção pela utilidade, se o exotismo do aspecto já não bastasse para recomendá-lo à admiração dos amantes da natureza.

A distribuição desta espécie estende-se pelos Estados do Espírito Santo, Rio de Janeiro, São Paulo, Paraná, Rio Grande do Sul, Paraguai e nordeste da Argentina, mas os ornitologistas distinguem 7 sub-espécies, espalhadas pelo Brasil.

CAPÍTULO II

FURNARÍDEOS

Curriqueiro, joão-de-barro, tico-tico-do-biri, joão-teneném, casaca-de-couro, joão-tiriri, corruíra-do-brejo, maria-com-a-vovó, joão-de-pau, arapaçu-dos-coqueiros, arapaçu, pinchacisco, vira-folha, macuquinho, etc.

Os *Furnarídeos* apresentam os mesmos característicos gerais dos dendrocolaptídeos, com os quais, durante muito tempo, estiveram reunidos.

As diferenças em que se baseia a separação entre as duas famílias são estritamente de interesse dos ornitologistas e ligadas a minúcias de morfologia. Não interessam ao público em geral.

Não se pode mesmo dar alguns traços que permitam a caracterização das duas famílias.

Todos, no entanto, possuem o tarso endaspideano, mas o bico é grandemente variável. Geralmente o colorido, em ambas as famílias, é sóbrio, e em regra, brunáceo.

Existem 130 formas, entre espécies e suas numerosíssimas subespécies.

DESCRIÇÃO DAS ESPÉCIES

CURRIQUEIRO *(Geositta cunicularia cunicularia)* — A parte dorsal deste pássaro, que mede mais ou menos 16 cm é de cor térrea, rêmiges cor de canela com abertura leonada clara, matiz esse que se nota no pescoço e peito, o qual ostenta estrias escuras. A parte inferior do corpo é leonado ainda mais claro.

As penas timoneiras, da cauda, tingem-se de acanelada nuance, na base, mas as pontas são orladas da mesma cor que a parte inferior do corpo. Bico córneo e patas negras.

O *curriqueiro* não ocorre, no Brasil, senão no Rio Grande do Sul, mas é encontrado no Uruguai, parte oriental da Argentina, indo até a Patagônia.

Aninha-se nos barrancos, no chão, onde cava sua galeria, reta e paralela à superfície do solo, no fundo da qual se encontra o ninho composto de capim seco e penas. Os ovos, em número de 3, são brancos.

Na Argentina, o *curriqueiro*, lá chamado *minerita*, prefere aninhar-se no bordo das "vizcacheras", isto é, nas furnas onde vivem as vizcachas *(Logostomus maximus)*[11].

O viandante que percorre a cavalo as longas estradas do interior riograndense, por vezes observa, fugindo das patas de sua montada, uma avezinha, que pousa mais adiante, no caminho, para novamente fugir à aproximação do cavalo: é o *curriqueiro*.

A palavra parece que provém de *curriculum* (de *currere*), carreira.

Este pássaro nada tem de espantadiço, ao invés, chega ao extremo de vir próximo do homem à procura de alimento.

Na Argentina, José A. Pereira[12] informa que certa andorinha *(Pygochelidon cyanoleuca patagonica)* procura os ninhos do *curriqueiro* e os toma.

W. H. Hudson apenas notara que esta andorinha se assenhoreava do ninho do *curriqueiro*, quando ele o abandonava.

Há um outro *furnarídeo*, menor que o *curriqueiro*, pardo, de cauda curta acastanhada e faixa preta na ponta *(Geobates poeciloptervus)*, que faz o ninho nos barrancos, cavando galerias horizontais. Ao sair da sua furna, tem o hábito de elevar-se ao ar, ali pairando uns instantes e soltando as notas alegres de seu canto, semelhantes às que emite o *joão-de-barro*, quando está construindo seu *ménage*. É ave muito comum nos campos de São Paulo, Minas, Mato Grosso e Goiás, onde Olivério Pinto observou os seus ninhos subterrâneos.

JOÃO-DE-BARRO *(Furnarius rufus rufus)* — Como as grandes individualidades humanas, o *joão-de-barro* merece uma biografia romanceada.

Trata-se na realidade de um super-pássaro, cheio de qualidades, para não dizer virtudes.

Industrioso, honesto, inteligente, casto, trabalhador, pacífico, esse passarinho conquistou a simpatia dos homens em cuja vizinhança se compraz de viver, vindo confiante colocar seu ninho no beiral dos telhados, nas cornijas das casas, nas cercas, nas árvores que rodeiam as habitações humanas.

Quando se sente protegido pela benevolência dos que o cercam, então ainda mais confiante se mostra, chegando sem receio até junto ao homem.

No Estado do Rio, cidade do Carmo, na fazenda do Cel. Júlio César Lutterbach, tive ensejo de ver o elegante passarinho passear nos canteiros do jardim, à cata de minhocas, bem ao alcance de meu braço.

Parece ter grande afeto ao recanto que elege para morar e dele não se afasta; é bairrista.

Nunca é visto na mata, mas sempre no campo e, até nos centros movimentados.

Sua presença alegra os campos com o constante cantar, que é muito característico, ligeira série de notas, quase uma gargalhada. Entremeia sempre o trabalho com estas alegres risadas. Se chove, cala-se ou solta ligeiros queixumes. Mal cessa a chuva, porém, ei-lo de novo desfazendo-se em risos.

Quando constrói a casa, cada vez que amontoa o barro, levantando um pedaço de parede, voa para um galho próximo, limpa o bico e, satisfeito com o andamento da edificação, achando esse mun-

Fig. 3. João-de-barro (Furnarius rufus) e seu ninho.

do um paraíso, solta o seu cacarejo de alegria, em duo com a companheira. Enquanto canta, agita as asas em característica postura.

Honesto como um santo, jamais esbulha a propriedade alheia e, se não guardar os domingos e os dias santificados, como o povo chega a afirmar, respeita religiosamente o nono mandamento, jamais cobiçando a mulher do próximo. O par unido pelo nó de eterno casamento, com isso se conforma e está contente. Não há tragédias passionais, raptos, nem rixas entre amantes. Monogamia constitucional, hereditária, aplainou todas as arestas da questão sexual, que não se resolve entre outros povos, mesmo sem bico e pena, senão por meios da violência e da luta em favor do mais forte.

Na apresentação da sua figura não quis a natureza gastar as tintas vivas da pródiga palheta. Deu-lhe um traje sem brilho de festa, como convém ao seu rude mister de oleiro.

Tem, pode dizer-se, cor geral terrosa, com o vértice mais carregado, garganta branca e parte inferior do corpo algo amarelento-sujo.[13]

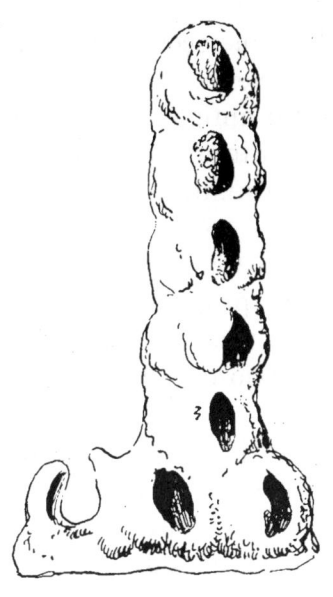

Fig. 4. *Ninhos de joão-de-barro sobrepostos.* (Museu Nacional)

Bico fino, reto, ligeiramente curvado para a ponta, tendo mais ou menos 2½ cm. Cabeça arredondada, corpo fornido, muito elegante, com tarsos altos, dedos fortes, cauda redonda, com 7 cm de comprimento.

O tamanho do *joão-de-barro* não passa de 20 cm espichado da ponta do bico à extremidade da cauda, e a envergadura das asas fica entre 26 a 28 cm. Seu ninho constitui uma novidade no mundo das aves. Nenhum outro apresenta como o dele mais conforto e segurança. É construído de barro e tem a forma típica de um forno primitivo, de cozer pão. Daí a designação de *forneiro,* "horneiro", como dizem os nossos vizinhos argentinos, *barreiro,* como lhe chamam os gaúchos, *amassa-barro* e *maria-de-barro,* como *é* conhecida a subespécie que ocorre na Bahia e Ceará.

As dimensões de tais ninhos são de 24 a 26 cm de diâmetro transversal por 18,5 a 21,5 de diâmetro antero-posterior. A abertura, que tem uma conformação auricular, mede de 89 a 98 mm de alto por 41 a 45 de largura na parte média da mesma.

O ninho divide-se em dois compartimentos, separados por uma parede de forma tal, que há um corredor de entrada que se encurva e vai dar numa câmara arredondada, onde a fêmea põe os ovos.

O material de que se utiliza a ave para esta construção é, como dissemos, o barro, misturado com palhas, crinas, fibras diversas.

No Jardim Botânico, do Rio, um *joão-de-barro,* em 1937, aproveitou uma argamassa de cimento e com esse material excelente construiu a casa conforme se lê no Guia dos Visitantes, 1942, p. 34.

Em 29 de abril (1939) observei na Escola Venceslau Brás (Penha) um casal fazendo o ninho, apenas começado. Cada um traz no bico uma bolinha de barro, do tamanho de um grão de ervilha. Coloca-o no lugar, e, com o bico, dá repetidas bicadas, como que martelando. Pára para descansar e recomeça o serviço até ver que ficou bem espalhado o barro. Descansa e vai buscar nova porção.

Antes de construir o ninho, o casal procede a inspeções rigorosas e escolhe então o sítio que lhe parece mais agradável ou conveniente. Este varia infinitamente, mas, como ave social e amiga do homem, procura sempre a sua aproximação e planta o ninho nas imediações, quando não nas estradas pelas quais ele transita, nos cruzeiros, apreciando muito os postes telegráficos.

Essa predileção chegou a causar sérias preocupações ao Barão de Capanema, que via na avezinha um inimigo do progresso telegráfico, e levou as companhias de telégrafo da Argentina a inventarem um dispositivo destinado a impedir que o industrioso pedreiro colocasse os ninhos em cima dos isoladores.

Nas tarefas de construir a moradia, como já foi dito, toma parte o casal; macho e fêmea revezam-se nas canseiras de amassar e carregar o barro, coisa que somente é possível fazer quando aquela matéria-prima se encontra amolecida pelas chuvas. Sendo abundante o material, em 4 dias está levantada a casa, mas, por vezes, são necessários 6 a 7 dias.

Se começam o pesado trabalho e escasseia o barro convenientemente amolecido, param a construção e mais tarde iniciam outra;

entretanto, em apuros, valem-se da bosta dos bovinos para rematar o monumento.

Casa tão sólida, só se utiliza durante a temporada de incubação. Muitas vezes entretanto, chocada a primeira postura, criados os filhotes até a época precisa, tratam de proceder à limpeza geral e põem fora todo o velho material que serviu de berço à prole: penas, palhas, etc. Tudo varrido, escorreito e limpo, começa a fêmea a nova postura.

Já nesse tempo os filhotes podem tratar da vida, mas, como certos mamarrachos da espécie humana, não se querem desgarrar da casa paterna. O *joão-de-barro,* pai exemplar, nestas conjunturas, deita a mais férrea energia. Começa naturalmente por conselhos paternais, em tom menor, depois alteia a voz, e os joõezinhos nada, sempre no peditório de comida. Repetem-se os ralhos e os conselhos ainda sem resultado. Chega-lhe enfim a mostarda ao bico e, percebendo que o querem fazer de tolo, começa a distribuir pancadaria grossa. Diante de tão irrespondíveis argumentos, os pimpolhos batem a bela plumagem e vão amassar barro, em dueto, com uma gentil companheira. Lá se inicia de novo o eterno romance de amor, que enche a terra de todas as espécies de joões.

Terminada a quadra do ano destinada a criação, ainda por ali fica o casal, mas a próxima postura, no outro ano já não será feita na mesma casa.

Confortável como é tal ninho, naturalmente muitas outras aves o cobiçam, e entre elas o velhaco do pardal, uma andorinha *(Phaeoprogne t. tapera),* o canário-da-terra *(Sicales pelzelm),* o periquitinho ou tuim *(Forpus passerínus vividus)* e outros. Até a abelha uruçu-mirim, quando

Fig. 5. *Ninho de joão-de-barro localizado em vespeiro de* Polybia scutellaris.*Desenho feito sobre fotografia,* in *"ElHornero", vol. IV.*

encontra um ninho abandonado, levanta um muro na porta e aproveita-o para colméia.

Certa vez, o naturalista Juan Daguerre[14] notou que um casal de andorinhas rondava o palacete do *joão-de-barro*, por julgar que em breve seria abandonado, visto estarem os filhotes já taludos. Com grande tristeza dos pretendentes, os habitantes do palacete escorraçaram os filhos, fizeram uma completa limpeza nos penates e reinstalaram-se para nova quadra. Isso prova o que anteriormente dissemos.

Apreciando bem a habitação das aves de que estamos tratando, verifica-se que ela oferece grande segurança e absoluto resguardo contra as intempéries.

Estudando o que se poderia chamar a filogenia do ninho do *joão-de-barro,* o Prof. Doelo Jurado[15] faz uma série de deduções em face da forma por que nidificam certos *furnarídeos*. Verificou que o cochicho *(Anumbius annumbí)* faz o ninho entretecendo ramos, hastes, etc., até formar um montão que alcança um metro de altura e cuja entrada está situada no terço superior, ficando a câmara de incubação no fundo, aonde se chega através dum corredor sinuoso. O tico-tico-do-biri *(Phleocryptes melanops melanops)* faz um ninho ovóide, cuja entrada alcança, logo, diretamente, a câmara de incubação, e emprega para fazê-lo folhas de piri-piri, entrelaçadas e rebocadas de lama ou de barro.

Com tais antecedentes arquitetônicos, é natural que outras espécies, em seleções sucessivas de palha e barro, hajam chegado ao barro exclusivo ou quase exclusivo, como o *joão-de-barro*.

Algumas vezes esse industrioso passarinho faz casas uma acima da outra, à maneira dum minúsculo arranha-céu, como é exemplo o que existe no Museu Nacional, com cinco andares e um rés-do-chão.

Acreditava-se que a entrada da casa era sempre orientada para o lado de onde menos sopra o vento, mas observações mais numerosas provaram não ser isso verdade. Já observei duas casas sobrepostas, cujas entradas eram em sentido contrário. Já R. F. Burton, em *Viagens aos Planaltos do Brasil* dizia: "... e a única pequena entrada não está voltada para nenhuma direção particular, os vizinhos frequentemente viram as costas uns para os outros".

Parece que na ocasião de construir o ninho, a ave coloca a entrada para o lado de que o vento não sopra. Ora, é natural que, em tais circunstâncias, o maior número de ninhos esteja orientado para o quadrante de onde menos sopram os ventos.

No Estado do Rio, na fazenda a que já me referi, observei, através de longa estrada, que quase todos os ninhos olhavam para o caminho. Raríssimo o que tinha outra orientação.

Na câmara de incubação, sobre uma camada de ervas secas, crinas, fibras vegetais, encontram-se 3 a 4 ovos, quase sempre 4. São brancos, de forma oval, ora alongada, ora curta, lisos, sem lustro, de casca muito frágil. Medem 27 mm × 21 mm.

A primeira postura é feita em setembro e a segunda, em janeiro.

Geralmente, pelo mês de agosto é que andam atarefados nas lides da edificação de seus palácios de barro.

O *joão-de-barro* é corajoso e sabe defender o ninho contra qualquer inimigo, não temendo até enfrentar o próprio homem que lhe queira violar a propriedade.

Afora todos esses aspectos simpáticos do viver da ave, da sua fisionomia moral, *o joão-de-barro* é um grande insetívoro, sendo, pois, de inestimável utilidade.

Os nossos vizinhos argentinos têm em grande estima o *"hornero"*, que aliás já foi eleito "ave de la pátria" numa enquete pública, e deu seu nome a uma «notável publicação ornitológica: "El Hornero". Em um elogio que então se escreveu naquela revista científica, há essa justificação admirável:

"Quando, em épocas passadas, o colono se internava pelo pampa, para lançar na terra as primeiras sementes, e levantava seu rancho de palha e barro, de barro e palha fazia o "hornero" a sua casa, acompanhando-lhe os passos, seguindo-lhe o roteiro.

"Companheiros da solidão e da avançada, um e outro preparavam no outono o seu refúgio para o inverno. E o canto do pássaro, como um toque de alvorada, anunciava a hora do trabalho, o clangor de seus trinos alegravam as rudes horas da luta, e o chilrear inquietante e bélico dava o alarma contra os animais daninhos, que rondavam a choça do colono".

O alarma de que fala este trecho laudatório não é fantasia. À noite, se percebe rumores pelas imediações da casa, emboca o apito e estrila seus chilreios de advertência ou de receio.

Do *joão-de-barro*, pássaro essencialmente latino-americano, ocorrem no Brasil, além da espécie típica, mais duas subespécies. A espécie típica é *Furnarius rufus rufus,* que se distribui pela Argentina, Paraguai, Uruguai, Rio Grande do Sul e Santa Catarina.

F. rufus commersoni: Mato Grosso e Bolívia.

F. rufus badius: São Paulo, Rio de Janeiro e Minas.

Há, ainda, no gênero *Furnarius* as seguintes espécies:

Furnarius figulus. Conhecido por *amassa-barro* (Bahia e Pernambuco), com uma subespécie.

Furnarius leucopus, que, além do nome de *joão-de-barro,* ainda leva o nome vulgar de *amassa-barro* e *maria-de-barro* (Guiana, Amazônia e Mato Grosso), com duas subespécies.

Furnarius minor (Amazônia).

LENDAS

Os guaranis explicam a origem do *ógaraitig*[16], o nosso *joão-de-barro,* com uma poética lenda.

Vivia no recesso da floresta, afastado de todos e em companhia de seu velho pai, um jovem, guapo e bravo caçador. Vira esse Nemrod guarani uma cantora que por ali passara em suas excursões e por ela ficara cativo de amor. Segundo o ritual de sua tribo, logo que um jovem alcançasse a época da idade viril, teria de suportar três pesadas provas de resistência física: uma competição de carreira a pé, um concurso de natação e, por fim, a provança de um jejum. O triunfador receberia, como prêmio, a própria filha do *rubichá*. As duas primeiras competições venceu-as galhardamente o jovem caçador, e assim foi o único a suportar os nove dias de jejum, encerrado entre couros, como preceituava o ritual.

Conta a tradição oral que triunfou da prova última, mas quando os juízes da estranha provação o foram retirar dentre os couros onde permanecera imóvel nove dias, bebendo somente suco de milho, viram que o guapo caçador empequenitava, minguava, fazia-se cada vez menor, até que se transformou em um pequeno *ógaraitig*. Dos couros logo voou para uma árvore próxima, onde desferiu um canto alegre e gargalhante. Renunciava assim à filha do cacique, que ele não amava.

Ainda nos conta mais a tradição. Diz essa que a jovem cantora, causa da renúncia, também se converteu em ave, para fazer companhia àquele que, por seu amor, desdenhara das honras e do mando.

Há ainda outra lenda que revela influência européia.

O *ógaraitig* foi, na sua forma humana, um bravo capitão espanhol, Don Juan Hornero. Chegara aqui à América com muita ânsia de ouro e o seu "sombrero" de conquistador. Em lugar de vencer, rendeu-se ao amor de uma jovem índia, a mais capitosa flor humana das selvas da América. Anga, motivo de seu amor, sobre ser linda, era filha de um poderoso cacique, que odiava os brancos conquistadores das terras alheias. Nada demovia o ódio irredutível do cacique vigilante e vingativo.

Don Juan Hornero, encarnação da bravura de todos os bravos das Espanhas, vagava, furtivo e suspiroso, por entre as brenhas.

Anga, desesperada, foi procurar um velho feiticeiro da tribo, o temido Curiyu[17], para que, mediante um sortilégio, lhe fosse possível realizar o sonho de amor.

O cacique era racista e também odiava os brancos, mas diante da oferta do "sombrero" e da espada do capitão, não vacilou em uni-los, de forma tal que se pudessem amar francamente. Amarrou o casal amoroso ao tronco de um *anguay-guazu,* pôs-lhes nas mãos uma pena de caboré, para que assim adquirissem o dom do vôo: na boca colocou uma pena de *guiraú,* e desta forma, deu-lhes a faculdade do canto. A seguir, foram queimados, e do fumo de seus corpos, unidos pelo sacrifício, formou-se um casal de *ógaraitigs,* e ambos logo começaram a voar e a amar-se livremente. O engenhoso capitão espanhol, já feito ave, construiu logo na axila dum galho a sua casinha pitoresca.

De sua origem humana, não só lhe vem a arte de construir, senão também o desejo de viver sempre em companhia dos homens.

TICO-TICO-DO-BIRI *(Phleocryptes melanops)* — Insignificante na aparência, este passarinho, que não mede mais de 15 cm, notabiliza-se por ser genial arquiteto. Modestíssimo no traje, como é regra entre artistas, o cachimbo, segundo outro nome popular, é pardo por cima, com manchas negras no vértice e nas costas; as asas e a cauda são escuras, mas naquelas notam-se amplas malhas cor de canela. A parte inferior é toda esbranquiçada.

O *tico-tico-do-biri* habita os banhados e gosta muito dos pirisais, onde procura os insetos de que se alimenta e as plantas sobre as quais localiza o palacete.

Realmente, nos pântanos é que se encontra a sua habitação lacustre, aderida aos talos do piri-piri[18], ciperácea paludícola abundante nas regiões encharcadas.

O *cachimbo,* à maneira do homem pré-histórico, e tal como fazem ainda hoje os indígenas da Nova Guiné, achou mais seguro construir seu lar sobre palafitas, nos caniços do piri-piri.

A casa é ampla, algo arredondada, com entrada lateral, construída de folhas de plantas aquáticas e lodo; externamente, não muito cuidada, mas no acabamento da parte interna, seu construtor mostra grandes desvelos.

A habitação tem algo de arredondada, como dissemos, mas E. Mac Donagh, que estudou minuciosamente o ninho[19], diz que por dentro é ele assim como uma pirâmide invertida, com a base grosseiramente triangular. A largura exterior é de 12 cm; altura, 7; a altura do triângulo da base, 8; e a base, 5,5.

Para fixar nos caniços do paul aquele monumento da arte arquitetônica avícola, a avezinha trabalha como um mouro, torce, dobra, ajeita, amarra e tece com perícia de tecelão, barreia com habilidade de pedreiro, tudo isso apenas com os pés e o bico, e ainda calcula a altura das águas com a segurança de um matemático.

Não se pode sequer fazer idéia de como consegue amarrar entre três, quatro ou cinco caniços, as folhas que terão de sustentar o edifício.

Depois de toda essa canseira, que não lhe ensombra sequer a alegria de viver, dá última demão, e com amoroso cuidado já enternecido (quem pode afirmar o contrário?), com a idéia dos filhotes que a habitação agasalhará, vai catando, aqui e ali, penas que bóiam nas águas e com elas alfombra o berço dos futuros cachimbozinhos.

A fêmea, que talvez tome parte neste trabalho, põe três ovos azuis para o encantamento final daquela obra-prima. Os ovos, que se mostram, por vezes, verde-azulados, medem 19,5 a 21 × 16.

O canto da ave de que estamos tratando é velado, sem vibração, em harmonia com o ambiente dos charcos, onde tudo é calmo e os ruídos cavos parece que morrem afogados na lama.

JOÃO-TENENÉM *(Synallaxis ruficapilla)* — A cor predominante deste passarinho é castanho esbranquiçado, correndo atrás do olho uma estria amarelenta. A parte inferior do corpo é cinzenta. Não mede mais de 150 mm. Cauda e bicos longos, característicos de todas as espécies deste gênero, sendo que a cauda mostra as penas muito sovadas, tênues como se fossem gastas pelo tempo. A voz, qual a dos demais do gênero, parece dizer *tenením, joão-tenením*[20], *bentererê, joão-tiriri, pichororé, curitié*. Daí todos estes nomes pelos quais são conhecidas as várias espécies.

Fig. 6. *João tenením* (Synallaxis sp.)

É habitante das matas e capoeiras, onde gosta muito de construir seus enormes ninhos, em pequenas árvores e a pouca altura do solo.

De feito, o luxo do *João-tenením* é o seu castelo. Para edificar tal monumento, não se poupa com canseiras. De manhã até a tarde, na época apropriada, vemos o pobre do joãozinho atrapalhado com pesadas cargas de madeira. Acontece assim pesar tanto uma viga destinada ao monumento, que o carregador pára três vezes no caminho a fim de ganhar forças.

Seu ninho é feito exclusivamente de gravetos. Parece, quando construído, uma fogueira de São João, em miniatura. O comprimento total chega a passar de 60 cm de altura e 50 de largura.

Essa pequena ave, mais ou menos do tamanho de um tico-tico, para que edifica tão suntuoso palacete?

Tal construção prova que o *joão-tenením* possui qualidades inventivas de alto mérito. Interpretando bem aquele amontoado de gravetos e observando como é formada a entrada, conclui-se que o pássaro dispôs as coisas de modo a evitar que os seus inimigos lhe pudessem penetrar na moradia. Não é, pois, um luxo. Frei Vicente do Salvador já fazia essas justas reflexões:

"Há uns passarinhos que, para que as cobras lhes não entrem nos ninhos a comer-lhe os ovos e os filhinhos, os fazem pendurados nos ramos das árvores, de quatro a cinco palmos de comprido, com caminho muito intricado e compostos de tantos pauzinhos secos que se pode com eles cozer uma panela de carne".

Os gravetos da entrada, formando um túnel eriçado de pontas, assemelham-se a armadilhas, como o jiquiá ou a ratoeira, inventadas pelo homem. Se tivermos a curiosidade de examinar tal ninho, veremos que existe, no centro, uma tigela com material mais macio, folhas secas, paina, o ninho propriamente dito; o mais é um corredor, que ora conduz a ave para cima, ora para o lado, isto conforme a espécie de *Synallaxis*.

Parece que pertence a S. ruficapilla o ninho descrito por P. F. Schirch, construído de arame[21]. Numa laranjeira dum quintal suburbano, achava-se o referido ninho, que Schirch assim descreve:

Fig. 7. *Ninho de Synallaxis sp. feito de arame. Desenho segundo fotografia inserta no "Boletim do Museu Nacional, vol VII*, nº 2,1931.

"O ninho atual, ao qual se refere essa nota, tinha o comprimento de cerca de 80 cm e um diâmetro maior, de cerca de 50 cm.

O peso pode ser avaliado em 15 kg. Tinha na base os ninhos antigos, parecendo em número de 3, sendo feitos quase totalmente de arame enferrujado pela ação do tempo. O abastecimento inicial parece ter sido fácil, pois existia próximo uma fábrica de caixa d'água de cimento armado".

Como se vê, o furnarídeo construtor desse ninho, seja ele ou não o joão-teneném, provou que sabe tirar partido das circunstâncias.

Isso parece até um bom teste para demonstrar raciocínio, a faculdade de julgar e escolher. Entre o material comum, abundante em toda a parte e usado desde que a espécie existe, o ignorado furnarídeo elegeu o que se apresentava mais à mão, certo de que era bem superior ao vulgaríssimo graveto. Operou o pássaro cegamente, ao acaso da circunstância? Não. Refletiu, julgou e decidiu.

Conta o Marquês de Charville[22] que, no ano em que se colocou uma tela de arame na floresta de Saint-Germain, um guarda-florestal encontrou um ninho de tourterelle inteiramente de fios de arame. Aquele columbídeo também julgou excelente o referido material.

Também na Argentina foi encontrado um ninho de suiriri, com idêntica matéria-prima. Aqui no Jardim Botânico, o joão-de-barro, aproveitando argamassa de cimento de construção que se estava fazendo, preferiu esse material ao barro.

O joão-teneném alimenta-se especialmente de insetos e gosta grandemente de formigas.

A distribuição geográfica desta espécie vai do Espírito Santo e Minas ao Rio Grande do Sul, e ocorre, igualmente, no nordeste da Argentina, no Uruguai e Paraguai.

CASACA-DE-COURO (*Synallaxis frontalis frontalis*) — Parece dispensável descrevê-lo, pois é muito parecido com o *S. spixi spixi*.

Seus hábitos são perfeitamente os mesmos e seu ninho idêntico ao de seu primo, a ponto do *saci* não fazer entre eles distinção, depondo aí igualmente seus ovos, segundo o testemunho de C. H. Smyth[23].

Os ovos medem, de conformidade com este autor, 18-19½ × 14-15½ mm.

Vastíssima a distribuição desta espécie: norte e leste da Argentina, Uruguai, Paraguai, Mato Grosso, Goiás, Minas, Maranhão, Piauí, Pernambuco, Bahia, São Paulo, Rio Grande do Sul.

A designação *casaca-de-couro* é dada a este pássaro no Ceará, mas na Bahia tal nome serve para indicar outro furnarídeo de gênero diferente, não falando de certo gavião e dum mimídeo que levam a mesma denominação.

JOÃO-TIRIRI (*Synallaxis spixi spixi*) — É bem parecido com a espécie ruficapilla, exceto na estria amarela atrás dos olhos, e na cor castanho das asas, dorso, fronte e vértice, que é substituída pela cor bruna.

Segundo as localidades, o seu nome varia sendo chamado *joãoteneném* e *bentererê*.

Quanto ao ninho, é feito da mesma maneira que o anterior e dele damos um desenho no volume *Da Ema ao Beija-Flor*.

José Pereira,[24] numa nota sobre o ninho desta avezinha, diz ter encontrado um de 28 cm por 13 de diâmetro, 3 ovos, todos brancos, algo tingidos de verde, com um polo bem agudo, muito característico desta ave e mais um ovo de chopim. Confrontando o tamanho da entrada do ninho com o porte do *chopim*, fica-se a imaginar que este põe o ovo logo na porta.

O *joão-tiriri* é vítima também de uma outra ave, um cuculídeo, de porte bem maior, o *saci* (*Tapera naevia*), que vai a ponto de lhe arrombar as paredes do ninho para lá depor um ovo[25]. Quando seu ninho é em parte destruído, a ave o recompõe.

Certa vez, no Estado do Rio, deparou-se-me em uma laranjeira, a pouca altura, um destes grandes ninhos. Durante longo tempo esperei que a ave entrasse no seu palacete ou dele saísse, mas nem vivalma. Subi um pouco na árvore e, com precaução, comecei a destruir um lado da parede. Fi-lo com cuidado, porque em velhos ninhos abandonados já se têm encontrado cobras e outras alimárias.[26] Pouco depois, o pássaro saiu assustado, protestando de longe contra a violência. Havia no ninho três ovos. Abandonei a inútil obra de destruição daquele lar. Três dias após, voltando ao local, o ninho estava recomposto. Não posso afirmar qual era a espécie de *Synalaxis*.

A distribuição geográfica deste *tiriri* vai do sul de Minas, São Paulo até o Rio Grande do Sul, Paraguai, Uruguai e nordeste da Argentina.

Outro furnarídeo, sem nome popular que o individualize, é *Synallaxis albescens albescens*, um dos mais comuns na Serra dos Órgãos, segundo Goeldi e ao qual ouvi um caipira dar o nome de "tricli", nome ainda não registrado, evidente onomatopéia de seu canto, o qual talvez melhor se representasse por um *pijui*, que costuma repetir incessantemente na época dos amores.

O ninho é semelhante ao de *S. spixi*, mas a entrada é pelo lado e não por cima, como afirmaram Holland e Hudson, citado por H. Ihering.

José Pereira[27], descrevendo o ninho, diz: "tiene una forma esférica con una prolongación en forma de tubo en un costado, que es donde está la boca de entrada".

Os ovos são ovalados, bem amplos, mas por vezes piriformes e de um branco lavado de verde fosco.

Tamanho 18-20 × 13½, seg. C. H. Smyth[28]. Cada ninhada apresenta 3 a 4 ovos e até 5.

Nota-se que, embora o ninho seja idêntico ao de *spixi*, a ave alcatifa-o com fibras vegetais.

CORRUÍRA-DO-BREJO (*Certhiaxis cinnamonea russeola*) — É muito comum em Minas e no Estado do Rio, onde Goeldi diz que "nas baixadas quentes da bacia do Paraíba quase não há alagadiço em que não apareça".

Pardinha acinzentada em cima, branca em baixo e garganta amarelo-claro, talvez, por essa coloração, lhe tenha sido dado o nome de *canário-do-brejo*. Em Minas é mais conhecida por marrequito-do-brejo, e em São Paulo, por *curutié*.

O ninho é aquele conhecido e arrepiado montão de gravetos, com saída por cima.[29] Gosta de pendurar seu "cottage" em árvores secas, no meio do brejo, tornando assim muito original e vistosa a sua singular moradia.

Os ovos são brancos, de cor esverdeada intensa, ovais, com ponta obtusa e medem 19-20 × 15. Cada postura consta de 3 a 4 ovos.

A distribuição geográfica desta espécie vem desde o nordeste da Argentina e estende-se ao sul e leste da Bahia.

No norte, a subespécie *S. c. cearensis*, que ocorre no Maranhão, Piauí, Ceará, Pernambuco e norte da Bahia, tem nome de *pedreiro-pequeno*.

MARIA-COM-A-VOVÓ (*Synallaxis rutilans omissa*) — Passarito de cor parda enegrecida, com uma tinta olivácea no dorso e manchas vermelhas no peito e na região dorsal. E. Snethlage diz que a ele cabe aquela designação popular, tão sem graça e expressão.

A espécie *rutilans* comporta cinco subespécies. Desconheço o motivo pelo qual a menos vistosa espécie merecesse atenção e crisma popular. Oliveira Pinto, sempre muito cauteloso, não lhe registra o nome vulgar.

JOÃO-DE-PAU (*Phacellodomus rufifrons rufifrons*) — Mede 15½ cm. A parte superior é de cor sépia e a região ventral, isabelina; a fronte tem um leve castanho avermelhado, que lhe valeu o nome específico. É manso e confiado.

Em Pernambuco chamam-lhe casaca-de-couro e na Bahia é chamado *carrega-madeira* e na ilha da *Madre de Deus*, escreve Oliveira Pinto, rara será a árvore que não tenha o seu gigantesco ninho.

Enquanto dura a tarefa da construção, o casal faz ouvir a sua cantiga, uma risada parecida com a do *joão-de-barro* — sinal de que estão satisfeitos com o andamento das obras.

Há duas subespécies.

O ninho é oval e ora se encontra instalado em árvores altas, ora de média altura.

O Príncipe de Wied descreveu magistralmente o "home" do *joão-de-pau* e notou que a ave, anualmente, faz outro ninho por cima do anterior, atingindo assim esta edificação, um volume considerável e pesado, tanto que um homem o carrega com esforço.

Citamos a descrição de Wied "... é fabricado com grande número de pequenos pauzinhos de pau seco e suspenso a um galho, deixando apenas uma pequena abertura redonda: cada ano coloca um novo em cima do antigo, de modo que encontrei uma fila deles que tinha 3 a 4 pés de comprimento, balançando-se num galho fino. Examinando uma dessas moradias aéreas, descobrimos que a parte inferior é habitada por uma espécie de rato, mesmo quando o pássaro ocupa a parte superior."[30].

O ninho propriamente dito, ou a câmara de incubação, demora ao centro deste amontoado e tem acesso, na base, através dum corredor.

Mostra essa câmara uma forma arredondada, e no côncavo, bem tapeçado por musgos, capim seco, lã, fios, encontram-se os ovos em número de 4, que Wied diz que são brancos, redondos, e Paulo de Miranda[31] informa que são de um branco-sujo e medem 18 × 24 mm.

Uma interessante observação deste último autor é que o *joão-de-pau* prefere colocar os ninhos em árvores altas, próximo aos pastos onde exista gado, porque estes, quebrando os galhos das árvores com as patas, reduzem-nos a gravetos, dos quais a ave seleciona os nodosos, por motivos que só ela sabe. Talvez que as nodosidades permitam mais fácil entrelaçamento.

Os gravetos de japecanga (*Smilax sp*) e os de grão-de-galo (*Pouteria torta*) são os eleitos sobre os demais.

Vimos que o ninho, por vezes, é, na realidade, uma pequena colônia deles e, se fizéssemos um corte longitudinal naquele montão, observaríamos que há um lar novo sobreposto a velhos lares. Nem sempre assim procede a ave, e não raro constrói o outro ninho ao lado do anterior. Quando abandona o ninho, nem sempre fica devoluto, pois o corrupião (*Icterus j. jamacaii*) nele se instala descerimoniosamente.

João-de-pau faz uma postura em junho e outra em janeiro e dezembro.

COCHICHO (*Anumbius annumbí*) — É um dos talentos de que se orgulha a família dos furnarídeos, aliás cheia de criaturas inteligentes.

Veste-se, quase como sua parentela, de uma plumagem cor terrosa em cima, pescoço e dorso com estrias negras; em baixo, é pardo ocráceo claro, garganta branca margeada de manchinhas negras. Bico e pata de cor córnea clara. As retrizes são pretas com pontas amarelentas. Mede 210 mm.

O ninho, aquele montão de gravetos com o qual já nos familiarizamos, encontra-se no campo, assentado em galhos de arbustos. É, como já dissemos, feito de ramúsculos secos. Da parte superior, sua porta de entrada, parte um tubo em forma espiralada que desemboca na câmara. Esta é forrada de penas em mistura com capins secos e outras ervagens, assentado tudo mui firmemente.

O canto é alegre e composto de titiris repetidos. Quando voa, abre a cauda em leque. Este pássaro é muito comum, na Argentina, onde recebe outros nomes, como "espinero" e "leriatero" (*lenhador*), que lhe vai muito bem.

O material que entra na confecção do ninho é constituído também de ramúsculos, raízes, pedaços de arame.

Observadores fidedignos, que tiveram a paciência de espreitar o modo com que este lenhador (e o mesmo pode-se dizer dos demais membros da família) edifica seu castelo de madeira fragmentada, informam que o trabalho de assentar o primeiro material, que é, como se disséssemos os alicerces da construção, é penoso. Colocam os ninhos na forquilha de um arbusto, no centro da copa, numa porteira e, já tive ensejo de o ver no varal de uma carroça, abandonada no campo.

Ao iniciar o trabalho, os gravetos não se seguram, caem a todo instante, mas as aves não desanimam e os ajustam, cruzam e recruzam, com perícia tal, que acertam. Feita a base, então a obra caminha rápido e, no final, a construção apresenta absoluta segurança.

Os outros pássaros bem apreciam os ninhos do cochicho, e de forma tão evidente, que os disputam ao próprio dono. Muitas vezes têm sido visto o *canário-da-terra,* o *suiriri,* certo *Molothrus,* habitando o confortável casarão.

Na Argentina, notaram alguns observadores que o *cochicho* constrói o ninho muito cedo, antes do período da incubação, e nele passa a quadra invernal, o que demonstra grande inteligência.

Um outro observador, J. B. Daguerre, registra um fato curioso. Diz que, logo que termina o trabalho da construção, o *cochicho* põe galhardetes na porta do ninho, como para festejar a conclusão da obra, a exemplo do que fazem os operários, quando terminam a cumeeira dum prédio, na hora da cerveja preta. Como enfeite, o *cochicho* usa qualquer coisa vistosa, um pedaço de lã, um papel de cor viva, etc. *Si non é vero...*

ARAPAÇU-DOS-COQUEIROS — O arapaçu-dos-coqueiros (*Berlepschia rikeri* dos ornitologistas) é espécie amazônica.

A parte superior do corpo mostra-se avermelhada, rêmiges da mão, pardas; cabeça e parte inferior do corpo pretas, pintadas de finas linhas longitudinais brancas, diferençando-se das coberturas inferiores, que são cruzadas de linhas brancas.

A ave mede: 22 cm, sendo 10 de comprimento da asa; 9,5 da cauda e 2,5 do bico.

Fig. 8. *Arapaçu-dos-coqueiros* (Berlepschia rikeri)

Habita exclusivamente a palmeira *Mauritia vinifera*, o nosso prestimoso *buriti*, isto segundo observação de Olalla.[33] Este pormenor faz lembrar idêntica observação de Descourtilz[34] sobre um certo *oiseau palmiste*, que durante toda sua existência vive no coqueiro em que nasceu. *"Il ne quitte plus guère le palmier sur lequel il est éclos"*.

Como os pássaros a cuja classe pertence, vive entre as folhas é aí que exerce sua atividade insetívora.

Mas não é exclusivamente assim que procede, pois muitas vezes são vistos marinhando pelos troncos, em busca de insetos, à guisa de certos parentes que imitam os *pica-paus*. Até o ruído típico que fazem estes, martelando os troncos, também o produzem os *arapaçus*.

Notável é, entre estes singulares pássaros, o espírito de sociabilidade e afetuosidade. Vivem aos pares, geralmente dois casais, em cada palmeira, sempre na maior harmonia.

Suas tendências pacifistas e a nunca desmentida cordialidade se manifestam até para com as aves estranhas que lhes visitam a palmeira domiciliar, ao contrário de tantas outras aves, de intolerante espírito localista, como os *bem-te-vis,* por exemplo.

Os casais demonstram a mais intensa amizade e jamais se apartam, numa infindável permuta de carícias.

Quando um perverso caçador atira numa destas aves, a companheira vem até o solo em busca da vítima abatida e, vendo a inutilidade de seu gesto, retorna à palmeira. Durante dias seguidos ouve-se, na vastidão do buritizal, o apelo inútil, o piar lamentoso da ave inconsolável. Como andam sempre juntas, em busca de alimento, com um só tiro é comum matar logo o casal.

Quem atravessa um buritizal, onde vivem estes pássaros, escreve Olalla, ouvirá, pela manhã, um silvo fino e penetrante, mais ou menos, *fi-fi-fi-fi-fi-fi*, umas vezes mais curto, outras mais longo: é a voz muito simplista deste arapaçu. Nos machos este *fi-fi* é um tanto mais forte e grave. Quando um solta este apelo, logo toda a tribo faz coro, naquela solidariedade que torna o *arapaçu-dos-coqueiros* digno da difícil piedade humana.

Olalla diz que jamais se lhe deparou um ninho dessas aves, mas crê, com sobradas razões, que os mesmos se achem localizados no buriti onde o *arapaçu* passa toda a sua existência. Na realidade, não é fácil procurar tais ninhos, pois aquela palmeira atinge, não raro, 50 metros de altura.

Há quem afirme que esse *arapaçu* de que tratamos vive nos coqueiros *(Cocos nucifera),* mas Olalla só o encontrou ali de passagem.

O curioso é que tanto vive nos buritizais do centro da mata, como nos das clareiras. Quando se sente muito perseguido, deixa a área restrita em que habita, abandona o seu bairro, os buritis favoritos, e emigra para lugar tranqüilo, para onde seu instinto de conservação indica.

ARAPAÇU — Além dos *arapaçus,* já citados, na ordem anterior dos dendrocolaptídeos, o povo dá esse nome, pelo menos, aos dois *furnarídeos* seguintes:

Philydor pyrrhodes, que é pardo na parte superior do corpo e na inferior de viva cor ferrugínea, vendo-se ainda esta mesma ferrugem no uropígio cauda e sobrancelhas. Mede pouco mais de 16 cm, e torna-se vistoso pela sua roupagem. Habita a Amazônia.

Automolus infuscatus paraensis. Outro pardavasco do Alto Amazonas, o qual mostra cor vermelha na cauda e uropígio, porém a parte inferior do corpo é cinza lavada de amarelo ocráceo; a garganta é branca. É um patrício quase desconhecido, afundado nos confins do Amazonas e do Peru, um cidadão que se pode considerar de dupla nacionalidade.

PINCHA-CISCO -- Com este nome e o de *vira-folha* e *papa-formiga* conhecem os frequentadores das florestas certos passarinhos insetívoros, que vivem de contínuo no chão da mata, bisbilhotando, fariscando a bicharia miúda que se esconde por baixo das folhas velhas na intimidade morna e úmida do húmus.

Neste mundo sombrio do rés-do-chão da mata, juncado de destroços de folhagem, alcatifado de serapilheira, que são os farrapos dos vestidos das deusas dos bosques, pulula a vida das plantas inferiores, os fungos, os musgos e a estranha flora dos saprófitas.

Insetos muito variados e glutões, aracnídeos diversos, aí vivem em eterno banquete, na sua abadia de Telemo, e, para que reine equilíbrio vital no universo, lá estão os *vira-folhas,* com o bico adestrado, revirando o folhedo morto debaixo do qual estua a vida de milhões de insetos. O *pincha-cisco,* quando está metido nestas caçadas, despreocupa-se de tudo, e é possível apreciar-se como está treinado em sacudir para os lados as folhas e pegar logo um bichinho que se vá escapulindo.

Goeldi contemplou, por vezes, este lindo espetáculo, e ouviu-lhe igualmente o apelo, a voz áspera um tanto parecida com a do *macuquinho (Lochmias nematura nematura),* porém mais cheia e forte.

O apetite destes pássaros é enorme, de conformidade com a fartura do eterno banquete.

Parece que os nomes populares de *vira-folha* ou *pincha-cisco* se aplicam bem às dez espécies e sub-espécies do gênero *Sclerurus.*

O mais conhecido aqui no sul é *Sclerurus scansor scansor,* que ocorre em Mato Grosso, sul de Goiás, Minas Gerais, Rio de Janeiro, São Paulo, Paraná, Rio Grande do Sul, Paraguai e nordeste da Argentina.

É um passarinho de 190 mm de comprimento, de cor branca, um tanto avermelhada no peito e no uropígio. A garganta é alvacenta.

O *vira-folha* cava uma galeria horizontal de 5 cm de diâmetro em barrancos, e, no fundo dela, em cavidade esférica, coloca o ninho propriamente dito, que tem, segundo Goeldi, 21 cm de diâmetro. O ninho descoberto por aquele naturalista estava forrado com uma camada de galhos secos e continha 2 ovos brancos, de 28 mm × 21 mm.

A maioria das subespécies tem sua distribuição quase toda incluída na Amazônia, existindo, no entanto, uma acentuadamente nordestina: Ceará e norte da Bahia *(S. scansor cearensis),* e outra no leste brasileiro: Espírito Santo e sul da Bahia *(S. caudactus umbretta).*

MACUQUINHO *(Lochmias nematura nematura)* — Vendo-se uma vez esse passarinho, não o confundiremos jamais com nenhum outro, devido à disposição das pintas brancas, como gotas que se espalham no denegrido que vem da garganta à barriga. A parte dorsal é apardavascada.

O bico não é longo e a ave não mede mais de 150 mm. O seu canto é um *psi-ri-di,* reiterado, claro, que vai longe.

Parece que o *macuquinho* nos dá um exemplo muito frisante da faculdade adaptativa de certos pássaros. Realmente, ele deveria viver, primitivamente na mata, próximo de coleções d'águas, margens de ribeiros, junto à ciscalhada, onde se desenvolvem larvas de insetos. Mais tarde civilizou-se e logo aprendeu que junto às habitações humanas abundavam as larvas gordas das moscas, que é um petisco por que se pela. Hoje encontramos essa avezinha postada nas desembocaduras dos canos de esgoto, vales de despejos, onde as moscas acham meio ótimo para o desenvolvimento.

Mal se descobriu tal hábito, e já o povo achou que lhe ia a calhar o título pomposo de *capitão-da-porcaria* e, até o mais graduado, de *presidente-da-porcaria,* nomes pelos quais é conhecido, respectivamente, no Rio Grande do Sul e em Minas. Registre-se ainda o nome de *tridí,* naturalmente oriundo do seu canto, que assim pode ser também escutado.

O ilustre titular, de tão suja memória, com essas predileções alimentares, vai prestando um serviço de enorme importância às populações rurais, atormentadas pelas moscas, inseto inventado pelo demônio, se dermos crédito a um dos muitos apelidos de Belzebu, cognominado o "rei das moscas".

Não faremos nenhum favor ao *macuquinho* em deixá-lo em paz e às moscas. Deixemo-lo, pois, no seu sujo mister, já que a Natureza, muito sábia, distribuiu o trabalho conforme foi possível e nem a todos podem caber tarefas limpas.

O ninho de tão útil pássaro é feito à margem dos rios, em galerias, que ele aproveita ou fura. No fundo da galeria encontra-se uma mal ajeitada e escassa camada de musgo e penas, sobre a qual ele põe dois ovos, grandes em relação ao tamanho da ave (26 × 19 mm) e de muita alvura.

A distribuição geográfica do *macuquinho* abrange todo o Brasil meridional e central, nordeste da Argentina, Uruguai e Paraguai.

CAPÍTULO III

FORMICARÍDEOS

Choca, chocão, papa-formiga, papa-ovo, assoviador, tovaca, mãe-da-taóca, espanta-porco, pinto-do-mato, galinha-do-mato.

Esta enorme família tomou a designação de formicarídeos, devido à predileção da maioria de seus membros pelas formigas.

O número total das espécies e subespécies brasileiras, já descritas, vai a 288, sendo que só Natterer chegou a colecionar 122.

Trata-se de uma família de pássaros exclusivamente neotropical. Os antigos autores encontravam certas afinidades entre essa família e a dos timelídeos asiáticos, aos quais realmente se assemelham pelos costumes, natureza da plumagem, abundante e flocosa sobre os rins. Há, entretanto, um *fácies* muito evidente, que a distingue e separa nitidamente daquela outra.

Uma característica muito notável entre os formicarídeos e que os destaca logo dos demais pássaros da avifauna brasileira, é a plumagem abundante e alongada sobre o dorso, emprestando-lhes aspecto rechonchudo, qualquer coisa assim como uma miniatura de galinha choca.

Há até certas espécies em que é tão acentuada esta característica, que o povo batizou com o nome de *choca*.

Além deste ar de família, alguns indivíduos do referido grupo ostentam uma mancha dorsal, meio escondida, mancha essa formada pelas bases brancas das penas do dorso.

A natureza não se aprimorou na roupagem de tais pássaros, cuja plumagem não possui cores vistosas.

As fêmeas, na generalidade, têm colorido mais apagado e diferem assim dos machos.

Completando a súmula dos caracteres familiares, diremos que possuem bico forte, por vezes em gancho, como se fossem pequeninos gaviões, ora em mal esboçado gancho terminal, ora direito; pernas altas e finas.

São aves de tamanho pequeno e médio, jamais ultrapassando o porte de um sabiá, exceto *Botara cinerea cinerea,* que mede 35 cm.

Aninham-se já em árvores, já em arbustos, sarçais e até no chão.

Todos os formicarídeos habitam, a mata e vivem no chão, ou a pouca altura no sub-bosque, onde procuram alimento, geralmente insetos.

Não gozam de popularidade. Só quem freqüenta a mata pode travar conhecimento com tais matutos retraídos e pouco confiados.

A propósito das aves que habitam as florestas espessas, há uma observação curiosa, que Bates já assinalara. Trata-se do costume de aparecerem em bandos numerosos, constituídos de indivíduos de espécies diversas.

Maurice Baurbier[35] observa: "Só os umbrófilos, aves das sombras, animam aqui e ali esse oceano de verdura. Pode-se viajar durante horas através da floresta virgem, sem se perceber ou mesmo sem se ouvir uma só ave; de repente, porém, um concerto das mais diferentes vozes anima a solidão e, se alguém se aproxima, depara-se-lhe uma multidão de aves diversas, que, associadas, voam de árvore em árvore, de moita em moita.

"Essas sociedades, poliformes e multicoloridas, que se juntam em bandos solidários, são um dos mais curiosos fenômenos das sombrias florestas equatoriais e merecem se lhes estude a biologia.

"Não é duvidoso crer que a estranheza de um meio obscuro e sem limites não exerça sobre as aves, amantes da claridade e dos amplos horizontes, uma impressão de espanto e de temor.

"Reunidos uns aos outros, mesmo espécies diferentes, os labirintos assombrados da floresta talvez lhes pareçam menos terrificantes".[36]

Os formicarídeos, entretanto, não se arreceiam muito dos assombramentos das matas e por lá aparecem também, solitários ou aos casais, procurando, no solo, os insetos de que, principalmente, se alimentam.

Não só eles, mas os dendrocolaptídeos e conopofagídeos, igualmente insetívoros, também com o mesmo desreceio se comportam e da mesma forma granjeiam a vida.

Entre os formicarídeos vamos encontrar os elementos indispensáveis ao equilíbrio biológico referente ao mundo poderoso das formigas. São os pássaros especialmente postos pela natureza para entravar o predomínio das formigas na região das florestas.

Perto dos carreiros das formigas de fogo *(Solenopsis* sp), tão abundantes, estão sempre de sentinela vários representantes dos gêneros *Phlegopsis, Formicarius, Hypocnemis,* etc.

Conhecidíssimos por seus hábitos formicívoros, atestados pelos nomes vulgares de papa-formigas, são *Formicivora rufa* e *Drymophila squamata;* muito conhecida por igual regime alimentar é a *choca (Thamnophilus),* a *galinha-do-mato (Grallaría varia imperator)* e a *tovaca (Chamaeza ruficauda).*

Quando as formigas de correição empreendem suas arrancadas através da mata, são vistos, seguindo aqueles exércitos em marcha, numerosos bandos de aves. Entre elas encontram-se os formicarídeos.[37]

Bates observou e descreveu a cena, a um tempo trágica e maravilhosa, dum destes exércitos, assoladores, talando a planície amazônica, despertando-lhe os rumores adormecidos, tangendo em fuga pânica todos os seres viventes da floresta, como que acossados por uma legião de minúsculos demônios.

Raimundo de Morais, é o pintor excelso deste quadro de guerra entre o mundo das formigas e o homem.[38]

A natureza, com aquele senso das realidades, colocou na região amazônica o maior dos impérios mirmecológicos, propiciou às aves da família dos formicarídeos, dendrocolaptídeos e outros ilustres formicívoros, todos os meios de ali se desenvolverem, de forma que jamais se rompesse o equilíbrio que deve existir entre os seres que habitam o planeta.

É por essa razão que das 228 espécies brasileiras de formicarídeos a maioria habita aquela região, sendo que muitas outras espécies e subespécies merecem tais descrições.

Restringindo-me ao plano traçado, apenas descreverei as espécies que o povo conhece por nomes vulgares, pois as outras só aos ornitologistas interessam tais descrições.

CHOCA — Cabe tal nome a certas espécies, que também são chamadas *borralharas,* e pelos indígenas *mbatará.*

Mas o nome de *choca* é mais empregado para designar as *borralharas* de menor tamanho, como as duas seguintes:

a) *Thannophilus coerulescens coerulescens* — Mede 14 cm comprimento. O macho é cinzento, com o alto da cabeça e a nuca pretas, asas e cauda de igual cor, com pintas e debrum brancos. A fêmea assemelha-se ao macho, mas é bruna parda na parte superior do corpo e amarelo em baixo. O ninho, que é construído entre dois galhos horizontais, tem a forma de uma tigela funda, sendo feito de capim, exteriormente revestido de talos e musgos. Postura: dois ovos.

Ocorre no Rio de Janeiro, Minas, São Paulo e Paraguai.

A espécie *coerulescens* apresenta numerosas subespécies, ou raças, que se encontram umas no Rio Grande do Sul, Santa Catarina, Paraná e certa zona de São Paulo *(Th. c. gilvigaster),* outras no centro do país *(paraguayensis, ochraceiventer),* outras no nordeste *(cearensis).*

b) *Thamnophillus ruficapillus* — É espécie maior que a anterior, pois mede 16 cm. A plumagem geral é carijó. A cabeça, em cima, é pardo-avermelhada em ambos os sexos. A fêmea é semelhante ao macho, mas pardo-amarela no lado inferior. O conjunto da plumagem é de um carijó menos acentuado.

O ninho, que se encontra sempre entre dois galhos horizontais, mostra o formato de uma tigela funda (9 cm). Feito de capim e adornado exteriormente de musgos, é forrado com pêlos de cauda de cavalo. Postura, 3 ovos.

T. Alvarez, menciona 6 ovos[40] curtos, com campo branco e coberto de manchas e salpicos de cor roxo-bruna, maiores e mais numerosos no pólo rombo, onde confluem formando coroa.

Fig. 9. *Choca* (Thamnophilus doliatus)

Tais avezinhas, de canto medíocre, andam sempre aos casais e fazem postura em novembro. São grandes devoradores de insetos. Vivem no sul do Brasil, leste de Minas e Espírito Santo, Paraguai, Uruguai e Argentina.

Ainda do gênero *Thamnophilus,* que contém 42 espécies e subespécies, citaremos:

Thamnophilus puctatus ambiguus, que é cinzento, com asas e alto da cabeça negras, malhado de branco.

O ninho apresenta a forma de tigelinha funda; é tecido interiormente de raízes finas e forrado, por fora, com palhas, também finas, de milho e pedúnculos secos; localiza-se sempre numa forquilha,

A distribuição desta espécie vem desde o sudoeste da Bahia, Espírito Santo, Rio de Janeiro e leste de Minas. Põe 3 ovos de campo branco, com manchas numerosas e pontinhos azulados, que se esbatem, sempre apagados. Também é muito comum aqui no Rio de Janeiro *Thamnophilus doliatus,* cujo macho se apresenta vistosamente.

O gênero *Thamnophilus* é representado só na Amazônia por 21 espécies, segundo E. Snethlage.

Recentemente, Olalla[41] relata-nos os hábitos de *Th. radiatus (Th. doliatus radiatus).* Este passarinho, grande apreciador de lagartas, já se distancia dos hábitos dos seus congêneres, pois é visto nas cercanias das habitações humanas, aos casais, entoando duetos. A cantiga não pode figurar em nenhum *"pot-pourri"* mas a postura que toma, ao emiti-la, eriçando o topete, como que zangado, vale por um belo espetáculo.

Os pássaros deste gênero ainda desempenham importante papel na fecundação, pelo menos de uma curiosa fruteira, a goiaba do mato, ou goiaba serrana *(Feijoa sellowiana).* As flores desta mirtácea atraem a atenção pelo colorido vermelho do pistilo, rodeado por estames também rubros e pétalas brancas numa face e vermelha na outra. Tais pétalas enrolam-se em tubozinhos cheios de doçura e então são procurados pelos *Thamnophilus*. Mas são procurados somente, escreve Decker[42], quando o pólen das anteras pode fecundar o pistilo, operação que os pássaros citados inconscientemente realizam ao se alimentar com a referida iguaria. Para que não toquem nos tubozinhos antes do pólen amadurecido se tornar fecundo, quis a natureza que aqueles se mantivessem intragáveis, apimentados e só apetecíveis quando o pólem estivesse maduro para a fecundação.

CHOCÃO *(Hypoedaleus guttatus)* — É, como mostra o aumentativo, uma *choca* avantajada, pois mede 21 cm. O macho é todo preto, com manchas arredondadas, nas costas e peito, e por essa razão é também chamado *borralhara pintada*.

A garganta e a barriga são brancas acinzentadas, e correm sobre as asas e cauda estrias brancas. A fêmea é semelhante ao macho, mas as malhas são amareladas e as estrias desta mesma cor.

Habita o sudoeste do Brasil, Santa Catarina, Paraná, São Paulo, Rio de Janeiro, Minas e Espírito Santo, encontrando-se no Paraguai e nordeste da Argentina.

BORRALHARA — O nome pertence a espécies diversas, mas em geral aquela designação se refere às duas seguintes:

a) *Mackenziaena leachii*. Certamente uma das belezas da família. O macho mede 26 a 27 cm e como praxe no gênero, é todo negro, com manchas redondas brancas nas penas do dorso e estrias da mesma cor no abdome. A cauda é larga e tão longa, que constitui quase a metade do tamanho da ave. A fêmea obedece ao dimorfismo, tão característico da família, sendo bruna com as manchas e estrias amareladas.

Habita o Rio de Janeiro, sul de Minas, São Paulo, Paraná e Rio Grande do Sul e indo para o sul do continente até a Argentina.

Não há referências sobre o ninho, mas gostam de freqüentar os barrancos onde vegetam as samambaias, e talvez aí seja localizado o seu ninho.

São insetívoras como as demais, e H. von Ihering e Berlepsch as acusam de pilhar ovos e pintos no ninho alheio, o que não será de duvidar, pois muitas espécies da família possuem esse mau costume, como veremos adiante.

Além do nome mais vulgar de *borralhara,* registram-se outros, como *brujajara, brurajara,* duma origem tupi não identificada. No Rio Grande é conhecida por *papa-ovo* e *papa-pinto*.

b) *Mackenziaena severa,* um tanto menor que a antecedente (22 cm). O macho é preto e a fêmea de igual cor, mas com estrias transversais pardo-avermelhadas no corpo e nas asas. A cabeça, em cima, mostra cor de castanha e é provida de penas alongadas, formando topete em ambos os sexos.

Tem a seguinte distribuição: Rio Grande do Sul, Santa Catarina, Paraná, São Paulo, Rio de Janeiro. Encontra-se no nordeste da Argentina e sudeste do Paraguai.

MATRACA *(Batara cinerza)* — É o gigante da família, pois mede 35 cm, muito maior portanto que um sabiá, do tamanho da pega européia.

O macho, que é acinzentado, ostenta topete negro, tendo o dorso, a cauda e as asas de igual cor, com linhas transversais brancas. É um passarão imponente. A fêmea ostenta plumagem pouco vistosa, de cor pardo-amarelenta, mostrando o vértice castanho, e, aqui e ali, pelo dorso, estrias de cor pardilha.

Muito típico é o bico, forte compresso e um tanto recurvo na ponta. Tal bico, aliás, lhe revela muito bem os hábitos. Sabe-se de fonte limpa que não se contenta somente com insetos e suas larvas. Saqueia os ninhos de outras aves e devora-lhes os ovos e os pintainhos, pelo que lhe é dada a alcunha de *papa-ovo*.

Afora essas denominações, também lhe chamam *rabilhão, borralhara* e *rajadão*. Nada encontrei sobre seu ninho e ovos. Quanto à distribuição geográfica, restringe-se ao Rio Grande do Sul, Paraná, São Paulo e Rio de Janeiro.

GALINHA-DO-MATO *(Formicarius ruficeps ruficeps)* — Parte superior parda olivácea, alto da cabeça e fronte vermelha, garganta preta, peito e abdome cinzentos, com o flanco e crisso oliváceos. A região da garganta, na fêmea, é algo pintada de branco.

Mede 15,4 cm. É espécie peculiar à região costeira do Brasil, desde Santa Catarina à Bahia, existindo também em Minas.

A voz desta espécie é um pio algo parecido com o de um pinto já taludinho, donde o nome popular, que também lhe dão, de *pinto-do-mato*.

O nome de *pinto-do-mato*, por motivo idêntico ao citado, também se aplica, na Amazônia, a F. *analis*, aliás mais conhecido por *tauoca*, e a *Myrmornis torquata*, já celebrado por Buffon como um grande devorador de formigas.

Na Amazônia existe uma subespécie: *F. r. amazonicus*.

GALINHA-DO-MATO *(Grallaria varia imperator)* — Cabe ainda tal nome popular a esta outra espécie, muito maior que a anterior, pois mede 23 cm.

A plumagem é bruna, de mais carregada cor no dorso, indo até ao preto na orla; para a cabeça, acinzenta-se o tom geral, que amarelece na região abdominal. Da mandíbula inferior, bifurca-se para cada lado uma estria branco-avermelhada, que se transforma em malha de igual cor no meio do pescoço.

O som de sua voz, quando soa na mata, infunde pavor.

Goeldi conseguiu apanhar uma fêmea e o respectivo filhote e manteve-os em cativeiro por longo tempo.

Wied informa que, segundo os botocudos lhe asseveraram, esta espécie aninha-se no chão. O ovos são de formato curto e verde azulados, o pólo anterior é bem obtuso. Medida dos ovos: 35-36 × 28-30 mm.

G. v. imperator é sub-espécie do sul: Rio Grande do Sul, Paraná, São Paulo, Rio de Janeiro e Paraguai. A espécie típica *G. varia* é da Amazônia, Guiana e Pernambuco. Registram-se algumas outras subespécies.

Aqui no sul, a *galinha-do-mato* recebe ainda o nome de *perna-lavada* e *tovacuçu*.

O povo ainda distingue, na Amazônia, pelo nome popular de *trontron*, ou *toron-toron*, uma outra espécie, *Grallaria berlepschi*, que tem a parte superior do corpo olivácea, como as outras espécies do gênero, mas a garganta e o meio da barriga brancos; o resto do abdome e o peito amarelado ocre pintado de pardo carregado.

Trontron encontra-se também em Mato Grosso.

Espécie muito parecida com essa, mas um tanto menor, e por isso chamada *tovaca, é Chamaeza brevicauda* e bem assim *C. ruficauda*.

Goeldi nota que essas duas espécies são muito apreciadoras de grãos, tanto que se deixem seduzir pelo milho das arapucas e perdem a liberdade[43].

Os ovos de *C. brevicauda* são brancos, lisos, pouco lustrosos e de forma curta.

MÃE-DA-TAOCA *(Phlegopsis nigromaculata)* — O gênero *Phlegopsis*, com sete espécies e que tem por pátria a Amazônia, é fácil de reconhecer, porque em todos domina a cor pardo-anegrada e, ainda mais, apresentam a zona periorbitária nua e vermelha.

P. nigromaculata, que é a maior do grupo, pois mede 17 cm, tem a parte superior do corpo parda olivácea, com manchas largas e alongadas no dorso, cabeça, garganta e peito pretos; abdome pardo, asas, cauda e crisso vermelhos.

Enfileira-se entre os maiores inimigos das formigas e quase sempre é avistado junto aos carreiros das formigas legionárias; daí, seu nome.

Aliás, as demais espécies do gênero igualmente se comprazem em devorar as taocas[44] e por isso gozam de igual denominação.

Fig. 10. *Mãe-da-taoca* (Phlegopsis nigromaculata)

PAPA-FORMIGA — Com este nome são apontados pelo povo vários formicarídeos, entre os quais citaremos:

Pyriglena leucoptera, que mede 17-19 cm de comprimento. O macho é preto, com uma mancha no meio do dorso e duas faixas nas asas, de cor branca; cauda enegrecida e íris vermelha.

A fêmea é em geral, de cor parda acinzentada na parte inferior; cauda denegrida. Ocorre na Bahia, Minas Gerais e Bolívia. Chamam-lhe também *papa-taoca,* expressão híbrida, que significa o mesmo que *papa-formiga.*

Pyriglena leuconota, espécie amazônica, um tanto maior que a anterior. O macho é preto, com mancha dorsal branca; a fêmea é parda, lavada de avermelhado em cima, garganta esbranquiçada e abdome pardo.

Na Amazônia é conhecida por *mãe-de-torá*. Outras espécies deste gênero ocorrem na Amazônia, Pernambuco, Bahia e oeste de Mato Grosso.

Myrmeciza squamosa — Mede 15-16 cm e apresenta um bico fino, tarsos longos amarelos.

O macho, que é pardo, traz mancha dorsal branca com debrum negro. Asas e cauda de denegrida cor, coberteiras das asas com extremidades brancas, garganta e parte dianteira do pescoço negros, peito com penas pretas de orlas brancas e barriga desta última cor. A fêmea é semelhante, mas falta-lhe a cor negra na garganta e pescoço. Espécie do sul, desde o Rio Grande do Sul ao Rio de Janeiro, surgindo, daí até a Bahia, uma subespécie, a *M. loricata*.

Um informe recolhido por H. Ihering assevera que esse *papa-formiga* não saltita pelo chão, à maneira dos pássaros, mas anda normalmente como os galináceos. Em certos lugares é chamado *taquari*.

Registram-se ainda outras espécies, de gêneros diferentes, também chamados *papa-formigas*, pelos seus hábitos, como *Sclerurus mexicanus*, do norte do Brasil.

Fig. 11. *Papa-formiga* (Sclerurus mexicanus)

TROVOADA *(Myrmeciza femiginea)* — É espécie amazônica. O macho apresenta a parte superior do corpo de cor vermelha escura, sobrancelha branca, coberteiras da asa superiores pretas com pintas amareladas e brancas; garganta e peito pretos, meio da barriga preto, com pintas brancas, flanco e crisso avermelhados. Fêmea semelhante, mas com a garganta branca.

O nome de *trovoada* advém-lhe do seu vozear.

Entre a turba-multa dos formicarídeos que ainda esperam um nome popular, muito curioso pelos seus hábitos, verdadeiramente misteriosos, está *Ramphocaenus melanurus amazonum,* que não mede mais de 12,5 cm.

A plumagem na parte superior do corpo é parda-avermelhada, cauda preta e região inferior quase inteiramente branca, com o flanco lavado de amarelado, o que o distingue de *R. melanurus.*

Parece representar um papel muito importante, porque é o capitão sagaz daqueles bandos de pássaros a que já nos referimos.

Olalla[45] pôde espreitar-lhe os passos e surpreender o modo muito singular com que se porta, quando assume a chefia dum núcleo de parceiros, em caça pelos meandros e clareiras das florestas.

Como sua agilidade é tão prodigiosa quanto a acuidade de seus sentidos, parece que os companheiros lhe confiam a missão de guiá-los pelo labirinto insidioso da mata.

Pajeando a turma, mostra-se feliz e precavido, e nesses momentos solta um vozear fino, curto, trêmulo, que se ouve à distância.

O bando pousa aqui, salta ali, passarinha acolá, voa e entrevoa, e o guardião vai seguindo, gárrulo, tangendo seu assobio, que parece dizer: "nada novo", "Vamos para frente", "não há perigo".

Cada vez mais os silvos se espacejam e isso indica que os membros do bando, à proporção que satisfazem o apetite, vão-se emboscando por moitas e esconderijos naturais da mata.

Cessa por fim o mágico assovio, não se vislumbra mais um só pássaro, e o capitão do bando também, sorrateiramente, desaparece.

Cada qual, onde se lhe afigura mais seguro ou ameno o pouso, aí fica, dormitando, em sesta ligeira, aguardando, para mais logo, o assovio do magnânimo guia para novas partidas de caça.

O estranho passarinho não somente guia, mas também protege toda a raça de seres plumados.

Basta que se ouça o grito de um pássaro nas aflições do perigo, para que surja, não sabemos de onde, o impávido defensor do mundo alado, como se fosse o próprio gênio tutelar das aves, o *uirapuru*[46] Sabendo, por experiência milenar, que os bubonídeos do gênero *Glau-*

cidium são tirânicos predadores dos passarinhos[47], basta lhe ouvir o silvo terrífico, para que logo apareça.

Isso não ignoram os caçadores, que, quando querem caçá-lo, se valem do estratagema, imitando aquele caboré.

De ovos e ninhos não há referência. Sabe-se apenas que na época dos amores, março-julho, bandos compostos de pouco mais de meia dúzia alvoroçam a floresta com incessante canto e, nesta quadra, ocorrem lutas entre eles. *Cherchez la femme...*

E sobre o mais, o mundo silencioso da nossa ignorância.

CAPÍTULO IV

RINOCRIPTÍDEOS

O característico marcante desta família consiste no fato de terem seus representantes as narinas parcialmente cobertas por uma membrana.

Os tarsos são taxaspideanos, assemelhando-se nisso aos formicarídeos, com os quais se parecem um tanto nos hábitos.

A família, no Brasil, só conta três gêneros, com um total de quatro espécies.

Trataremos apenas da única espécie, do gênero *Liosceles,* porque seu representante, *L. thoracicus thoracicus,* é um pássaro escasso nas matas, raro nos museus, singular nos seus hábitos.

Trata-se de uma espécie que tem seu acantonamento na região do Rio Madeira, entre este, o Tapajoz, Mato Grosso e João Pessoa, no Rio Juruá.

Não medirá mais de 17 cm, sendo que a cauda tem 8 cm de comprimento e quase outro tanto a asa.

O corpo, na parte superior, é pardo; o uropígio um tanto listrado de negro; freio, sobrolho e região auricular brancos, com pintas pretas; as coberteiras das asas são malhadas de preto e branco; parte inferior do corpo branca, mas atravessada, na região peitoral, por uma faixa alaranjada, que na parte dos flancos, barriga e região anal se enche de listras negras.

João Natterer foi quem o descobriu no Brasil, mas tudo se ignorava quanto a seus hábitos.

Ultimamente, A. M. Olalla[48] dá-nos uma curiosíssima informação sobre *Liosceles,* informação de que nos vamos valer, nas linhas seguintes.

Ninguém ainda conseguira espreitar a vida íntima de tais pássaros, cujo *habitat* restrito e longínquo ainda mais difícil tornava tal investigação.

O naturalista a que nos referimos, capaz de atravessar o Estige a nado, para observar a fauna da outra banda, desvendou o recatado viver deste pássaro. Surpreendeu-lhe a vida íntima, viu que cada casal se liga indissoluvelmente e jamais se apartará.

Andam por dentro da mata, sempre no solo, juntinhos, como Dáfnis e Cloé, no romance de Longus.

Vão fazendo suas pesquisas pelo solo, à cata de todos os insetos terrestres, e nesta empreitada, a cavar o pão de cada dia, — que são os bichinhos de que se nutrem, — mostram-se amicíssimos.

Onde suspeitam haver um tesouro de bichos, enterrado no solo, ciscam como fazem os pintos, e, logo que um deles descobre coisa que valha a pena, chama o companheiro, matam a caça e repartem-na fraternalmente.

E lá vão a novas aventuras venatórias, caminhando sempre um após outro.

Se, atraído por qualquer coisa, um se desvia do outro e fica oculto, o que dá pela falta do companheiro trata logo de perguntar por onde anda ele. Logo se correspondem e, embora não se vejam, cada qual fica tranqüilo, não sem repetir amiudadamente a pergunta, e receber, infalivelmente, a resposta.

Fig. 12. *Liosceles thoracicus*

Dir-se-ia que o amor conjugal — escorraçado do ambiente humano — dolorido e errante pela floresta, fora transformado, por uma boa fada, em aves, e lá vive a grande vida de carinho e de ventura.

Se desalmado caçador acaso abater um dos cônjuges, assiste-se, então, ao mais pungente dos espetáculos. O viúvo lança o seu apelo lamentoso, chama inquieto o seu par, corre por todos os cantos, mostra-se iroso, investe para o local onde desapareceu o companheiro, não tem mais sossego nem cuidado consigo mesmo, não se esconde mais do caçador, como suplicando que o mate também.

Olalla chega a crer que, decerto, a avezinha solitária morrerá de dor pela perda irreparável.[49]

Eu não mataria uma dessas aves, nem mesmo em benefício da ciência. Certo rirão os homens práticos, por essas "pieguices sentimentais". Melhor seria que chorassem os que assim pensam, porque perderam, ou melhor, nunca possuíram, o sentimento da bondade para com os animais.

"A simpatia estendida para além dos limites da humanidade; a bondade para com os animais, escreve Axel Munthe, é uma das últimas qualidades morais adquiridas pela espécie humana; e quanto mais desenvolvida é esta simpatia no homem, maior é a distância que o separa de seu estado primitivo de selvageria. O indivíduo a quem falta esta simpatia pode ser considerado como um tipo de transição entre o selvagem e o civilizado. Forma o elo da evolução do espírito humano e da brutalidade para a cultura".

CAPÍTULO V

COTINGÍDEOS

Araponguinha, caneleiro, caneleirinho, tropeiro, tinguaçu, galo-da-serra, tesourinha, chibante, assoviador, corocochó, quiruá, anambés, anambé-preto, bacacu, anambé-açu, araponga.

A família dos cotingídeos, com mais de uma centena de espécies, todas americanas, encerra um mundo de formas grandiosas, esquisitas e brilhantes.

Entre os cotingídeos estão as figuras mais gigantescas dos pássaros[50] curiosos uns como o *pavó;* grande e esquisito, qual o *anambé-preto*; duma estrutura graciosa e cores deslumbrantes, como o *galo-da-serra;* com um vozear altissonante como o *tropeiro;* de grito percuciente e volumoso como a *araponga*.

A par destas formas dum ineditismo nunca dantes registrado na ordem dos pássaros, destes gigantes entre seus iguais e de outros de vestes fulgurosas, há os menos vistosos, os parentes pobres da família, os desafortunados, que se vestem com roupas surradas e sombrias e até são modestíssimos no tamanho, como se não quisessem crescer muito para não ofender a vaidade dos outros.

Considerando o conjunto dos cotingídeos, notamos logo a mais acentuada discordância entre os membros da grande família.[51] Tamanho, forma, colorido, estrutura, tudo revela, logo à primeira vista, a falta de homomorfia. Não existe, em absoluto, consemelhança no conjunto.

Vemos por exemplo o *anambé-preto,* do gênero *Cephaloptems,* que é do tamanho dum frango, enquanto *Calyptura* é menor que uma cambaxirra.

Há entre os cotingídeos ainda outras estranhas diversidades de característicos, a começar pela estrutura e tamanho das asas, escutelação dos tarsos, tamanho e formato do bico, forma da cauda, ora longa, ora curta, truncada aqui, forcada acolá.

Surgem cristas de formatos imprevistos, pompeantes, aparatosas, ao lado de indivíduos desprovidos de poupa.

Em certos gêneros, machos e fêmeas diferem profundamente. Nem parecem, sequer, parentes, e outros este dimorfismo sexual patenteia-se por insignificantes minúcias e ainda há espécies entre as quais não se distinguem o macho e sua consorte.

Culminarão, certamente, ainda mais, essas dissemelhanças, quando se lhes desvendarem os segredos do viver íntimo, pois muitíssimo pouco se sabe a respeito da nidificação, ovos, etc.

O que está patente é que, embora a maioria viva afundada na espessura da floresta, bom número de espécies aparece nas orlas da mata, algumas se extraviam pelo sertão, freqüentam as caatingas e vão até os campos.

Todos gostam de frutas, como em geral os habitantes da mata, mas não desprezam insetos e tem-se verificado que algumas espécies se arregimentam entre aqueles bandos de formicarídeos, que percorrem as matas, em conjunto, nas sortidas de caça, como já tive ensejo de aludir.

"Os verdadeiros cotingídeos escreve Olalla, alimentam-se especialmente de frutas e insetos que capturam no ar, de preferência quando voam, imitando, particularmente, os tiranídeos. Alguns, como o *Cephapterus,* antes de engolirem a polpa das frutas, trituram-nas com o bico, jogando o caroço fora; outros, como os representantes do gênero *Euchlornis, Procnias,* etc., engolem-nas inteiras, para logo vomitar o caroço. Outros, enfim, engolindo as frutas inteiras, convertem-se, através dos excrementos que depositam a esmo, em semeadores gratuitos dos vegetais que lhes dão o alimento, visto como a semente cuja polpa foi digerida não perde a propriedade germinativa.

Bebem a água dos rios, riachos e córregos que atravessam as matas ou serpeiam pelas capoeiras. Para tal, aos vôos curtos e leves, descem até o chão, acercam-se do líquido dando pequenos pulos, e, sorvendo-o com o bico, levantam a cabeça, inclinam-na até se saciarem, voando logo em seguida.

Nos mesmos depósitos de águas fluviais, em que bebem, costumam tomar seus prolongados banhos, encharcando às vezes, de tal forma a plumagem que lhes fica difícil alçar o vôo. Tenho encontrado nesta situação vários componentes dos gêneros *Attila, Laniocera, Platypsaris, Querula e Gymnoderus.*

Todos os cotingídeos, ao voar, seguem em linha reta, abrindo e cerrando as asas em ligeiros intervalos, movimentos esses, a que correspondem outras tantas ondulações na trajetória.

A família dos cotingídeos, no Brasil, compreende, segundo Oliveiro Pinto, 27 gêneros, com 69 espécies, incluindo as subespécies.

A distribuição geográfica faz-se por toda a América do Sul, desde o norte da Argentina até o sul do México. Nas Antilhas verificou-se a existência de dois gêneros.

Tratarei, a seguir, conforme o plano deste trabalho, dos pássaros que o povo conhece sob designações vulgares, e de um ou outro não batizado, quando por acaso se afigure necessária uma referência a estes pagãos.

Descrição das espécies

ARAPONGUINHA *(Tityra inquisitor inquisitor)*[52] — Os machos apresentam a parte superior branca acinzentada, cabeça preta; asas, exceto as secundárias externas, pretas; cauda também preta, afora a região basal; a parte inferior é branca acinzentada, mas o ventre é inteiramente branco. Bicos e pés negros. A fêmea é semelhante, porém com estrias escuras no dorso; a fronte e região auricular pardas. Mede pouco menos de 20 cm.

Por tão ligeiros traços já podemos imaginar a linda ave que é a *araponguinha,* também chamada *araponguira e cangica.*

Da vida de tal beldade pouco se sabia até que a Antônio Caetano Guimarães Júnior, colecionador de ovos, se deparou o ensejo de seguir as pegadas da misteriosa.

Foi em uma fazenda, no município de Indaiá, Minas. Andava o atilado amador à procura de "algo nuevo", quando localizou, num oco de pau, o tugúrio da *araponguinha*. Vencidas as dificuldades primeiras, eis o ensejo supremo em que se defrontam os dois, o ambicioso colecionador, com o sorriso de quem acha um tesouro, e o pássaro, com medo que lhe furtem os filhos, que ainda dormem dentro dos ovos o sono profundo da ante-manhã da vida.

Tirada uma lasca de madeira, para melhor descobrir o ninho e dele retirar os ovos, viu o violador daquele berço que a mãezinha exemplar, nem por ser tão grande e forte o inimigo, deixou de reagir. Engalispou-se toda, alvoroçou as penas, como fazem as galinhas em choco e lançou o seu protesto. Reagiria incontinente, e reagiu.

Porém a mão forte e ávida do homem pôde mais que a coragem e o devotamento do pássaro. Mais uma vez o direito do forte impôs-se ao direito natural do fraco.

Dentro do ninho, arrancada a ave, havia três ovos alongados, cor de laranja madura, com a parte romba mais escura, e do tamanho mais ou menos de ovo de gralha *(Cyanocorax chrysops),* segundo informa o Autor.

Ainda é do citado autor a seguinte descrição:

"O ninho consistia em um grande amontoado de folhas secas. Ao que me parece, a fêmea, nesse período, era tratada pelo macho, em vista de se achar numa posição bem cômoda, sob uma grande porção de folhas, só com a cabecinha de fora.

Ora, a saída diária, a fim de alimentar-se, seria difícil e trabalhosa, devido à disposição desta cobertura, tornando-se uma tarefa penosa, todos os dias, e várias vezes, a remoção de folhas, de cima dos ovos, para colocá-las novamente nesta disposição tão bem arranjada."[53].

A espécie de que tratamos tem sua distribuição geográfica bem ampla, pois vai de Santa Catarina ao Piauí e também se

Fig. 13. *Araponguinha* (Tityra inq. inquisitor).

encontra no Paraguai e norte da Argentina.

O gênero *Tityra* comporta 4 espécies e algumas subespécies, sendo que a mais vulgar também conhecida por *araponguinha,* é *T. cayana brasiliensis,* bem parecida com a anterior, porém um tanto maior. Nota-se ainda em *T. brasiliens* uma região desplumada em derredor dos olhos, formando um anel.

É espécie que vem desde o nordeste do Brasil até o Rio Grande do Sul, Mato Grosso, indo ao Paraguai e nordeste da Argentina.

Com o nome de *anambé-branco* o povo distingue *Tityra cayana cayana,* quase em tudo semelhante à anterior, pouca coisa menor, mas com o bico avermelhado com ponta preta. É espécie da Amazônia.

Note o leitor, para evitar as freqüentes confusões a que nos levam os nomes populares, a existência de um outro pássaro, igualmente rotulado de *araponguinha,* ao qual nos referiremos mais adiante.

CANELEIRO *(Platypsaris rufus rufus)* — Os machos adultos são de cor geral cinza escura, quase fuliginosa, cabeça preta, dorso tendendo para cor negra, garganta, peito e abdome cinamômeos, bico e pés plúmbeos.

As fêmeas têm a parte superior de cor ferrugínea e a inferior cinamômea, donde o nome de *caneleiro* ou *caneleira,* isto é cor de canela.

Mede 19 cm. Habita o Brasil, desde o Piauí ao Rio Grande do Sul e vai até Mato Grosso, norte da Argentina e Bolívia.

A outra espécie do gênero *(P. minor)* é do tamanho dum bem-te-vi pequeno e tem sua distribuição geográfica do Maranhão para a Amazônia, aparecendo também em Mato Grosso.

CANELEIRINHO *(Pachyramphus polychropterus polychropterus)* — O gênero *Pachyramphus* possui mais de 20 espécies, espalhadas pela América do Sul e Central, sendo que no Brasil ocorrem onze, entre espécies e subespécies.

O mais conhecido, o *caneleirinho,* mede 14½ cm e tem a parte superior negra, cabeça com brilho metálico no vértice; uropígio cinéreo, asas pretas manchadas de branco, cauda negra, com a ponta das retrizes brancas. As partes inferiores são cinzentas: Isso quanto ao macho, pois a fêmea, como de regra neste gênero, é de cor geral olivácea, com dorso e asas pardacentas, e partes inferiores cinasnômeas.

O ninho é um verdadeiro montão dos mais diversos materiais: folhas, fibras, cortiças, lã, trapos, etc.

O conjunto, segundo descrição de Euler, "apresenta uma massa redonda, com cerca de 30 cm de altura e 25 cm de largura. No centro, acha-se a câmara, relativamente pequena, com 9 cm de diâmetro, cujo acesso é dado por uma abertura redonda de 5 cm de diâmetro, colocada na metade inferior do globo".

Mais adiante, prossegue o autor citado, "a câmara está atapetada com folhas secas de junco. Neste edifício balouçado pelo vento, o pássaro começou a incubar 4 ovos de forma estirada, com pontas delgadas e cor clara de chocolate, com um tom cinzento, sem lustre nem desenho. Medem 22 a 23 mm × 15-16 mm".

O ninho descrito acima foi encontrado na pitangueira de um jardim, e o casal levou 12 dias para construí-lo.

Outro *caneleirinho* de igual tamanho, *P. viridis,* constrói ninho semelhante, mas entremeia cada dia de trabalho com dois ou três feriados, e assim leva mais de um mês para terminar a construção. Esse ninho é feito em galhos de árvore e tem o formato de uma bola, com entrada na metade superior. O material empregado consiste de talos, folhas e nervuras destas. A parte interna acha-se revestida de folhas secas.

Uma outra espécie, *(P. rufus)* faz ninho idêntico, mas emprega material macio e abre a entrada na parte inferior. A câmara que resguarda os ovos é igualmente alcatifada com folhas secas.

Pachyramphus p. polychropterus é espécie do nordeste do Brasil, do norte da Bahia ao sul do Maranhão. Segundo C. Vieira, *P. viridis* vai do Rio Grande do Sul à Bahia e Mato Grosso, Paraguai e Argentina.

O verdadeiro *caneleirinho,* quer dizer, a espécie que assim sempre se ouve chamar, em Itatiaia, é *P. P. spixii,* mas no Rio Grande do Sul tem por vulgo o nome de *caneleirinho-preto.*

TROPEIRO (Lipaugus vociferans) — Parece que o nome de tropeiro, sebastião, bastião, sabiá-do-mato-grosso, sabiá-da-mata-virgem, sabiá-tropeiro, viraçu, cabe, indistintamente, às duas únicas espécies de cotingídeos do gênero Lipaugus que vivem entre nós: (*L. vociferans* e *L. lanioides*).

L. vociferans mede 26½ cm. Os machos adultos têm as partes superiores cinéreas, cauda cinza escuro, partes inferiores também cinéreas, porém mais claras, principalmente na garganta e abdome; bico e pés plúmbeos. As fêmeas adultas são semelhantes, porém as rêmiges secundárias mostram cor pardacenta.

Fig. 14. *Tropeiro* (Lipaugus vociferans)

O nome de *tropeiro* assenta-lhes muito bem, pois a sua voz estridente imita o clamor dos almocreves na sua faina de tanger cavalgaduras. Hercules Florence na sua *Zoofonia* já se refere ao *tropeiro* e traça-lhe as notas do vozear no pentagrama musical.

De O. Pinto, emérito ornitologista, transcrevo a seguinte passagem[54] "É este um pássaro exclusivamente da mata, onde freqüenta de preferência os vales sombrios e as baixadas úmidas. Durante a viagem, tive meu primeiro encontro com ele na subida da Serra do Palhão, não muito longe do povoado de Distampina, quando a estrada, deixando as largas clareiras dos campos de criação e das derrubadas recentes, se embrenhou pela floresta densa. À nossa passagem respondiam os *bastiões* ao ruído da tropa e às vozes dos viajantes, com grito ou assobio estentórico que lhe é peculiar, ecoando de cada canto, até de considerável distância. Quando, propositadamente para provocá-los, fazíamos barulho na mata, quebrando galhos ou batendo nos troncos com o facão, então é que o clamor se generalizava a toda a redondeza, para só aos poucos dissipar-se, acalmando-se progressivamente, mais espaçados os assobios da passarada em sobressalto".

Em certas regiões de Mato Grosso, os matutos dão a *Lipaugus vociferans* o nome de *poaieiro*. Dizem eles que a ave é amiga dos "caçadores" de poaia *(Evea ipecacuanha)* e, para auxiliá-los, indicam onde a podem achar abundantemente. Então assovia com insistência e é só procurar o sítio em que está a prestativa ave, para encontrar uma verdadeira mina das preciosas raízes.[55].

A exploração incessante e, sobretudo, o demônio do fogo, atiçado pela insensatez do sertanejo, dendroclasta vesânico, e do colono, desinteressado por tudo que não seja lucro imediato, quase que destruiu a mata inteira e com ela a valiosa planta medicinal.".

Hoje, o *poaieiro,* como uma peça quase inútil no mundo dos encantamentos, já raramente indica um viveiro de poaia; se assovia, é apenas com saudades dos seus velhos domínios, o reino augusto da mata, onde árvores, enormes como catedrais, enviavam para as alturas os coruchéus das frondes verdes e vivas.

Nada me consta sobre outros costumes, nem lhe conheço referências ao ninho.

O seu *habitat* é do Amazonas até o norte de Mato Grosso e do Pará até o sul da Bahia. Fora do Brasil é encontrado nas Guianas, Colômbia e Venezuela.

Na Amazônia dão-lhe o nome de *cri-cri-ó,* onomatopéia de seus gritos.

O outro *tropeiro* é *Lipaugus lanioides,* um pouco maior que o anterior (28 cm), um tanto parecido com ele, porém no conjunto mais escuro e com estrias brancas na garganta. Em geral é mais conhecido por *viraçu.* Fêmeas iguais aos machos. É espécie do sul de Minas e Espírito Santo até Santa Catarina.

Vive igualmente na mata, e tão recatadamente se comporta, que nada se lhe consegue saber da vida.

TINGUAÇU *(Attila rufus)* — Gênero *Attila,* composto de cinco espécies e algumas subespécies brasileiras. Apresenta uma série de complicações e divergências entre os ornitólogos.

Devido à conformação do bico desses pássaros, alguns autores julgam preferível colocá-los entre os formicarídeos ou na família dos tiranídeos. Outro tanto pode-se dizer dos representantes do gênero *Casiomis.* Mas a espécie que estabeleceu uma verdadeira balbúrdia foi *Attila spadiceus spadiceus,* sem nome vulgar que a individualize. Imagine-se que o referido passarinho se dá ao luxo de mudar de trajo quatro vezes durante a vida!

Ora os naturalistas, que vivem a procurar inéditos, que são gulosos por essas singularidades da Natureza, cada vez que encontravam *Attila spadiceus spadiceus* em um dos seus avatares, zás! batizavam-no com a água lustral da ciência, com todas as cabidelas do latinório.

Só na sua primeira fase de vida, quando aparece quase todo verde-amarelado e amarelo, foi descrito quatro vezes. Em sua segunda fase, quando aparece cinzento e amarelo, foi descrito uma vez; na 3ª fase, pardo escuro e ocráceo, uma vez, e na sua última forma, quase todo ferrugíneo e amarelo, teve dois batismos. É de se imaginar a confusão originada. Hellmayr foi quem atinou com o fio da meada, pondo os alvoraçados colegas em sossego, e jogando, duma assentada, sete nomes para o monturo da sinonímia.

Mas o nosso *tinguaçu,* também chamado *capitão-de-saíra,* não tem história complicada.

Apresenta-se em belo uniforme pardo ferrugíneo, na parte superior, com cabeça integralmente cinzenta, e asas castanhas com esta mesma cor na cauda, enquanto a região inferior é cinamômea, garganta cinérea estriada de branco. Habita exclusivamente a mata e constrói um ninho muito digno de nota, assim descrito por Euler.

"Achei-o em novembro, em pequenas cavidades nos barrancos, um buraco de 20 cm de fundo na ribeira vertical dum riacho a 3 metros acima do nível d'água, escondido pelas raízes e ervas pendentes. No plano úmido desta caverna estava posta a tigela, espaçosa e sólida, em posição bem nivelada, apesar de forte declividade do solo, que o pássaro soube corrigir admiravelmente pelo emprego judicioso do material. Este consiste, para a base, em raízes; para a parte superior em folhas e pedúnculos. O exterior é totalmente revestido de finas radiolas pretas bem torcidas e adaptando-se às asperidades da terra. Na frente, a parede é enfeitada com musgos verdes. O interior do ninho é guarnecido de finos pedúnculos".

Os ovos achados no ninho, em número de quatro, eram de linda cor cárnea, com uma coroa na ponta posterior, composta de largas manchas pardas avermelhadas, e algumas azuis desbotadas. Essas manchas, que se espalham, dão ao ovo aspecto geral malhado. Tamanho do ovo: $24\frac{1}{2} \times 19\frac{1}{2}$ mm.

O *tinguaçu,* que não mede mais de 20½ cm, habita o sudoeste do Brasil, do sul da Bahia até Santa Catarina.

GALO-DA-SERRA *(Rupicola rupicola)* — Afundado nas florestas do extremo norte da Amazônia, no sul da Venezuela e nas Guianas, vive uma das espécies do mundo alado sobre a qual muito pouco se conhece. Sabe-se apenas que é linda como um cromo, cor de laranja vagamente tingida de vermelho, colorido brilhante, que se espalha por todo o corpo, exceto as asas dum cinzento-escuro, sendo que as rêmiges secundárias ostentam orlas alaranjadas. A cauda é parda acinzentada com um debrum laranja. Bico e pés amarelados.

O que mais caracteriza tal ave é o originalíssimo topete, formado pelas plumas do alto da cabeça, que se arrumam muito penteadinhas dos lados para cima, numa crista larga e em semi-círculo. Tal é a roupagem dos machos na quadra nupcial.

Veste-se a fêmea muito mais modestamente, com um uniforme pardo olíváceo, apenas com toques amarelos no uropígio, cauda, abdome e coberteiras inferiores das asas. Bico e pés de cor parda olivácea como a plumagem. Machos e fêmeas nascem todos de cor olivácea, mas os machos já apresentam pés e bicos amarelos.

O tamanho do *galo-da-serra,* ou *galo-do-pará,* como também é chamado, regula 32 cm, notabilizando-se os tarsos, um tanto altos (27 mm), que se mostram bastante emplumados. O conjunto descrito reveste a magnífica ave de uma silhueta que surpreende e encanta.

Em 19 de janeiro de 1941 tive ensejo de observar dois machos e uma fêmea em casa do conhecido escritor Gastão Cruls, em Laranjeiras. A fêmea, talvez por muito jovem ainda, não apresentava senão cor parda olivácea uniforme. Não apareciam ainda os toques amarelos. O topete, muito pequeno, apenas esboçava rudimentarmente a forma do que tanto singulariza o macho.

Um feliz acaso permitiu que eu observasse um macho banhar-se. Metido dentro de banheira rasa com água que apenas lhe cobria os tarsos, lavava-se como em geral as demais aves, metendo a cabeça nágua e agitando as asas durante muito tempo. Gostam muito de tomar banho.

Em cativeiro alimentam-se com sopa de pão e leite, mamão, goiaba e outras frutas. Apreciam sobremodo a pimenta e até se acredita que a falta deste alimento provoque esmaecimento da plumagem.

Ainda adiantarei a estes informes o que encontro na atraente *Hiléia Amazônica,* de Gastão Cruls: "É dos mais flagrantes o dimorfismo sexual de *Rupicola rupicola.* Enquanto o macho se pavoneia, ostentando a mais esplêndida plumagem, a fêmea um pouco menor e quase sem crista, veste-se modestamente, trajando cores sombrias, de um pardo oliváceo, quase negro, apenas aqui e acolá salpicado de uma ou outra pena alaranjada.

"O curioso é que, ao nascer, os filhotes são todos pretos e só mais tarde se dá a diferenciação entre os elementos masculinos e femininos. É verdade que os machos já saem do ovo com o bico e patas amarelas, e isto os distinguirá logo das fêmeas cujas patas e bico são pretos.

"Darwin diz que o dimorfismo sexual desse cotingídeo não é apenas para agradar a fêmea, mas também um exibicionismo de defesa e intimidação. Aliás o galo-da-serra é briguento e, com boa capacidade de vôo. A despeito da plumagem vistosa, não tem muito a recear de seus eventuais inimigos.

"O ninho, de formato arredondado, feito de barro e recoberto de materiais resinosos, é sempre fixado a uma pedra, à maneira do que fazem as andorinhas.

"Os ovos, do tamanho dos de pombos, quase sempre em número de dois, são brancos, com grandes manchas ferrugíneas na extremidade mais larga. É nos ninhos ou então em seus campos de dança que os índios costumam pegá-los, usando para isso finos laços com fibra de tucum. Como acontece com a maioria das aves de plumagem brilhante, a voz do galo-da-serra muito deixa a desejar. Será antes um grito e grito rouco, como aquele que se consegue com as "línguas de sogra", do nosso carnaval.

"Quase sempre ele o repete de três a cinco vezes e, para isso, de cada vez, abaixa a cabeça como se a emissão de tal som lhe pedisse algum esforço. Quando espantado ou enraivecido, solta um pio breve."

Da sua vida passada nos áditos das grandes florestas equatoriais, pouco transpira. Sabe-se apenas, pela narrativa de Humboldt e Schomburgk, que costumam realizar bailados nas clareiras das florestas. É o baile de núpcias. Torneio de graça e amor, uma paginazinha de "féerie", para ilustrar livros de histórias infantis.

Schomburgk, o feliz espectador desta cena maravilhosa, assim descreve o incrível bailado: "Os arbustos em derredor mantinham uma vintena de convidados entre machos e fêmeas. Num lajedo, que era o palco, exibia-se um macho, o qual percorria o tablado em todos os sentidos, executando passos e movimentos surpreendentes. Ora entreabria as asas, lançando a cabeça para a direita e para a esquerda; escavava o solo com as patas; saltitava repetidamente no mesmo lugar, com maior ou menor rapidez; ora fazia roda com a cauda e, após, em passadas graves, como que impando de orgulho, passeava em torno da laje, até que, fatigado, fazia ouvir um grito, bem diferente da sua voz costumeira e então voava para o mais próximo ramo. Outro macho, a seguir, vinha-lhe ocupar o lugar, mostrando igualmente a sua garridice, leveza e desembaraço, e depois outro e outro sucessivamente".

Vemos, pela descrição, que somente os machos se exibem nesta parada de elegância, e não resta dúvida que se trata de um bailado de sedução.

As fêmeas, com a mais dissimulada indiferença, julgam a beleza dos seus admiradores e, naturalmente, preferem este ou aquele. R. Schomburgk acrescenta até que as fêmeas, quando o macho termina o bailado, soltam um grito especial, uma espécie de aplauso.

O nome de galo parece provir do hábito, que têm tais aves, de ciscar, no chão, à maneira dos galináceos e, ainda, pelo fato de baterem as asas, como o nosso vigilante chantecler.

Segundo alguns autores, o manto de D. Pedro II era feito com as penas do *galo-da-serra*, meadas com as de tucanos e *araçaris*. Até falaram em tributo, a que estavam sujeitos os índios da Amazônia, tributo pago com as penas referidas. Há quem duvide do fato, e há também quem afirme ser absolutamente verdadeiro. Eis aí como se cria um dos mais penosos enigmas da indumentária imperial.

O *galo-da-serra,* segundo Euler, faz um ninho aberto sobre os rochedos[57], e a postura tem lugar duas vezes por ano, em dezembro e abril. Os ovos, dois em cada postura, são esbranquiçados e cobertos de pontuações pardo-amarelas.

Humboldt informava que o ninho era colocado ao longo das paredes dos rochedos, entre fendas, e Schomburgk diz que era fixado à rocha como o ninho das andorinhas, colado por meio duma resina.

Os indígenas da região do Orenoco ofereceram a Humboldt gaiolas com *galos-da-serra* jovens, nunca porém machos no seu traje adulto.[58].

A carne é delicada, mas dum vermelho-laranja que muito a singulariza. Alimenta-se de frutos.

TESOURINHA *(Phibalura flavirostris)* — Os cotingídeos, como já fizemos ver, apresentam a mais extrema diversidade entre si, podendo-se afirmar que é uma das famílias mais heterogêneas.

Tesourinha, por exemplo, mostra uma esbelteza de forma, uma cauda longa e forcada, 12½ cm, que faz lembrar um *andorinhão (Cipselideo).*

É realmente um lindo e elegante passarinho de cerca de 23 cm. da ponta do bico ao extremo da longa cauda. Domina a cor amarela e negra. A parte dorsal é de um amarelo-oliváceo, com as penas debruadas de negro, nuca cinzento-claro; o vértice oculta, sob penas negras, uma graciosa porção de outras, vermelhas claras. A garganta é de um amarelo vivo, o peito branco, com estrias negras, e o abdome amarelo-esbranquiçado, com manchas de cor verde e essas com as rêmiges secundárias esbranquiçadas. Bico curto amarelo-pálido.

Fêmea semelhante ao macho, mas a cabeça é cinzenta, sem penas escarlates e a cauda mais curta (fig. 15).

A tesourinha, ao invés de viver na mata, como os demais membros da família, gosta de vir para o campo e até para próximo das habitações humanas, como testemunhou Goeldi.

O seu *habitat* é realmente a floresta, mas na época da procriação, por motivos que ela bem o sabe, acha melhor aninhar-se na campina.

Aqui, no Brasil, não podemos apreciar uma verdadeira migração de aves, como se dá no hemisfério boreal. Entretanto, acontece que certas aves, habitantes da mata, em determinado período do ano, realizam pequenas e ligeiras migrações para o campo, fato que entre nós ocorre em maio e se prolonga até setembro, segundo observações de Euler. O fenômeno

Fig. 15. *Tesourinha* (Phibalura flavirostris)

não passou despercebido ao povo, que notando a abundância das aves, dá a essa quadra do ano o nome de "tempo dos passarinhos", momento trágico para a vida das avezinhas, que são assassinadas por uma multidão de desocupados, e até pela criançada, cujos pais não receberam educação precisa para desaconselhar tal maldade.[59]

Essas excursões das aves para fora do seu *habitat* é realizada após a criação. Parece assim uma viagem de instrução que os pais proporcionam aos filhos, pois os jovens aparecem nesses bandos.

De outubro a abril dá-se o inverso: o bando dissolve-se, os velhos casais e os que entram na lua-de-mel voltam para a mata, aonde os chama a voz imperiosa do amor.

Há algumas espécies, no entanto, que fogem da aspereza do inverno, e vão em busca de paragens em que o frio seja menos rigoroso.

Tesourinha, que é uma criatura de vida excêntrica e contraditória, ao contrário, vive na mata e veraneia e procria no campo.

Goeldi notou-lhe a quase mansidão e observou-a de contínuo, traquinando despreocupada no arvoredo dos quintais. Descobriu-lhe o ninho, num anda-açu, a 12 metros do solo, um ninho que chega a envergonhar, pelo desleixo. Parece a casa de certas elegantes.

Os ovos, em número de dois, medem 22-23 × 19 mm, são azul-esverdeado claro, com uma coroa de manchas escuras no pólo obtuso.

A distribuição geográfica deste belo cotingídeo estende-se do Rio de Janeiro ao Rio Grande do Sul e vai a leste do Paraguai.

CHIBANTE *(Laniisoma elegans)* — Os machos adultos mostram-se muito elegantes no seu traje verde-oliváceo, na parte superior, e amarelo, com risquinhas transversais negras, na região inferior. As asas e caudas são negras, e desta mesma cor é o alto da cabeça. Nos machos, a 4ª rêmige é estreitada na ponta. Medem pouco menos de 24 cm.

A fêmea é de igual tamanho e semelhante na cor, porém com as rêmiges normais, cabeça mais clara; na parte inferior, as penas são marginadas de preto.[60]. O *chibante* habita o litoral, desde o sul da Bahia ao Estado de São Paulo, e em certas regiões é conhecido por *assoviador.*

Nada consta sobre a vida deste pássaro, muito bem lançado de forma e assaz gracioso.

ASSOBIADOR *(Tijuca atra)* — É um pássaro de grande porte (28 cm), rabudo e negro, algo parecido com um *japu*.

Os machos são inteiramente negros, mas as primárias são orladas dum amarelo vivo e o bico amarelo alaranjado. Pés negros.

As fêmeas são de um verde-oliváceo, mas desmaiado na parte inferior, exceto o ventre, que é amarelado; o bico é alaranjado escuro e os pés, de um pardo muito escurecido.

Vive na espessura da floresta, onde faz ouvir o seu assobio trissilábico, muito comprido e composto de notas que sobem na escala dos sons.

Quando no silêncio da mata se ouve aquele *fi-i-i* longo, julga-se que é um sinal convencionado, um apelo, o aviso para que as divindades da floresta — hamadríades refugiadas na selva americana — recatem as formas venustas, escondam, do cúpido olhar humano, a formosura dos seus corpos divinais. Pura imaginação. O *assoviador* chama a sua companheira sempre esquiva e avisa-a de que certas fruteiras do mato estão pejadas de frutos. Então acodem os casais e, enquanto a mesa está no apojo da fartura, por ali fica a turma comedora, tasquinhando.

Da vida que, nos cafundós da mata, leva tal pretinho elegante e assobiador, nada se sabe. Goeldi bispou-lhe um ninho grimpado em árvore de difícil acesso. Namorou-o, mas desistiu da entrepresa de marinhar por madeiros frágeis com as suas robustas pernas helvéticas. O *assobiador,* que não respeita os sábios, deu-lhe naturalmente uma vaia de *fi-i-is* bem puxados a sustância e manteve o segredo de sua vida.

O passarão de que tratamos, também chamado *tijuco*, habita o sudeste do Brasil, do Rio de Janeiro, a Santa Cata-

Fig. 16. *Assobiador* (Tijuca atra)

rina, e bem assim as regiões limítrofes entre Rio de Janeiro e Minas. Na Serra dos Órgãos, segundo Goeldi, é muito vulgar.

O nome popular de *assoviador* cabe igualmente a outro cotingídeo, mais conhecido por *chibante*.

COROCOCHÓ *(Ampelion melanocephalus)* — A parte superior deste pássaro, que mede 22,5 cm, é dum belo oliváceo; a cabeça é negra e as partes inferiores verde-amareladas; sobre o peito esverdeado, correm estrias cinzentas desmaiadas; abdome amarelo, pés e bico plúmbeos. Fêmeas iguais aos machos.

Ocorre no sul da Bahia a São Paulo.

Outro *corocochó,* um tanto parecido com este, até no tamanho (23 cm), é *Ampelion cucullatus.* A parte superior é parda-amarelada, cabeça negra, cauda quase preta, com margem verde, asas escuras, com coberteiras amarelas, as coberteiras superiores são escuras, orladas de amarelo-desmaiado; abdome amarelo-vivo.

Fêmeas semelhantes, mas a cor preta mostra-se menos intensa.

Habita o litoral, do Espírito Santo ao Rio Grande do Sul. Em alguns lugares é chamado *corocotéu* ou *rocororé.*

Nada se sabe sobre a vida desses pássaros. H. von Ihering diz que o ovo de *A. cuculatus* é de forma oval-alongada, com os dois pólos quase iguais, com superfície lustrosa. O campo é cinzento amarelado, com salpicos bruno-acinzentados, desbotados e, em parte, confluentes.

QUIRUÁ *(Catinga maculata)* — Já Fernão Cardim fazia referências a este lindo pássaro, a que dava o nome de *quereiuá,* e dizia ser muito estimado, não pelo canto, senão pela "formosura das penas". E acrescentava esta informação pitoresca: "São tão estimados, que os índios os esfolam e dão duas e três pessoas por uma pele deles e com as penas fazem seus esmaltes, diademas e outras galantarias".

O *quiruá,* também chamado *catingá,* quando adulto é na parte superior dum azul brilhante; cauda preta; mento, garganta e peito vermelho púrpura. Nota-se sobre o peito uma faixa azul. O abdome é purpurino e os flancos azuis, sendo ainda dessa cor o crisso. A coberteira das asas é preta com manchas azuis; as fêmeas são dum modo geral pardas na parte superior e na inferior de cor ocrácea avermelhada. Habitam a região florestal costeira, desde o sul da Bahia ao Rio de Janeiro.

Nada consta sobre a vida em liberdade; é sabido, entretanto, que suporta bem o cativeiro, alimentando-se de frutas, pão umedecido no leite, alface picada, coração de boi em forma de pasta, mas não dispensa "ovos de formigas" e os chamados vermes da farinha, que são larvas do coleóptero *Tenebrio molitor.*

Na Europa tem figurado em viveiros e é lá conhecido sob o nome de *catinga cordon-bleu.*

ANAMBÉ-PRETO *(Cephalopterus ornatus ornatus)* — Não tem asas na cabeça, como o nome parece indicar, mas o *anambé-preto, pavão-do-mato* ou ainda *toropichi,* é, na realidade, um pássaro grandemente complicado.

Mede, quase 45 cm de comprimento, sendo pois, um dos maiores pássaros da família. A plumagem é dum preto-azulado. Sobre a cabeça, uma poupa original se encurva para frente e do pescoço lhe pende, balouçante, um longo penduricalho emplumado, como se fosse um badalo.

Ora, só essas duas peças já dariam o que falar deste esquisitão, mas ele ainda mais surpreso nos deixa ao sabermos que, quando emite o seu grito aflautado, o estranho badalo se incha, como o fole de uma gaita. Vejam só a que se expõe um pobre bicho, quando Dona Natureza está disposta a brincadeiras.

O *anambé-preto,* entretanto, não se rala, com todas essas quinquilharias, que é obrigado a carregar desde que nasce. Vive muito satisfeito e até parece que se enche um tanto de vaidade com a comenda que lhe orna o peito. A fêmea, que é um pouco menor, carece do pendurelho e mostra topete pequeno, não muito caído.

Fig. 17 — *Anambé-preto* (Cephalopterus ornatus)

Burmeister, creio ser o único autor que alude ao ninho de *Cephalopterus*, o qual é feito sem o menor apuro e constituído de ramos secos colocados em árvores altíssimas. A postura consta de dois ovos.

Nada mais, ou pouco mais, se sabe da vida de tão curiosa ave a que os indígenas dão o nome de *menu-uirá,* que quer dizer *pássaro-de-topete,* e *meniuirá,* ou seja *pássaro-flauta.* Tais nomes retratam muito melhor a ave, diga-se de passagem, que o disparatado *pavão-do-mato,* pois nada permite aproximar as duas figuras tão diferentes no mundo das aves.

O desenho representando o *anambé-preto* faz-me lembrar outro, que se encontra na famosa e ainda inédita *Viagem Filosófica,* do malogrado médico baiano Alexandre Rodrigues Ferreira, a quem o sábio Artur Neiva chama "grande naturalista brasileiro".

Ainda o nome de *anambé-preto* ou *anambé-una* serve para apontar outro cotingídeo, de gênero diferente *(Querula purpurata).*

É menor que o anterior, pois mede 32 cm, e, embora seja inteiramente negro, ostenta uma réstea de colorido carmezim escuro nas longas plumas da garganta. Os pés são negros e o bico plúmbeo. É espécie da Amazônia e norte de Goiás.

Ainda entre os notáveis da grei dos *anambés,* goza de alto prestígio, como campeão do vôo em altura, o recordista deste esporte, um lindo pássaro vermelho-escuro com asas pardas. A fêmea é parda, mas com cabeça e parte inferior encarnadas. Trata-se de *Haematoderus militares,* que mede mais ou menos 37 cm. Logo que amanhece, levanta o vôo e afunda-se na imensidade, sumindo entre as nuvens, e só desce ao meio-dia, segundo a crença. Os aborígines, que têm faro de naturalista e imaginação de poeta, observaram o fato e tiraram logo uma ilação: o pássaro, naturalmente, vai fazer uma visita ao sol e daí o batismo que se impunha: *coaraci-uirá,* isto é *pássaro-sol.*

Outros anambés — A designação *anambé* é regional da Amazônia e serve para apontar no mínimo 16 espécies, segundo se vê no *Catálogo das Aves Amazônicas,* de E. Snethlage. Trata-se, pois, quase de um nome genérico dado aos cotingídeos, equivalente ao *corocochó* aqui do sul.

É perfeitamente indispensável passar em revista esta série inteira. Diremos apenas que são todos de uma grande beleza de cores, especialmente os do gênero Cotinga.

Há o *anambé-azul (Cotinga catinga)* muito parecido com o *quiruá,* já descrito e note-se que tem até outro nome, com o dele bem parecido, *curuá* ou *cururá.* Outro anambé-azul, parecido com esse, mas um tanto menor, é *C. cayana.*

Com o nome de *anambé-branco* distinguem-se duas espécies, *Tityra cayana cayana* muito parecida com a nossa *araponguinha* ou *canjica,* já descrita, e *Xipholena lamellipennis,* aliás, também chamada *bacacu-preto.* A cor geral predominante não é preta, mas um azul muito apertado. As asas são brancas e de igual cor a cauda. Isso para os machos, pois as fêmeas são pardas escuras com asas marginadas de branco.

Ainda abundam outros *anambés,* e, entre eles, um lindíssimo, o *anambé-roxo,* do tamanho de um bem-te-vi, *xipholena punicea,* cuja cor geral é vermelho-purpurino com asas brancas, no macho. É espécie do extremo Amazonas e Guianas. O indígena dá a esse lindo pássaro o nome de *aucaco, bacacu.*

Sobre a vida destas aves, nada transpira. Há uma referência a *Tityra cayana,* que põe ovos nas casas dos cupins, termiteiros, e a *Phoenicircus carnifex,* grande apreciador de assaí, chamado também, por esse motivo, *papa-assaí,* o qual, é, aliás, de uma grande beleza, com sua roupagem em que predomina a cor vermelha, tendo o preto para realçá-la. É também chamado *uira-tata,* o que quer dizer pássaro-fogo, em alusão à cor. A cauda é vermelha, e o seu lindo topete, de um vermelho carmesim brilhante. É ave da Amazônia.

PAVÓ *(Pyroderus scutatus scutatus)* — Um dos gigantes da família dos pássaros é o *pavó,* pois mede 44 a 45 cm, chegando a 85 a envergadura das asas.

A cor geral é negra-brilhante, de reflexos metálicos; a garganta, lados do pescoço, alto do peito, vermelho-laranja cambiante.

Notam-se penas de acastanhada cor na coberteira inferior das asas e peito médio, íris pardo anegrado, bico plúmbeo, bem mais carregado na mandíbula superior. Pés negros.

As fêmeas são semelhantes ao macho, embora de menor tamanho, notando-se mais descorado o colorido da garganta.

Decididamente frugívoro, o majestoso pássaro vive pelas grimpas das árvores em constante colheita de frutos, especialmente bagas com que enche seu amplo papo.

Fig. 18. *Pavó*
(Pyroderus scutatus)

Não é muito dado a cantigas, mas na época dos amores solta suas gemedoras súplicas um *hu-hu-hu,* cheio de ternuras, dum som cavo, porém bem distinto, algo semelhante à voz do mutum, que é costume imitar-se soprando com força uma garrafa vazia. Por vezes, esse som é bem forte, como que um mugido de bezerro, e por isso os guaranis, do Paraguai, segundo A. W. Bertoni, lhe davam o nome de *iacu-toro*.

Não é dos mais frequentes nas matas do Estado do Rio, mas não se pode dizer que escasseie ou raramente apareça.

Embora seja de ânimo tranqüilo e até fleugmático, como já notara o Príncipe de Wied, não se exibe muito, já porque ama viver bem no coração da mata, já porque lhe apraz percorrer o cocoruto das árvores, onde naturalmente os frutos, bem expostos ao sol, são os primeiros a madurar.

Do ninho nem se fala, embora seja de acreditar que o faça em árvores altas, tendo o Príncipe de Wied ouvido referências a tal respeito.

Tenho informação fidedigna de que essa ave se torna mansa e vive em casa, definhando entretanto e morrendo em breve tempo.

O nome *pavó* afigura-se-me inexplicável. Chego a conjeturar até que se trata de um erro tipográfico. Sei que outrora alguns escritores davam à ave o nome de *pavão-do-mato, pavão, pavo-i*. Possivelmente, por uma dessas diabruras tipográficas, pavão passou a *pavó*.

Este pássaro, que representa variedade geográfica de espécie extensamente distribuída na América meridional, onde alcança, na Colômbia, as vertentes ocidentais da Cordilheira dos Andes, encontra-se, diz o assaz citado ornitologista Olivério Pinto, "a partir do norte da Argentina e do Paraguai, em todas as matas extensas do sudoeste do Brasil, desde Rio Grande do Sul até a Bahia".

MAÚ *(Perissocephalus tricolor)* — Habitante do extremo norte da Amazônia e das Guianas, o *maú* vive numa região quase desconhecida.

Sabe-se, por informações de Schomburgk, que ele tem um grito algo parecido com o mugido de um bezerro, grito que solta a intervalos iguais, um vozeirão selvagem, muito conforme a grandeza do cenário que o cerca.

Vive aos casais, pelas grimpas das árvores, e alimenta-se de frutos silvestres.

Trata-se de um passarão de 38 cm de comprimento (Brehm fala em 44 cm) com as partes superiores de um pardo-amarelo, mais claro no alto dorso; a fonte, uma parte da cabeça até quase o vértice, loros e região orbital são nuas, com raríssimas cerdas negras. Asas e caudas negras, partes inferiores ferrugíneas, coberteiras inferiores das asas, brancas; mento nu, com cerdas esbranquiçadas; bico e pés negros.

Fêmeas semelhantes aos machos, um tanto menores e com a cabeça menos nua.

Nos animais jovens a face apresenta uma penugem de arminho *(duvet)* brancacenta.

O nome *maú* é evidente onomatopéia de seu grito.

Nada mais se sabe da vida do *urutaí*, como também é chamado.

Há vagas alusões a certa "ave capuchinha", que parecem referir-se ao *maú*, o qual, se assim for, fica com mais um nome.

ANAMBÉ-AÇU *(Gymnoderus foetidus)* — Pombo-anambé e *anambé-bitiú,* são também nomes vulgares deste grande pássaro.

A última designação, aliás, lhe calça a individualidade como uma luva, pois *pitiú*[61] quer dizer fartum e, na realidade, não se sabe bem porque o *anambé-açu* não é das criaturas mais cheirosas.

Além desta particularidade, já assinalada por Linneu, que o classificou, seu aspecto não encontra similar entre os da família, pois em derredor do pescoço traz uma larga zona nua rugosa, como um colarinho amarfanhado e sujo de azul-escuro.

Veste-se todo de preto xistáceo, porém negro veludoso na cabeça e garganta.

Deste conjunto escuro sobressaem as asas acinzentadas e bico plúmbeo. As fêmeas são um tanto mais pequenas, com a zona nua do pescoço menos notável e com asas dum cinzento-escuro.

Encontra-se na região Amazônica e norte de Mato Grosso.

ARAPONGA *(Procnias nudicollis)* — É um pássaro taludo, de 27 a 28 cm de comprimento. Os machos adultos são inteiramente brancos, exceto os lados da cabeça e garganta, que são nus, de cor verde-acobreada, e onde se implantam raras cerdas pretas; bico preto e pés pardos. Os machos ainda jovens são verde-acinzentados.

As fêmeas adultas têm as partes superiores verdes, com cabeça mais escura, e as partes inferiores amareladas, com estrias verdes, e na garganta, que é cinzenta, entremeiam-se estrias negras. Crisso amarelado. A distinção referida entre os dois sexos observa-se mais ou menos aos dois anos de idade.

Fig. 19. Araponga (Procnias nudicollis)

Esta espécie habita as matas do sudoeste do Brasil, sul da Bahia e Minas Gerais até o Rio Grande do Sul e regiões vizinhas da Argentina e Paraguai.

Há no gênero *Procnias* mais duas espécies, uma do nordeste, *araponga-de-asa-preta (Procnias averano)* e outra da extrema Amazônia, lá conhecida por *gainambé, (Procnias alba)* que aliás apresenta garganta com penas e uma longa carúncula emplumada na fronte.

Sobre a vida da *araponga,* ou, talvez, melhor, *uiraponga,* também chamada *ferreiro* e *ferrador,* nada se sabe, e tudo se ignora igualmente a respeito do seu ninho, certamente localizado em árvores altas.

Entretanto o seu canto notável é digno de altas referências. Nada pode melhor dar idéia do canto do *ferreiro,* a quem ainda não o ouviu, que descrevê-lo semelhante ao som produzido por um martelo vibrado com violência sobre uma bigorna. É a mesma estridência, o mesmo som ponteagudo que se enfia pelos ouvidos.

Se no ambiente da cidade, o canto da *araponga* é capaz de nos levar ao paroxismo do desespero, nos sertões, ao invés disso, é um bálsamo.

Fora do ambiente natural, perde o encanto. Para entender aquela música, para traduzir em suavidades as estridências daquela garganta, dentro da qual trabalha invisível ferreiro, é preciso perlustrar as longas estradas cheias do sol do nosso *sertão*. É naquele cenário de mágica, sob o sol ardente, quando sentimos quase a crepitação da terra em fogo, que o *ferreiro* está em plena atividade. Pousado no cimo de árvore gigantesca, sentindo o suave calor da vasta oficina, dá ele à lima, enlevado no lavor do trabalho.

Primeiramente aprimora as rebarbas de uma lâmina metálica argentina, é um *rein, rein, rein* tremelicante, cheio de sonoridades e depois, no final, deixando cair o martelo sobre a bigorna, espalha por toda a natureza agudíssimo som de estridência metálica. Malha e remalha, enchendo de ressonâncias as amplidões.

É um grito cheio de ardência e força, é o estentor brasílico anunciando a vitória do sertão, onde o exército de heróis guarda intactas as reservas pujantes da raça brasileira, vibrante e forte como o canto da *araponga*.

Resiste esta bela ave às agruras do cativeiro e chega a viver longos anos engaiolada, fazendo retinir seu grito cheio de claridades, o que deve causar alegrias a um amador de ruídos. Entretanto muitas vezes é atacada pela corisa. Couto Magalhães, em seu muito interessante *Ensaio Sobre a Fauna Brasileira*, escreve: "Em cativeiro é facilmente acometida de corisa, com obstrução das fossas nasais, o que a torna triste e sem apetite, e assim vai definhando até que lhe sobrevém a morte".

Fig. 20. *Araponga-de-asa-preta*
(Procnias a. averano)

Alimenta-se de frutas, bagas suculentas, bananas e aprecia insetos.

Há quem, em certa época, lhe coma a carne, mas em geral a desestimam.

A gaiola da *araponga,* deve ser ampla e melhor ainda será um viveiro, com chão de terra.

LENDA

A Hércles Florence[63] deve-se, parece, a primeira referência a uma história, popularizada pelo Visconde de Taunay, sob o pseudônimo de Sílvio Dinarte, dum desafio entre a onça e a araponga.

— Vamos ver, disse a onça, qual de nós dois é capaz de gritar tão alto que assuste o outro.

— Aceito a parada, retrucou logo a araponga, lembrando-se de seus sustenidos.

A onça então soltou um urro, que fez estremecer a floresta, menos a araponga, que, esperando o trovão, aguentou firme e nem piscou os olhinhos.

Chegou a vez da araponga mostrar a força do seu grito.

Sem pressa começou afinando a garganta num *rein-rein-rein* de lima sobre o ferro, cheio de tremeliques.

— É isso o teu grito, disse-lhe a onça meio irônica.

— Não tenha pressa, estou esperando um jeito, volveu a ave, e lá se estirou noutra série mais sonora de *reins-reins,* tão suaves que a onça começou a cochilar, fechando os olhos.

A araponga estava esperando isso mesmo e então sapecou o martelo na bigorna *pein!* com tanta gana, que a onça deu um pulo.

E foi assim que ganhou a aposta.

CAPÍTULO VI

PIPRÍDEOS

Tangará, tangará-de-cabeça-branca, tangará-de-cabeça-vermelha, tangarazinho, dançador, rendeira, barbudinho, monge, irapuru, etc.

A família dos piprídeos vive exclusivamente na região neotropical e a maioria das espécies são encontradas no Brasil. Segundo o *Catálogo das Aves do Brasil,* de Olivério Pinto, existem 34 espécies e 30 subespécies.

São aves, em geral, de tamanho pequeno e de notável polimorfismo sexual, apresentando os machos um esbanjamento de coloridos, como se fossem cromos animados, em contraste com as fêmeas, que, de ordinário, se vestem com grande discrição de cores.

Como outras características familiares, apontaremos o bico, que é curto e um tanto largo, plumagem frontal que vai quase até as narinas, asas curtas, cauda quase sempre curta e como que aparada, sobressaindo, em certas espécies, as penas medianas, que se alongam com exagero. Tarso exaspideano. Habitam a mata e os capoeirões, mas vêm ao campo onde haja, aqui e ali, pequenas ilhas de vegetação arbórea, capões, capoeiras, oásis de frescura, miragens de florestas desaparecidas.

São frugívoras decididas, mas sabem equilibrar as rações, não desdenhando qualquer inseto que lhe venha ao alcance do bico.

Entre os piprídeos é que se encontram os famosos pássaros dançarinos, muito conhecidos por *dançadores e tangarás*[64], ou *atangarás,* como lhe chamam na Amazônia.

PRANCHA 1

FAMÍLIA DENDROCOLAPTIDAE

Arapaçu-rajado (*Lepidocolaptes fuscus temirostris*) – Arapaçu-grande (*Deudrocolaptes platyrostris*) – Picapau-vermelho (*Dendrocolaptes certhia*) – Arapaçu-de-garganta-amarela (*Xiphorhynchus guttatus guttatus*)

PRANCHA 2

FAMÍLIA FURNARÍDEOS

Arapaçu-de-bico-comprido (*Nasica l. longirostris*) – Arapaçu-de-bico-torto (*Campylorhampus falcularius*) – João-de-barro (*Furnarius rufus badius*) – Casaca-de-couro (*Pseudoseisura c. cristata*) – Vira-folhas (*Sclerurus s. scansor*)

PRANCHA 3

FAMÍLIA FURNARIDAE

João-teneném (*Synallaxis ruficappila*) – Limpador-de-folhas-cinamomeo (*Philydor pyrrhodes*) – Arapaçu-dos-coqueiros (*Berlepschia rikeri*) – Macuquinho (*Lochmias nematura nematura*)

PRANCHA 4

FAMÍLIA FORMICARIDAE

Galinha-do-mato (*Grallaria varia imperator*) – Tovaca (*Chamaeza ruficanda*) – Galinha-do-mato (*Formicarius ruficeps ruficeps*) – Mãe-da-taoca (*Phlegopsis nigromaculata*)

FAMÍLIA RINOCRIPTIDAE

Corneteiro-da-mata (*Liosceles thoracicus*)

PRANCHA 5

FAMÍLIA COTINGIDAE

Tesourinha (*Phibalura flavirostris*) – Caneleirinho (*Pachyramphus polychropterus polychropterus*) – Anambé-azul (*Cotinga cayana*) – Araponga-de-asa-preta (*Procnias a. averano*)

PRANCHA 6

FAMÍLIA PIPRIDAE

Rendeira (*Manacus manacus gutturosus*) – fêmea em cima, macho embaixo – Tangarazinho (*Ilicura militaris*) – Tangará-de-cabeça-encarnada (*Pipra erythrocephala rubrocapila*) – fêmea em cima, macho embaixo

PRANCHA 7

FAMÍLIA COTINGIDAE

Anambé-de-asa-branca (*Xipholena atropurpurea*) – Crejoá (*Cotinga maculata*) – Pavão-do-mato (*Pyroderus s. scutatus*) – Saurá (*Phoenicircus carnifex*) – Galo-da-serra (*Rupico rupicola*)

PRANCHA 8

FAMÍLIA PIRRIDAE

Uirapuru-laranja (*Pipra f. fasciicauda*) – Tangará (*Chiroxiphia caudata*) – Coroa-de-fogo (*Heterocercus linteatus*) – Tangará-rajado (*Machaeropterus r. regulus*)

Não se sabe grande coisa sobre ninhos, dos quais há apenas pouco mais de meia dúzia descritos. Na generalidade são hemisféricos, bem feitos e construídos de fibra e folhas finas. Acham-se colocados em arbustos, a pouca altura, portanto.

DESCRIÇÃO DAS ESPÉCIES

TANGARÁ *(Chiroxiphia caudata)* — O macho desta espécie é um lindo passarinho azul celeste, com cauda e asas pretas e, no alto da cabeça, uma coroa eclesiástica vermelha, como um chapéu cardinalício. Na cauda sobressaem duas retrizes medianas, azuis, mais longas que as outras.

A fêmea difere totalmente. É verde fosca, mas W. Bertoni diz que algumas vezes mostra cabeça encarnada[65]. Ainda não observei tal, nem li outras referências a este fato. Sabe-se que os machos jovens são da cor das fêmeas, só lhes aparecendo o barrete vermelho quando adultos. Há, no entanto, muitas singularidades na plumagem dos piprídeos.

As aves adultas medem 15 cm.

O ninho, feito no extremo e na forquilha dum ramo, dá ares duma dessas redes de apanhar borboletas. A comparação é de Goeldi. O material de que se serve a avezinha para tecer esta peça graciosa é a fibra de certos vegetais. Há quem afirme que ele acolchoe o interior desse ninho com musgo e lã, mas Euler não encontrou tal material.

Particularidade digna da nota que este autor verificou, e asseveram outros observadores, é o fato de o *tangará* pendurar no ângulo formado pela forquilha, uma bambinela de fibras compridas e que se mantém bailoçante, ao sabor do vento.

A postura consta de dois ovos, grandes em relação à ave (23 × 17 mm). São de cor branca amarelada, com manchas pardas morrentes e pingos escuros. Esse desenho, que vem da parte superior, estende e dilui-se no outro pólo, que afinal apenas apresenta pinguinhos esparsos. É espécie do sul: Rio Grande do Sul, São Paulo, Rio de Janeiro e Minas, e em Missões e no Paraguai.

Vive na mata, e é aí, como num ádito agreste, que os *tangarás* realizam os seus famosos bailes, o que lhes motivou o nome de *dançarinos,* ou *dançadores,* porque também são conhecidos.

Goeldi e Florence descrevem quase que da mesma forma este divertimento. Parece que, antes de começar a dança há convites, de que os mais foliões tomam a iniciativa, convocando os outros por meio de pios. Reunidos os amigos, num longo ramo de árvore, despido de folhas, uma fêmea fica no centro (segundo Florence) e de cada lado um grupo de machos. A um sinal dado, um *trá-trá* bem entusiasticamente emitido, logo se eleva ao ar um dos figurantes. Descreve então no espaço uma curva alígera, e airosa, indo pousar na extremidade do galho. Ainda mal se assentou, de novo soa o sinal, e nova curva no espaço é desenhada por outro dançarino. A fêmea canta e dá pulinhos, sempre no mesmo lugar. Com o alegre brinco vai passando o tempo, um quarto de hora, meia hora, até que a outro sinal, um sibilo agudo, diferente dos outros sons, tudo cessa magicamente. Está encerrado o baile. Cada qual vai tratar da vida, sem dúvida após rápida combinação para outra festinha igual, que se realizará, ainda no mesmo dia, mas em outro sítio.

Tenho, no entanto, conhecimento de outra descrição da dança dos *tangarás,* feita por Bigg-Winter em *Pioneering in South Brazil,* citada e transcrita por W. H. Hudson[66]. O viajante conta que teve ensejo de observar numa pequena clareira da floresta uma assembléia de *tangarás,* uns por cima das pedras, outros pousados em galhos de árvores. Citaremos a parte principal da folgança:

"Um deles mantinha-se imóvel sobre um ramo e cantava alegremente, enquanto os outros acompanhavam a cadência, isto é marcavam compasso com as asas e os pés em uma espécie de dança, pipilando um acompanhamento".

A diferença entre um e outro espetáculo é flagrante, mas vamos a outra parte. Goeldi, ao contrário de Florence, supõe que somente os machos tomem parte nestes bailaricos. O caso assume, pela sua interpretação, uma importância enorme.

Machos e fêmeas devem, forçosamente, figurar nessas festas. Esses bailes, como os da espécie humana, têm um fundo sexual, é evidente.

Devemos procurar sempre, rigorosamente, a verdade onde ela esteja, pois em assuntos de ciências naturais precisamos reprimir com veemência a imaginação — essa aranha dourada que tece, no silêncio dos gabinetes, pontes de seda entre a realidade e a fantasia.

Os animais, desde o mais ínfimo na escala zoológica até o homem, são agitados, por dois primordiais objetivos: o desejo de viver e a necessidade de se reproduzirem, isto é, o instinto de conservação do indivíduo e o da espécie. Não há atos inúteis. Tudo se reduz à conquista do alimento e ao ato correlativo da geração. Darwin, na sua obra *A Descendência do Homem,* tratou com minúcia destas reuniões animais e demonstrou que o amor as inspira. A elas filia, em grande parte, a sua teoria da seleção sexual[67].

Mais recentemente, Waldomiro Bai Borodin surpreendeu uma dessas cenas em São Paulo e descreveu-a com muita precisão — motivo pelo qual passamos a transcrevê-la —, juntando a reprodução de uma tela do pintor Cataldi que tanto se vem notabilizando com seus quadros de aves do Brasil.

"Em um ramo que se pendia no espaço, em sentido horizontal e situado a uns três metros de altura do solo, na ponta oposta ao nosso lado, encontrava-se pousada, em atitude despreocupada, uma fêmea de tangará. O seu sexo era facilmente identificável em virtude da simplicidade da coloração da plumagem, de cor pardo olivácea, diferindo do colorido azul dos machos que esvoaçavam pelas cercanias.

Aguardando o prosseguimento da cerimônia ritual, a rainha da festa entretinha-se na arrumação das suas penas, passeando a vista em derredor, como que a avaliar a extensão dos galanteios de que era alvo.

Ao principiar novamente a dança, os machos, formando uma compacta fila movediça, alinhavam-se com a parte anterior do corpo voltada para uma mesma direção, baixando o corpo e alongando o pescoço de modo a conservar a posição horizontal, ao passo que deslizavam pelo galho até se avizinharem da fêmea.

O macho mais próximo levantava o vôo e colocava-se "vis-a-vis" da fêmea, uns cinco centímetros à sua frente, pairava no ar por alguns instantes e ia colocar-se no extremo oposto da fila. Logo após, o segundo macho, que já se encontrava ao lado da homenageada, executava, por sua vez, a mesma operação e ia colocar-se ao lado do primeiro macho, no fim da fila. Assim procediam os demais pássaros, até que todos tivessem desempenhado o seu papel, recomeçando a cerimônia na forma inicialmente descrita.

A dança era ritimada por um canto musical, executado em coro, extremamente bem combinado. Aliás, não se tratava propriamente de um "canto" mas sim de um "batuque", que muito se assemelhava ao ruído peculiar aos instrumentos que se usam para amolar facas. Tinha-se a impressão de estar ouvindo o barulho de uma horda selvagem, em plena realização de suas danças guerreiras ou festividades religiosas.

Ouvia-se um surdo *"tiu-u-u-u; tiu-u-u-u; tiu-u-u-u"*, em que as primeiras letras possuíam uma tonalidade mais aguda e prolongada. Justamente no momento em que se faziam ouvir os primeiros sonidos, o dançador alçava o vôo rápido, colocava-se em frente da fêmea e, desse modo, cada estrofe correspondia a uma revoada.

No princípio, o compasso da música era lento, durando cada estrofe cerca de dois segundos. À medida que se aproximava o fim da dança, ia-se ele tornando mais apressado, até que uma voz mais aguda e forte, traduzida onomatopaicamente por um *"tim-tim-tim"* destacado, marcava o termo da cerimônia. Obedecendo a esse sinal, todos os comparsas abandonavam imediatamente o palco onde se desenrolavam os acontecimentos e mergulhavam na espessura da mata, exceção feita da fêmea, que permanecia no mesmo lugar.

Os movimentos do último dançador, justamente o que supomos estar encarregado do sinal convencional que põe fim ao bailado, não correspondia aos dos demais companheiros, pois, em vez de se colocar em frente da fêmea, ele ia esvoaçar em um plano superior, situado a uns dez centímetros acima do corpo dela, batia rapidamente as asas e soltava o último grito que deveria dispersar os companheiros (Fig.21).

Durante a dança, a fêmea olhava despreocupadamente para os bailarinos com ares de absoluta indiferença.

O ritual prolongava-se por espaço de 30 segundos aproximadamente. O número de machos que nele tomava parte variava de 3 a 6 (como foi observado no presente caso) e, os que não dançavam perambulavam pelas imediações, ocupados, provavelmente, na procura de alimento. Poucos minutos mais tarde, a dança recomeçava, revestindo-se sempre das mesmas características.

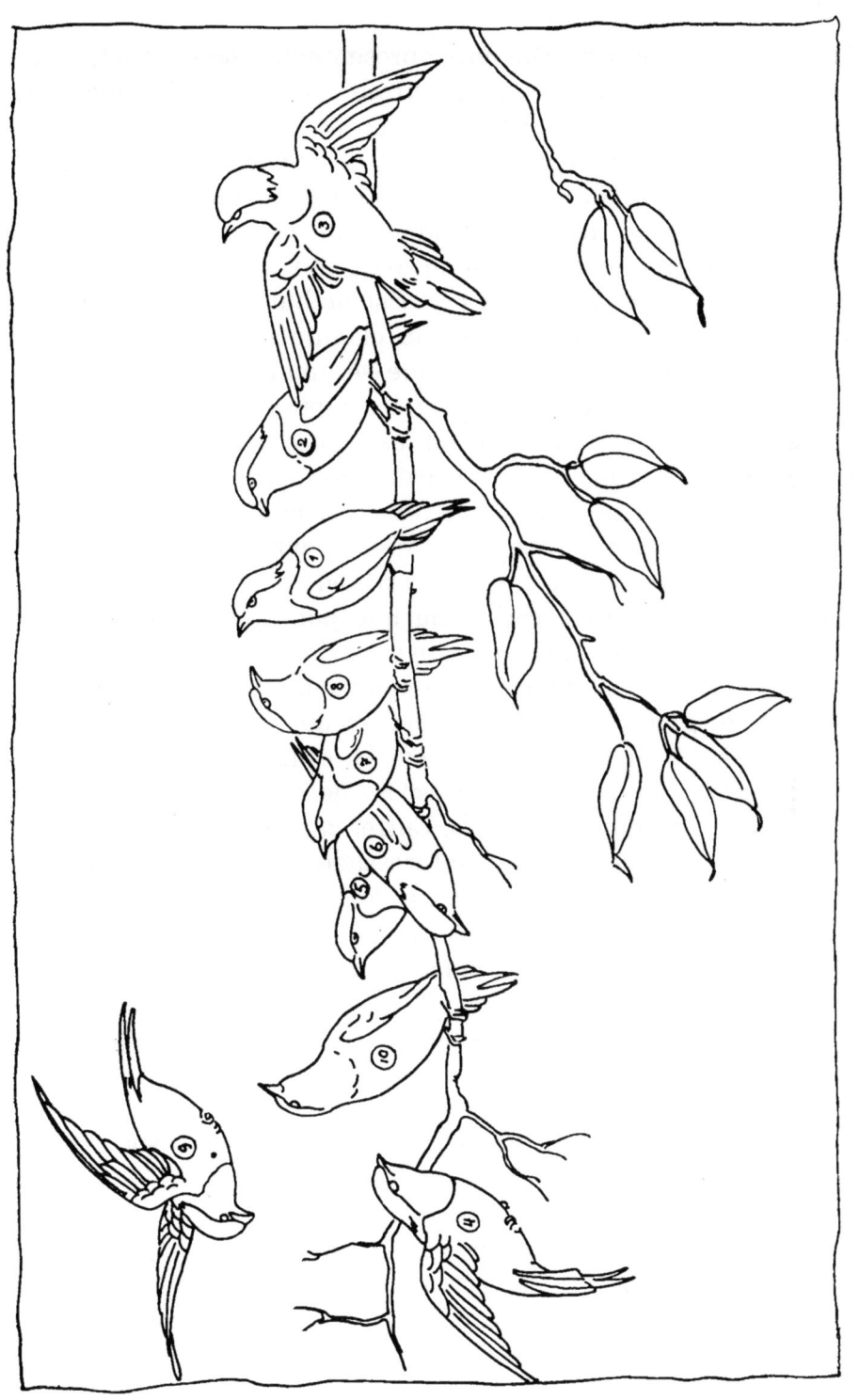

Fig. 21. *Representação esquemática da dança dos tangarás.*— 1, 2 e 3 — *Três primeiros machos, depois de terem representado o seu papel na cerimónia.* 4 — *Quarto macho, em plena revoada.* 5, 6, 7 e 8 — *Quatro últimos machos que ainda não tomaram parte no ritual.* 9 — *Posição que assume o último macho, antes de findar a cerimónia.* 10 — *Fêmea.*

Analisando as observações ora apresentadas, pode concluir-se que a dança dos tangarás, como acontece com uma infinidade de outros pássaros, tem a sua razão de ser na livre escolha de um esposo, dentre o numeroso grupo de que se compõe o bando. Parece revelar uma necessidade premente de desabafo e traduzir uma demonstração patente das possibilidades de cada comparsa, por meio de uma eloqüente afirmação do "eu", não só perante a fêmea cobiçada, mas também em face dos seus semelhantes. O canto, integrado por sons que se desdobram em clarinadas guerreiras, ou reproduzido por meio de melodias que se amenizam e se tornam macias como frases acariciantes, tanto serve para desafiar os rivais como para despertar as mais recônditas emoções na companheira apetecida. A frieza em que esbarra o ardor dos machos, na época procriadora, não pode ser quebrada com a violência; é preciso manha e prudência, pois qualquer precipitação deitará por terra uma tentativa menos diplomática de conquista. Daí todo esse aparato formalístico de que se reveste a cerimônia que parece ter por objetivo facultar à fêmea a escolha inconsciente do melhor elemento que será encarregado da defesa da prole e, conseqüentemente, da perpetuação da espécie. Sem dúvida, vencerá o competidor que, pelas suas excepcionais qualidades, tiver o dom de comovê-la, e diga-se de passagem, nem sempre isso acontecerá com o esposo do ano anterior, o qual, sobre ela não tem direitos definitivos. Entretanto, é fácil de se avaliar de que recursos não se valerá o interessado para ser novamente escolhido! Justificado está, portanto, o ardor incomparável que caracteriza a competição onde, provavelmente, tomam parte machos novos e envelhecidos, todos empenhados em dar uma expressão viva e muito forte aos seus trinados e gorjeios.

Feita finalmente a escolha, estará o casal unido para a sublime tarefa procriadora, união essa que só será provavelmente, rompida no ano seguinte, quando chegar novamente a época dos rituais em que, talvez, o esposo de hoje seja forçado a abdicar de suas esperanças...

Só agora, decorridos vários anos, é que nos animamos a divulgar estas observações. É que não estando elas de acordo com o que temos colhido de oitiva e menos em narrações escritas, aguardávamos posteriores e insuspeitas informações da parte de pessoas afeitas aos segredos da Natureza. O fato, no entretanto, acaba de ser confirmado pelo nosso prezado consórcio, Dr. David Victor de Almeida, o qual, inteirando-se do assunto e revendo o esquema do ritual que tivemos ocasião de executar, o aprovou plenamente.

Muitíssimo mais maravilhosas são as cenas que nos descreve Franck M. Chapman na sua recém-aparecida obra, *La Vie Animale Sous les Tropiques,* Paris, 1939[68].

O que nos relata sobre "la parade de manakin de Gould" surpreende e mostra-nos que essas cerimônias dos *tangarás,* posto que constituam um ritual do grupo, diferem sensivelmente de espécie para espécie.

Chapman teve ensejo de fazer observações minuciosas como a ninguém até então foi dado realizar. Abandonando certas minudências, passo à descrição do essencial, decalcada no relato daquele ornitologista.

Durante o período de reprodução, os *tangarás* observados *(Manacus vitellinus)*[69] vivem em pequenos grupos, de 3, 6 ou 8. Cada um prepara um pequeno espaço no solo da floresta, e tal sítio transforma-se nos seus centros de vida, no teatro das suas façanhas amorosas, para o qual é preciso atrair a fêmea esquiva.

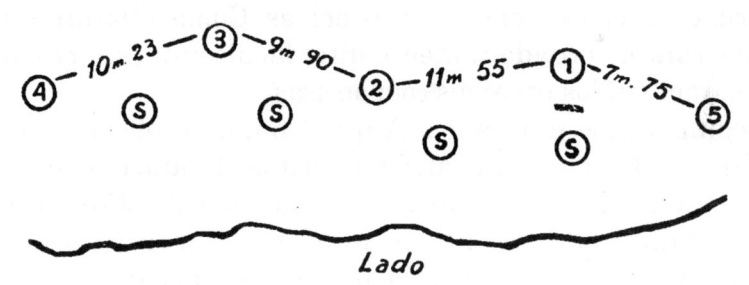

Fig. 22. *Esquema dum grupo de "apartamentos"de tangarás, segundo F. M. Chapman.*

Em Barro Colorado (Panamá), local de observação, havia nove grupos desses apartamentos.

A fêmea vive perto do macho durante o período em que ele a corteja e, após a realização das núpcias, já assegurada a certeza da perpetuidade da espécie, desaparece, indo construir o ninho noutro local, cuidando sozinha da incubação e alimentação da prole.

Por essas relações sexuais, assemelham-se a certos *beija-flores-combatentes* e *aves-do-paraíso,* as quais só visitam os machos por ocasião do conúbio.

O apartamento é um espaço um tanto circular, que os jovens limpam cuidadosamente, carregando com o bico, para fora do seu âmbito, as folhas das árvores, gravetos e outros destroços.

A reunião de machos em grupos implica competição a propósito da companheira que surgirá; porém, como é a fêmea que procura o macho, um grupo sempre será motivo de maior atração que só um indivíduo.

É evidente que os membros destes concílios de noivos guardam entre si certas normas, verdadeiras leis inflexíveis, que nenhum tenta frustrar.

Na época nupcial, a vida dos machos consiste em esperar, atentamente, a chegada da esposa que o destino lhe vai conceder, a qual ele não conhece, mas que deve ser bela e desejável.

Torna-se indispensável atrair as fêmeas e então é que se desenham páginas de uma história maravilhosa, como iluminuras e coloridos feitos pela mão inspirada da natureza em manhã de enlevo e de ternura.

Podem-se notar duas fases bem distintas deste drama amoroso dos tangarás.

A primeira consiste em atrair as noivas. Como a natureza não lhes concedeu o canto, verdadeiramente dito, facultou-lhes a possibilidade de produzirem ruídos especiais com as asas.

A segunda fase é a dança. A que Chapman observou é muitíssimo diferente das que estão atrás descritas. Traduzo, resumindo em parte, o que viu aquele naturalista, no seu posto de observação:

"Escoaram-se dez a quinze minutos. Continuam os apelos, através da vegetação que tapiza o solo, eu vejo uma saracura da mata, que avança, pé aqui, pé ali, cautelosa; um tucano grita e surge um tangará. Reconheço nele o proprietário do apartamento número três.

"Marcha com esforço. Qualquer coisa evidentemente o agita. Bate nervosamente as asas, grita: *pi-iu* saltita sem parar, de ramo em ramo, eriçando as penas da garganta, formando uma espécie de barba. Aumenta a agitação, tornam-se mais fortes e frequentes os gritos e a barba é prolongada para diante do bico e, repentinamente, com as asas levantadas, começa a produzir um ruído de matraca, crepitante, seguido do apelo *chi-pu-u*.

"Durante esse tempo acha-se já perto de seu apartamento, e como aí chegou, salta através dele com estrépitos vigorosos, torna a voltar para trás, e cada salto é um estalo. E assim continua, *clac-clac, clac-clac, clac-clac,* de diante para trás, meio metro, pouco mais ou menos, acima do solo, pousando a seguir em qualquer ramo flexível que rodeia o cenário.

"Outras vezes varia a cena, e o tangará corre em derredor de seu apartamento, com grande ligeireza e o matraquear atinge o ritmo médio de dois por segundo. Após meia dúzia de saltos, por vezes, empoleira-se, com uma folha no bico, aterrando a seguir.

"Quando a excitação chega ao auge, a ave coloca o bico na extremidade dum ramúsculo, inclinado sobre os bordos do apartamento e, com as asas em agitação, mantém seu corpo, numa posição quase horizontal, como um dirigível amarrado ao seu poste".

É realmente uma espécie de loucura amorosa que se apodera do *tangará*. Todas as manobras têm o fim único de atrair a fêmea e neste período a mata dos arredores se enche de ruídos, como se uma loucura coletiva se apoderasse de toda a raça dos tangarás. Chega enfim o momento decisivo. Vai surgir, de entre o cenário verde das folhas, a noiva disputada, inteiramente vestida de verde, como um símbolo de esperança. Ainda o olhar humano não a distinguiu, mas já os machos a vislumbraram, a advinharam talvez.

A sensação que experimentam quando surge a fêmea é de tal ordem, que somente leis ditadas pelo gênio da espécie, como diria Maeterlink, podem impedir um ato de loucura coletiva naquele pugilo de candidatos ao amor.

A natureza, nos seus devaneios e inconcebíveis propósitos, parece que se compraz, por vezes, em atormentar as suas criaturas e em só lhe conceder momentos de alegria à custa de tormentosas horas. Aos tangarás dotou-os com o mais exaltado temperamento amoroso e, para fazê-los arder ainda mais nas chamas de um desejo vivo, semeou de escolhos a realização do himeneu.

Em todo o núcleo de apartamentos vibra o delírio da hora suprema. Cauta, como que indiferente à tempestade de ternura que se lhe desencadeia aos pés, aproxima-se a noiva. Quando chega mais perto e se empoleira, nalgum ramo das imediações, os machos não avançam para ela, mas começam a saltar através de seus apartamentos, fazendo ouvir ruídos crepitantes. É um convite para o baile de núpcias. Se é bem recebida a solicitação, a fêmea coloca-se em face de seu par. Não canta nem produz qualquer ruído, mas acompanha-o na dança durante algum tempo, até que voam juntos e desaparecem no mistério da mata.

Foi Fernão Cardim[70] talvez o primeiro que descreveu a dança dos tangarás, mas já de forma muito diferente, como passaremos a ver, por suas textuais palavras:

"... tem um gênero de baile gracioso, um deles se faz morto, e os outros o cercam ao redor, saltando, e fazendo um cantar de gritos estranhos que se ouve muito longe, e como acabam esta festa, grita, e dança, o que estava como morto se levanta e dá um grande assovio e grito, e então todos se vão, e acabam sua festa, e nela estão tão embebidos quando a fazem que ainda que sejam vistos, e os espreitam não fogem ..."

De tantas descrições feitas por observadores leais chegamos a crer que o ritual varie segundo a espécie, como já dissemos.

O gênero contém ainda mais duas espécies amazônicas: *C. pareola*, chamada *cabeça-encarnada, rendeira e uira-puru-de-costa-azul,* e duas subespécies, sem nome popular que as distinguam.

O macho de *C. pareola* é preto, com roupa encarnada e dorso azul-claro, e a fêmea, verde com a parte inferior lavada de amarelo. Mede 12 cm.

O macho, quando jovem, parece-se com a fêmea, mas já traz a crista encarnada.

Segundo Schomburgk, o ninho, que encontrou em abril e maio, é grosseiramente construído de musgos e folhas delicadas, finas. Os ovos medem, segundo Pinto Velho, 21-22,5 × 15-16 mm e são densamente cobertos por manchas dum castanho avermelhado e algumas cinzentas. Postura: dois ovos.

C. p. regina mostra crista amarela. Hábitos iguais.

TANGARÁ-DE-CABEÇA-BRANCA *(Pipra pipra cephaleucos)* — O macho é uniformemente negro, com a fronte, cabeça e nuca brancas; íris negra, bico e tarso escuros. Mede aproximadamente 12 cm. A fêmea é verde, com a parte inferior acinzentada. Ocorre do Rio de Janeiro à Bahia. Encontra-se freqüentemente nas matas do Estado do Rio. Alimenta-se especialmente de insetos, vermes, frutas.

Já vi, em outros tempos, alguns exemplares em cativeiro, onde, aliás, morreram, logo depois.

No Estado do Rio, em geral, dão-lhe o nome, simplesmente, de *cabeça-branca*.

Uma outra espécie, muito parecida com essa, e do mesmo gênero, é o *tangará-de-cabeça-encarnada,* ou simplesmente *cabeça-encarnada*.[71]

Trata-se de *Pipraerythrocephala rubrocapilla,* mais ou menos do mesmo tamanho e igualmente negro, diferençando-se do anterior, porque a fronte e o vértice são de um vermelho-alaranjado, e as faces e nuca dum vermelho-fogo, íris negra, bico escuro e tarsos tirantes ao rosado.

O ovo, segundo P. Peixoto Velho, mede 18-20 × 13-14 mm e é branco amarelado com a superfície densamente manchada de pardo.

Distribuição: Estado do Rio, Bahia, Pernambuco, Amazonas, Goiás e Mato Grosso.

TANGARAZINHO *(Ilicura militaris)* — Goeldi traça um delicado retrato do *tangarazinho,* o qual passamos para aqui: "Avezinha fina, mimosa, que com seu porte e alvoroço incisivo, seu caráter em que singularmente combinam velocidade momentânea, previdência e coragem, muito tempo me intrigou, até que afinal fiquei conhecendo-a bem, é *Ilicura militaris*. A cor é variada, sem espalhafato, mas de muito gosto e agradável à vista. O lado dorsal é, em mais da metade, de belo negro, o dorso posterior é vermelho-carmim claro e brilhante, e a metade inferior das asas de belo vermelho-claro. A garganta e o pescoço tem-nos pardacentos, o resto do lado inferior é branco. Cinzenta é a região da face e vermelho-carmim escuro a fronte. Assenta muito bem na cabecinha o íris claro.

"Aqui na Serra dos Órgãos é frequente na mata, principalmente nas veredas e picadas solitárias, enredados em que existem crissiumas.

"É fácil ouvi-la e raro vê-la.

"Produz um ruído crepitante, pasmosamente claro em proporção ao seu tamanho, e pode comparar-se ao ruído produzido pela quebra de uma avelã, ou, talvez melhor, com o que resulta de passagem rápida de uma vara pela grade de ferro dum jardim".

O ruído crepitante a que se refere Goeldi é uma das singularidades de certos pipriídeos.

Tal ruído é ouvido durante o vôo da ave e feito pelos canhões relativamente espessos das suas penas retrizes. Durante as danças a que já nos referimos, ouve-se o característico crepitar.

O *tangarazinho* ocorre de Santa Catarina ao Rio de Janeiro e em Minas e Goiás.

IRAPURU *(Pipra aureola aureola)* — O macho é preto, com fita branca na asa, cabeça, peito e meio da barriga encarnados, fronte e garganta alaranjadas, coxas brancas.

A fêmea é verde, com garganta e meio do abdome amarelos. O tamanho deste passarinho não passa de 11½ cm.

Escassas observações biológicas existem sobre esta espécie e as demais do gênero, aliás conhecidas quase todas sob a mesma designação.

Fig. 23. *Irapuru* (Pipra fasciicauda escarlatina)

Muitos outros *irapurus*[72] são citados na família dos píprídeos e entre eles talvez o mais lindo seja *Teleonema f. filicauda,* de longa cauda e *Pipra fasciicauda escarlatina,* com cauda curta. (Fig. 23)

RENDEIRA *(Manacus manacus gutturosus)* — O macho apresenta o alto da cabeça negro, nuca branca, dorso inferior, asas e cauda negras; garganta e peito brancos; ventre e uropígio cinzentos, bico escuro, olhos negros e pés plúmbeos. A fêmea é verde.

Os jovens são de cor cinzenta-esverdeada, com rêmiges e cauda mais escuras.

A plumagem por baixo do bico, ou melhor, no queixo, mostra-se alongada, aparentando uma barbicha, razão pela qual dão à ave também o nome de *barbudinho e mono.* Esse conjunto empresta ao passarinho, que mede apenas 11 cm um ar de muito gracioso.

O ninho, colocado em árvores altas, é igual ao do *tangará,* já descrito, porém muito mais fundo.

Ovos 22 × 15 mm, de cor branca amarelada, manchas-castanhas, alongadas, mais numerosas no pólo obtuso.

O *rendeiro,* por outros ainda chamado *monge,* ocorre desde Santa Catarina à Bahia, mas tem sido encontrado no Maranhão, Goiás e Minas. E muito comum no Estado do Rio, segundo própria observação. Alimenta-se de frutos, insetos e vermes.

Espécie muitíssimo semelhante é *C. manacus,* atangará-tinga, que ocorre na Amazônia e Mato Grosso. É também conhecida por *bilreira, rendeira.*

Com o nome de *rendeira* apontam-se outras espécies, todas graciosas em virtude de seus topetes e muito ornamentais pela distribuição das cores.

O nome bilreira e seu sinônimo rendeira provêm do ruído que tais aves produzem com as asas, semelhante ao que fazem os bilros trabalhados pelas tecedoras de rendas, as rendeiras ou bilreiras.

CAPÍTULO VII

TIRANÍDEOS

Pombinha-das-almas, lavadeira, viuvinha, maria-preta, suiriri, teque-teque, alegrinho, joão-pobre, papa-piri, maria-é-dia, guaracava, bem-te-vi-pequeno, bem-te-vi, suiriti-tinga, caga-sebo, verão, lecre, siriri, tesoura.

A família dos tiranídeos é essencialmente americana, encontrando-se os seus representantes, em grande maioria, na região neotrópica[73]. O Brasil possui 268, entre espécies e subespécies, segundo Olivério Pinto.

Como caracteres familiares, podemos dizer que todos possuem bico variável em tamanho, porém, quase na maioria, tão longo quanto a cabeça, curvo na ponta, e, às vezes, deprimido e sempre com cerdas na base; o tarso-metatarso é de escutelação exaspideana.

A forma, tamanho e cores variam muito, e em algumas espécies o macho e a fêmea diferem.

Uma boa maioria de tiranídeos possui topete, por vezes inaparente, mas que avulta em certos momentos; em outros casos, não há realmente topete, porém um simulacro deste.

Tais topetes são total ou parcialmente constituídos de cores vistosas (amarelo ou vermelho).

Cauda normal, exceto em alguns gêneros, como *Arundinicola (viuvinha) Yetapa (tesoura-do-campo), Alectrurus (galito-do-campo), Colonia (viúva)*, etc.

Em se tratando de nidificação, há diferenças notáveis, como assinalaremos, ao descrever as principais espécies.

Os tiranídeos têm regime alimentar insetívoro e representam papel primacial na luta biológica, auxiliando bravamente os lavradores, porque gostam de freqüentar as fazendas, hortas e pomares.

A. de Miranda Ribeiro quis acentuar bem o fato, quando escreveu "... é talvez a família que mereça a maior proteção por parte do Estado; o extermínio impiedoso — principalmente por parte do colono italiano — das aves de todas as qualidades, de São Paulo, talvez seja o principal responsável pelo surto de *Stephanoderes* nos cafezais daquele importante centro produtor agrícola brasileiro"[74]

Algumas espécies, em certas quadras do ano, talvez por escassez de insetos, comem frutas, sem causar, entretanto, danos à pomicultura.

Em geral, não se recatam muito na localização dos ninhos e quem quer que vá ao campo terá ensejo de observá-los.

Os tucanos costumam rondar-lhes a casa, de longe, sorrateiramente, com ar sonsarrão de que nada querem; mas, em se lhes deparando oportunidade, esvaziam-lhes o ninho, tenha eles ovos ou filhotes.

Os tiranídeos, entretanto, são vigilantes e intrépidos, e dentre eles alguns, geralmente *bem-te-vis*, *suiriris*, e *tesoura*, saem em perseguição de rapaces de grande vulto, como o *carcará*.

Por vezes tem-se visto perseguindo o urubu, mas não consta que esse lhe cause dano. Talvez não gostem de pretos.

O sorumbático urubu, quando se vê agredido, dispara em vôo, mas o *bem-te-vi* cavalga-lhe o dorso e sapeca-lhe valentes bicadas.

Não obstante a bravura leonina com que defendem o lar, o astucioso chopim sempre encontra jeito de introduzir no ninho de algumas espécies um ovo espúrio, obrigando-as a chocar e criar filho alheio e, ainda por cima, preto.

A maioria dos tiranídeos prefere os campos, as amplas clareiras e orlas das florestas, vindo sempre para próximo das habitações humanas. Há espécies, pouco numerosas no entanto, que vivem exclusivamente na mata.

Descrição das espécies

POMBINHA-DAS-ALMAS *(Xolmis cinerea)* — Veste-se toda de cinzento, exceto as asas e a cauda, que são pretas; a garganta e o crisso brancos. Por debaixo dos olhos há um friso bem patente e negro. Mede 24 cm.

Sobre o negro das asas e da cauda há manchas brancas.

É a maria-branca dos mineiros, maria-é-dia, a güira-ru-nheengetá dos tupis, e o pepó-azá dos guaranis.

D'Orbigni diz que a ave nidifica na palmeira macaúba, e descreve-lhe o ninho, que é uma tijela feita de gravetos finos e raízes, inteiramente forrada de penas. O ovo (27-30 × 20-21 mm) é branco, com poucas manchas roxas no pólo rombo.

José Caetano Sobrinho encontrou ninhos no campo e no cerrado em oco de árvores. Esses ninhos são feitos de gravetos finos, raízes e forrado de penas. Têm formato de tijela.

Outra *pombinha-das-almas* é *Xolmis irupero irupero,* que os sul-riograndenses chamam *noivinha,* bem menor que a anterior, pois mede 13 cm e veste-se de branco, tendo as primeiras rêmiges e a ponta da cauda negras.

Vestimenta assim tão singular valeu-lhe também o nome de *viúva* e há até certa lenda que daí se originou.

Segundo velha tradição do folclore sul-americano, Vadi era casado com uma linda moçoila da raça branca, que muito o amava. Internou-se o marido feliz no espesso da floresta e quis o acaso que ele morresse. Quando sua esposa soube de tão desditoso acontecimento, pôs logo luto por cima de suas vestes brancas e internou-se na mata alucinadamente. A dor transformou-a em ave, que, aflita, olha para um e outro lado, clamando *Ah Vadi! Ah Vadi!*

Montiel Ballesteros, em suas *Fábulas,* de motivos americanos[75], conta-nos a lenda de certo pássaro, chamado "viudita", que deve ser a noivinha dos gaúchos. É história fabulosa das muitas faces da inconstância feminina:

Certa noiva, logo que se fez esposa de um trabalhador rural, achou-se superior ao seu homem, porque outros a requestavam.

Logo que o esposo saía para a conquista do pão, mosqueava sob a sombra do umbu, o cavalo bem aperado de um visitante.

Certa vez, tardava a chegada do pobre camponês e ferviam, em derredor, os comentários. Houve quem insinuasse:

— Mataram-no em alguma briga.

E outro, mais perverso, ajuntou:

— Os tempos andam duros, e melhor é tocar viola, que sustentar mulher.

Não se emocionou a esposa e, supondo-se esquecida, premeditava a desforra. E foi-se ao primeiro gesto do mais afoito cortejador.

Quando de caminho, à garupa do cavalo do seu enamorado, cruzou com o marido, que volvia ao lar, enfermo e triste, à procura do aconchego da companheira. O mísero encontrou vazio o rancho.

Enquanto morria, ela, a fugitiva, teve uma visão: viu-o pálido, com o frio da morte nos olhos, que a buscavam inutilmente, com os lábios lívidos, que lhe balbuciavam o nome, abraçado à guitarra, como se fosse a um corpo de mulher.

Lançou um grito doloroso e, quando o companheiro assustado se volveu para vê-la, quando intentou abraçá-la, ei-la que se transforma nesse passarito branco e triste, condenado a chorar pelos tempos afora a viuvez inconsolável e a inconstância do amor.

Há ainda uma terceira *pombinha-das-almas, Xolmis velata,* parecida, aliás, com a primeira referida acima.

O ninho, que é uma tigela feita de gravetos forrado com raízes e cabelos, coloca-o a ave em cavidades naturais dos cupins, em forquilhas de árvores pequenas e entre grossos pecíolos das folhas dos coqueiros.

As espécies referidas ocorrem aqui no centro e Sul, indo até a Bahia. *X. velata* também é encontrada no Pará.

O mesmo gênero ainda comporta mais outras espécies. *Mocinha-branca* ou *maria-é-dia, Xolmis cinerea,* tem no gavião *quiriquirium* inimigo natural, conforme nos referimos no trabalho anterior *Da Ema ao Beija-Flor'''*.

LAVADEIRA *(Fluvicola climazura climazura)* — A *lavadeira* estima a companhia dos seres humanos, gosta do ambiente das vilas e cidades, e diz Olivério Pinto que, entre todos os pássaros da Bahia, é aquele que acompanha o homem nos lugares habitados.

Fico a pensar que bem melhor teríamos andado em trazer para a Capital essa nortista amável, do que o *pardal,* terrível e indesejável parisiense. O confronto entre os dois pássaros bastaria para decidir.

O *pardal* é perseguidor de todos os outros pássaros, turbulento, teimoso e intrometido. Antipático, pois, por essas qualidades, é ainda um inimigo das culturas, comendo todas as espécies de sementes. Graça não lhe vemos e os seus incessantes *tuí-tuí* acabam por enfastiar.

A *lavadeira* é o inverso de tudo isso, elegante, graciosa e bem comportada.

Fig. 24. *Lavadeira* (Fluvicola albiventris)

Anda em pequenos grupos e quase sempre aos casais, sendo útil, porque se alimenta de insetos. A sua voz é velada e meiga.

É ave pouco menor que um *sabiá,* de cor cinzenta clara em cima, branca em baixo, asas dum cinzento escuro, com espelho branco; uma lista preta vem-lhe da comissura do bico, passa por sob os olhos, e esbate-se na nuca, dando-lhe um aspecto característico, que a distingue de *Xolmis irupero,* em tudo mais igual a ela, e até no nome.

Fluvicola c. climazura tem sua área de distribuição geográfica restrita ao nordeste, da Bahia ao Maranhão, mas sua prima *F. p. albiventer,* que tem a parte superior preta, asas e cauda orladas de branco e desta mesma cor toda a parte inferior do corpo, fronte e uropígio. Não só ocorre na Amazônia como em Goiás, Mato Grosso e Minas, indo até a Argentina.

No norte é chamada *lavadeira-de-Nossa-Senhora* ou *lavandeira.* Essa avezinha persegue os insetos no vôo, e vem até o chão buscá-los.

O nome de *lavadeira* é dado vulgarmente às aves do gênero *Fluvicola,* no norte, mas também o mesmo nome é extensivo a *Xolmis velata (pombinha-das-almas* aqui no Sul) e a *Arundinicola leucocephala,* essa última mais conhecida por *viuvinha,* da qual a seguir trataremos.

VIUVINHA *(Arundinicola leucocephala)* — Não alcança sequer o tamanho de um *tico-tico,* porém é muito mimoso e ornamental esse pássaro, que, além do nome de *viuvinha,* é conhecido por *velhinha* e *rendeiro*. Na Amazônia tem o nome de *lavadeira-de-Nossa-Senhora*.

O macho é todo preto, com a cabeça branca, e a fêmea é parda-escura, no dorso, com a fronte, garganta e pescoço anterior brancos e região ventral cinza muito clara e cauda negra. Tem um cantar suave e dolorido.

Aninha-se nos brejos, em pequenos arbustos, e seus ninhos repousam em forquilha e são algo globosos, fechados, tecidos de talos, capim, raízes e penas, segundo observação pessoal, mas o Príncipe de Wied fala também em paina, barba-de-velho, observação, aliás, confirmada por Euler e Ihering.

Aparecem quase sempre aos casais e nunca se afastam dos córregos, brejos, e lagoas, cuja vegetação palustre, constituída de gramíneas e juncos, parece propícia ao seu meio de vida, como já notou Olivério Pinto.

Este autor observou um fato curioso. Cada casal vive junto sem concorrência de outros, porém, mal um dos cônjuges morre, é imediatamente substituído por outro. Como experiência, Olivério abateu um casal, e no pousadouro costumeiro daquele, outro logo apareceu; matou um dos membros do casal, esposo ou esposa, e logo sem perda de tempo, surgiu outro companheiro.

Viuvinhas expeditas essas! Não vão para as fogueiras, como as de Malabar, mas queimam-se imediatamente nas aras do amor. Outras viúvas há ainda mais evoluídas, porque já em vida dos futuros defuntos tinham um substituto.

Essas avezinhas, de grande utilidade, porque se alimentam de insetos, encontram-se distribuídas desde o Paraguai até a Colômbia, Venezuela e Guianas.

Há sobre a *viuvinha* a seguinte lenda, colhida pelo Marquês de Wavrin:[77]

"Certa mulher e seu esposo desejavam abandonar a região onde viviam, mas achavam-se em embaraços por causa de um casal de filhos que tinham. O pai chegou a pensar em matá-los, alvitre cruel que a mãe repeliu. Concertaram então um plano. Meteram-se pela floresta e caminharam o dia todo sem descanso dum minuto. À noite, chegados a um recanto propício, aí dispuseram-se a dormir. As crianças, esfalfadas de tamanha marcha, adormeceram profundamente. Logo que os pais pressentiram que os dois filhos estavam mergulhados em pesado sono, dali se afastaram em silêncio, sem deixar um traço sequer da direção seguida. Na margem do rio tomaram uma piroga e lá se foram para desconhecida região.

Quando já o sol ia alto, acordaram os dois abandonados e começaram a chamar pelos pais. Seus gritos perdiam-se na amplidão da mata. Apossara-se dos irmãos grande medo, e começaram a chorar convulsamente abraçados. O choro aos poucos se transformou em sentida lamentação. Condoído pelo destino daqueles infelizes, Cusinamui metamorfoseou o rapazinho na ave conhecida por *viúva* ou *viuvinha*, e sua irmã, na pequena queda d'água dum córrego."

É por isso que, em noites de luar, se ouve o piar tristonho da *viuvinha* sempre junto ao queixume dos regatos murmurantes.

VIÚVA *(Colonia colonus colonus)* — Não se confunde esta com outras *viúvas* ou *viuvinhas*[78], porque tem cauda longa. Os pássaros do gênero *Colonia* possuem duas penas internas da cauda muito longas em relação às outras penas caudais.

Na realidade, *C. c. colonus* tem as duas penas internas da cauda, estreitas, sem bárbulas e alongadas em pua (25cm), enquanto as demais são curtas (16cm) e barbudas. Isto dá à ave elegante singularidade.

A plumagem geral é toda negra e desses crepes emerge uma cabecinha gentil, de cor cinzenta clara. O uropígio é também cinzento quase branco.

Como a maioria dos membros da família, gosta de postar-se nos cocorutos das árvores, no mais sobranceiro galho, onde divisa amplos horizontes e, sobretudo, os insetos que voejam. Não é dos mais ariscos tiranídeos e tem a particularidade de aproveitar os ninhos abandonados dum picapau-anão *(Picumnus e. exilis)*. Ovos de cor branca, sem lustro e em número de 3, segundo Euler. Sobre o tamanho destes ovos divergem os autores.

No Brasil é encontrada em: São Paulo, Rio de Janeiro, Bahia, Minas e Mato Grosso.

Ainda se pode fazer menção de *Lichnops perspicillata perspicillata*, conhecida igualmente por *viuvinha*, e *"viudita"* ou *pico de plata*

Fig. 25. *Viúva* (Colonia colonus colonus)

na Argentina, que habita igualmente os banhados e tem hábitos semelhantes à anterior.

Não mede mais de 15 cm.

O macho é negro, com as primárias brancas, menos na base e no ápice, que são também negros, bico branco e uma auréola membranosa branca, em redor dos olhos, patas negras. A fêmea, um pouco menor, é negra na parte superior, com orladura cor de canela; primárias avermelhadas com ápice negro, por baixo leonada até as sub-caudais, peito com estrias negras, cauda com orla ligeira de acanelada cor, no mais semelhante ao macho. Postura de 3 a 4 ovos, brancos, com manchinhas acastanhadas. Habita o Rio Grande do Sul e Mato Grosso, no Brasil.

MARIA-PRETA *(Knipolegus lophotes)* — Macho e fêmea vestem-se inteiramente de preto e até o bico é desta cor. Orna-lhe a cabeça um topete igualmente negro. O branco só se vislumbra na base das rêmiges.

Freqüenta os campos do Brasil meridional, Minas, Mato Grosso e Bahia. Ovos brancos, com pontos pouco numerosos na ponta roma.

O gênero *Knipolegus* apresenta ainda mais cinco espécies, sendo em geral inteiramente negros os machos. As fêmeas nem sempre são pretas.

Vamos dar ligeiros traços sobre algumas das espécies.

K. cyanirostris — Quer os machos, quer as fêmeas são pretos, com íris vermelhas. Bico azul-celeste. São de menor tamanho que o *maria-preta* e falta-lhes a poupa.

Os adultos só depois de um ano é que apresentam a cor negra que lhes é característica. Antes disso predomina a cor castanha, menos escura nas fêmeas. Ovos semelhantes aos anteriores, com 21 × 16 mm. Espécie do sul.

K. nigerrimus. Parece-se com *K. lophotes,* porém é menor, com topete bem insignificante e bico azul-piçarra.

A fêmea, no entanto, não é inteiramente preta, pois mostra manchas vermelho-pardas, na garganta. Espécie igualmente do sul.

K. striaticeps pertence hoje a um gênero à parte, *Entotriccus*. Espécie de Mato Grosso, é cinzenta com olhos vermelhos.

K. pusillus está no caso anterior, passando para o gênero *Phaeotriccus (P. poecilocercus)*. É espécie da Amazônia, apresenta acentuado dimorfismo sexual, pois, segundo a regra, o macho é negro, porém a fêmea apresenta cor olivácea-avermelhada na parte superior; cauda e uropígio vermelhos e parte inferior amarela pintalgada de pardo.

SUIRIRI *(Machetornis rixosa rixosa)* — A designação específica retrata bem a índole rixenta desta avezinha, pouco menor que o bem-te-vi verdadeiro, pois mede mais ou menos 21 cm.

A cor parda terrosa da parte dorsal realça-lhe um tanto o amarelo desmaiado da garganta e do pescoço, avivando ainda mais o amarelo canário de toda a região ventral. Encima-lhe a cabeça um topete vermelho, amarelo na base das penas; o pescoço posterior é de cor geral terrosa. Bico e patas negras.

Sabe fazer ninho com habilidade, tecendo-o com filaça das árvores, lã, crinas e quase sempre o ajeita, em cavidades naturais ou artificiais que encontra, mas, sempre que pode, apropria-se do ninho do *cochicho* e do *joão-de-barro*.

Se, para obter o ninho alheio, for preciso armar um sarilho, então o *suiriri* está como quer, pois, como certos capadócios arruaceiros, só pensa em brigar. É do barulho esse pimpão.

Os ovos, que medem 22-25 × 17-20 mm, têm fundo branco, com rajas e pontuações marrons e alguma cor de cinza.

Alimenta-se de insetos, que caça no vôo. No campo em que há gado pastando, bois, cavalos e carneiros, lá está o *suiriri,* quase sempre meio metro à frente do focinho do quadrúpede, à espera de que este, ao tocar na vegetação, faça voar insetos, logo apanhados. Quando se enfara desta posição, vem passear no dorso das alimárias. Ao gado do pastoreio já se tornou familiar o furtivo caçador de insetos, e por vezes observamos, no campo, uma rês a caminhar cavalgada pela citada ave, que se equilibra como pode, sempre engolindo a bicharia voejante. Do próprio porco, que está revolvendo a lama, posta-se junto ao focinho, à espera de que apareça na vasa algo de apetitoso. Quando abicha um inseto, comemora o acontecimento com breves e sonoras notas. Não chega a ser um gorjeio, nem o grito estridente de seu parente *bem-te-vi,* mas uma composição quase musical, um tanto sonora.

Na Argentina, onde lhe chamam *ovelheiro,* acusam-no de causar certas feridas na cernelha e dorso do gado, uma chaga de rebelde cicatrização, conhecida pelo nome de matadura. Vem daí o fato de, por igual designação, ser muito conhecida esta ave naquela república sul-americana. A acusação não tem o menor cabimento, pois, passeando no dorso dos animais, ali apenas se ocupa de caçar moscas e mutucas. A ave não provoca a matadura ou pisadura. Entretanto, talvez ao apanhar as moscas que ali se assentam, acabe por agravar o ferimento, sempre originariamente feito pelos arreios mal adaptados, que roçam naquela região.

Acusam-no de comer abelhas, mas parece que seu caso se enquadra dentro de fato idêntico atribuído ao *bem-te-vi,* conforme veremos.

Já tive ensejo de ver em viveiro o *suiriri,* alquebrado na sua natural viveza, com o ar acabrunhado de certos presidiários.

Conta-nos Castellanos que conseguiu criar um desses tiranídeos. Dócil mostrava-se o pensionista, que, gozando de liberdade, voltava sempre para casa e se deixava segurar pelas pessoas que dele cuidavam. Num de seus passeios foi surpreendido por uma tempestade, que o matou.

Curioso é que o brigão do *suiriri,* que, como o *bem-te-vi* persegue até os falconídeos, mostre gênio amável e goste de se aproximar das moradias, chegando a se aninhar em laranjeiras do pomar.

A espécie é largamente distribuída pela Argentina, Uruguai, Paraguai, Bolívia, Venezuela, Rio Grande do Sul, São Paulo, Minas, Mato Grosso e Bahia.

É ave dos campos, sendo até conhecida pelo nome de *suiriri-dos-campos* no Rio Grande do Sul. Na Bahia é mais vulgarmente denominado *bem-te-vi-de-coroa, bem-te-vi-carrapateiro, bem-te-vi-cabeça-de-estaca.*

Ainda com o nome de *suiriri* o povo conhece outro tiranídeo *(Satrapa icterophrys)*, bem mais pequeno, não passando de 16 cm, chamado *suiriri-amarelo* no Paraguai. É verde-escuro pela parte dorsal, com asas e cauda escuras, a parte inferior dum lindo e vistoso amarelo. Uma raja também corre por sobre os olhos. A fêmea é de coloração menos viva. São vistos aos casais, próximo às povoações.

Em forquilhas das fruteiras do pomar colocam o ninho, o qual, tecido com gravetos, palhas e raízes, tem alfombra interna de penas e mostra abertura na parte superior.

A distribuição desta espécie é quase igual à de *rixosa*.

TEQUE-TEQUE *(Todirostrum poliocephalum)* — Pertence a um gênero em que há numerosas espécies, todas no norte do Brasil, especialmente na Amazônia e Guianas.

O nome amazonense, que abrange todas as espécies em virtude da semelhança, é *ferreirinho*.

A distinção entre os *ferreirinhos* é feita pelos ornitologistas e fundamentada na distribuição de cores. Para o povo tudo é *ferreirinho*, nome que lhe vem da onomatopéia do canto. *T. poliocephalum* é a única espécie que vem até São Paulo. Em certas regiões é chamado *joão-de-cristo*.

É um passarinho de 10 cm de comprimento, verde azeitonado por cima, vértice escuro com mancha amarela em cada lado da fronte. O bico é preto e chato como no *bem-te-vi-de-bico-chato*, guardadas as proporções.

O ninho foi muito bem descrito por Euler. Trata-se de uma bolsa curta e redonda, com entrada no meio, protegida por um beiral saliente. O material empregado é a paina, talos e palhas, sendo a câmara guarnecida de lã vegetal.

Ovos em número de três, brancos a avermelhados, com uma coroa formada por uma constelação de manchinhas na parte romba. Tamanho do ovo: 16 × 12 mm.

ALEGRINHO *(Serpophaga subscristata)* — *Modestinho* era um nome a calhar para este pequenito, que não mede mais de 12 cm.

Afora a modéstia do tamanho, também se veste, muito discretamente, canta baixo, um *tiqui, tiqui* sem relevo e anda pelas ramagens tão cautamente, que mal se lhe atina com a presença. Quase sempre está silencioso e não sabemos de quem o tenha visto em companhia de outro.

A parte superior do corpo é de um cinzento azulado, topete negro, com penas brancas por dentro. As asas rêmiges escuras têm faixas brancas. A parte inferior do corpo é plúmbea clara, ainda mais lavada de branco na garganta. Ventre branco. Bico e patas negras.

Pelo nome deve ser comedor de formigas: *serphos,* em grego, era nome de uma formiga alada.

Gosta das capoeiras. Habita São Paulo, Minas, Paraguai, Bolívia e a Argentina.

O ninho é uma tigelinha, um tanto menor e mais bem cuidada que a do seu parente *joão-pobre.* Os dois ovos da postura, de cor branca-amarelada, medem 14-15 × 11-12 mm.

João Pereira fala em postura de 3 ovos, de 17 × 14 *(Mem. dei Jardim Zoológico,* t. VII, p. 270).

JOÃO-POBRE *(Serpophaga nigricans)* — É em quase tudo parecido com o seu parente *alegrinho,* mas o branco do topete, que naquele está escondido, neste se nota.

Mostra-se mais esperto.

As faixas das asas são de um cinzento escuro, enquanto no outro são brancas.

O ninho é uma bola, ou melhor, em forma de cadinho, feito de raízes e forrado de grossa camada de paina; chega a medir 9-10 cm de diâmetro. Coloca-o sempre sob um abrigo debaixo dum alpendre, no cavado duma ribanceira, sobranceiro às águas correntes.

Os ovos, dum branco amarelado, medem 16-17 × 12 × 13 mm. Postura, 2 a 3 ovos.

Em lugar de freqüentar as capoeiras, como o *alegrinho,* gosta das matas que margeiam os rios ou riachos.

Empoleirado num galho, aí se queda, mas, de repente, projeta-se no ar, voltando rápido ao pouso, como se fosse puxado por oculta mola. Cada pirueta destas é um inseto a menos no mundo.

Ocorre em Minas e do Rio de Janeiro para o sul, indo ao Uruguai, Argentina e Paraguai.

PAPA-PIRI *(Tachuris rubrigastra)* — Lépido e elegante, o *papa-piri* apresenta uma roupagem escura na parte superior, o vértice tem cor vermelha com orla amarela; a parte inferior é amarela, mas o crisso vermelho. Há manchas brancas nas asas.

Resulta de tudo isso uma bela combinação, dando à ave certa personalidade, uma distinção bem marcada.

Habita os pirisais e aí localiza o ninho, que é uma tigelinha, arquitetada com esmero e perícia.

Sabe, com arte, grudá-lo às folhas dos juncos e fixá-los ao tronco triangular daquela planta.

O ninho prolonga-se para baixo, estreitando-se, e assim termina na forma dum cartucho, que envolve a haste do junco.

Os ovos branco-amarelados apresentam, por vezes uma coroa, de cor esbatida, na ponta romba. Medem 15,5 × 12 mm.

Não sei quem haja bisbilhotado a vidinha desta elegante, a qual, por enquanto, fica em segredo.

No Brasil só lhe tem sido assinalada a presença no Rio Grande do Sul e São Paulo. Vive no Paraguai, na Argentina e até no Chile.

MARIA-É-DIA *(Elaenia flavogaster flavogaster)* — Jovial e madrugadora, *maria-é-dia,* ou *marido-é-dia,* não permite que ninguém demore no leito, depois que a madrugada começou a roçar sua clâmide de luz pelos cabeços dos montes.

Então enche a manhãzinha de gritos: *maria-é-dia, maria-é-dia,* convite amável para deixar o tépido aconchego dos lençóis e admirar o espetáculo sempre único do dia que desabrocha, como uma flor, e cuja duração é regulada pelo subir e descambar do sol.

Maria-é-dia ama as claridades solares, e quem sabe se à noite não olha ansiosa o tranqüilo caminhar das estrelas, perscrutando, saudosa, os primeiros albores da madrugada. O certo é que não há dia que nos chegue, sem que ela deixe de anunciá-lo alacremente.

Seu aspecto é de um pequeno *bem-te-vi,* ao qual se desbotassem as penas do cucuruto, que não são amarelas, mas esbranquiçadas. O dorso é, entretanto, pardo oliváceo, garganta cinzenta clara, mas o amarelo do ventre é desmaiado.

No Estado do Rio, ouvi dar a esta espécie o nome de *topetuda,* ainda não registrado, penso eu.

Em matéria de ninho, ninguém lhe dá conselhos e sabe fazê-lo com arte e extrema inteligência. Tece com tal sabedoria a tigelinha de seu ninho e põe-lhe externamente musgos e líquenes, fixado por teias de aranha, que tal construção se dissimula e se confunde com os galhos da árvore seca onde o localiza. A parte interna, que vai receber os três ovos de postura, acha-se alcatifada com penas e crinas. Os ovinhos de 21-22 × 16 mm são esbranquiçados com salpicos roxos e vermelho escuro na ponta.

A distribuição geográfica desta simpática avezinha é vasta: Mato Grosso, São Paulo, Minas, Rio de Janeiro, Bahia e Pará.

Para evitar possíveis confusões, convém notular que outro tiranídeo, *Empidonomus varius varius,* é chamado *maria-é-dia* e *peitica* na Amazônia, tendo, aliás, no Rio Grande do Sul o nome de *bem-tevizinho*. Em Minas, dão o nome de *maria-é-dia* à *Xolmis cinerea*.

GUARACAVA ou *guracava* — Tal nome não serve para individualizar determinada espécie. Trata-se de uma designação genérica, pela qual são conhecidos certos tiranídeos geralmente do gênero *Elaenia*. Nada menos de 14 espécies (talvez mais) estejam enfiadas dentro desta designação, aliás não muito corrente.

São, na generalidade, de cor bruna, ornada de um amarelo descorado e ventre claro.

As espécies maiores não passam de 15 cm; entretanto, dão o nome de *guaracavuçu* a uma espécie de gênero diferente (*Cnemotriccus fuscus bimaculatus)* que não merecia o aumentativo indígena, pois não passa de 15 cm. Realmente a ave citada apresenta semelhança com as *guaracavas,* exceto nas duas faixas ferrugíneas que lhe correm sobre as asas.

Todas as *guaracavas* merecem proteção, visto serem insetívoras de louvável apetite.

Maria-é-dia seria uma *guaracava,* se não possuísse uma individualidade muito sua, e que a distingue entre congêneres; entretanto, parece que é assim chamada em São Paulo.

As *guaracavas* revelam, quase todas, especial talento na construção dos ninhos. Vide o que deixamos dito a propósito do ninho de *maria-é-dia* e sobre o do *fruxu,* de que a seguir trataremos.

FRUXU *(Elaenia sp.)* — No Estado do Rio é muito conhecido este tiranídeo de 17 cm de comprimento, de cor geral verde, penas rêmiges e cauda escuras, garganta esbranquiçada, alto da cabeça levando uma porção amarelo-gema, íris escuro, bico anegrado, tarso de cor plúmbea carregada.

Habita a mata e alimenta-se de insetos, mas come também bagas e gosta de cantar amiúde, num canto forte.

Euler considera-o grande artista na confecção do ninho, que "é em forma de bolsa, sempre preso por baixo dos barrancos e suspenso nas raízes pendentes, ao abrigo da chuva e do vento". A entrada é feita na parte inferior da bolsa. O material consiste em musgo, paina, cortiça fina, trabalhado frouxamente e não feltrado.

Põe 3 ovos brancos, níveos, sem lustro nem desenhos. Tamanho do ovo, 19 × 14-15 mm. Tudo conforme Euler.

Já tenho visto registrado o nome *tachuri* para a espécie acima tratada.

A designação não parece indicar tal ou qual espécie; *tachuri,* ou melhor *taxuri,* segundo A. W. Bertoni[79], é designação generalizada pela qual se aponta uma série de tiranídeos. Montoya registra a palavra e define: ave papa-mosca. Quer-me parecer que os guaranis davam esse nome aos tiranídeos que comiam moscas.

BEM-TE-VI-PEQUENO *(Myiozetetes similis similis)* — Coloco-o como o tipo mais vulgar e representativo dos tiranídeos que o povo, por certa analogia, crismou com o nome de *bem-te-vi-pequeno,* mas sob tal designação se agrupam outras espécies até de gênero diverso, como veremos.

M. similis, aliás, chamado também *bem-te-vizinho,* é realmente um *bem-te-vi* em pouco menor, mas não muito pequeno, pois mede 17 cm.

A distribuição das cores é quase igual à do *bem-te-vi* verdadeiro. Encontra-se em todo o Brasil, de São Paulo ao Pará.

Do ninho poderíamos dizer o mesmo que do pássaro; é uma miniatura da do seu sósia. A entrada, porém, é feita quase em forma dum canudo.

Postura: 4 ovos, algo pontiagudos, com campo branco e raras manchas, cor de vinho, aqui e ali mais carregada; as manchas acham-se em um só pólo do ovo e o outro conserva a alvura sem mácula. Tamanho do ovo, 23-24 × 16-17 mm.

Outro *bem-te-vi* dos pequenos, e assim chamado, é *Legatus l. leucophaius.* pardo esverdeado na parte superior do corpo, tendo sobrancelhas e garganta brancacentas, peito e abdome de um amarelo desmaiado com pontinhos cinzentos. É do mesmo tamanho que o anterior e acha-se muito espalhado pelo Brasil, sendo ainda encontrado no Paraguai, Guiana, Venezuela e México.

O povo ainda dá o nome de *bem-te-vi-pequeno* a algumas espécies do gênero *Elaenia*, também conhecidas por *guaracavas.*

Com o nome de *filho-de-bem-te-vi* e ainda *bem-te-vi-pequeno,* aponta-se *Pitangus lictor lictor,* que é parecidíssimo com *Pitangus s. sulphuratus,* o *bem-te-vi* verdadeiro, exceto no tamanho, pois mede mais ou menos 19 cm.

No Rio Grande do Sul é chamado *bem-te-vizinho* um tiranídeo de outro gênero, *Empidonomus v. varius,* de 16 cm de comprimento, barriga amarela desmaiada e a cor geral bruno-acinzentada. A fronte é branca com uma borda supra ocular da mesma cor e o vértice preto, com mancha amarela no cocuruto. Na Amazônia este pássaro tem o nome de *peitica.*

O gênero *Empidonomus* tem como características as asas compridas, algo atenuadas as pontas das primeiras rêmiges.

BEM-TE-VI *(Pitangus s. sulphuratus)* — Poderíamos apontar esta espécie como o protótipo do grupo popular dos *bem-te-vis* verdadeiros, que deu seu nome vulgar a alguns parentes, parecidos ou um pouco parecidos com ele.

É pássaro grande, um dos maiores da família, com 24½ a 25 cm. O bico comprido, recurvado na ponta, extrema-o logo do seu primo de bico chato, com o qual grandemente se parece.

A parte dorsal é brunácea e a região abdominal dum amarelo enxofre. A garganta é branca, e desta mesma cor uma raja que lhe vai da raiz do bico por cima dos olhos, até a parte posterior da cabeça.

Os bem-te-vis do gênero *Pitangus* são os maiores pássaros entre os tiranídeos.

No Estado do Rio dão à fêmea o nome vulgar de *siririca.*

O macho mostra, no cocuruto, uma raja central amarela, entre penas bruno denegridas. Habita as bordas das matas, campos e povoados.

O ninho é esférico, com entrada lateral na parte superior protegida por um alpendre. Encontra-se sempre na forquilha dum galho e na ponta desse, de preferência em árvores secas, insuladas e em campo aberto. É bem cuidado e feito de vegetais diversos perfeitamente secos. Postura: em geral 4 ovos alongados.

O campo do ovo é branco, logo após a postura, tomando depois um tom de marfim velho. Há sempre pequena coroa de pontuações pardas ou azuladas. Tamanho, segundo Euler: 31-32 × 20-21 mm.

Como feitio moral do bem-te-vi, podemos compará-lo a certos indivíduos falastrões e esparramados. Mal chega a um lugar, arma logo um alvoroço.

Fig. 26. *Bem-te-vi* (Pitangus sulphuratus). *Junto vêem-se casulos do Bico-de-cesto.*

Voa daqui para ali, revoa e volta, pondo em cada fronde um alarido. Mas é um gosto ver este pássaro com seus movimentos rápidos e seus gritos agudos.

São sociais e vivem em pequenos grupos e, entre os da sua malta, reina a melhor cordialidade, mas não querem intimidade com outros pássaros.

Destaca-se pela alacridade e o espírito de camaradagem com a sua gente. Quando chega um amigo, é logo recebido com evidente e transbordante alegria, batidelas de asas, empinações de crista e uma permuta de saudações, que parecem não ter fim.

O dia inteiro o grupinho vive junto em correrias e brincadeiras, entremeadas de gritos, mas nas épocas dos amores, as coisas mudam. Cada macho procura a sua companheira, e os solteirões são escorraçados, segundo se parece. Não interpreto doutra forma a mudança de ânimo amistoso que já tive ensejo de observar, precisamente na época em que os machos procuram com insistência as companheiras.

O Príncipe de Wied observara que o "macho persegue a fêmea ciosamente a gritos e por sua causa, a miúdo, luta com seus rivais".

Esses rivais eu creio que são os solteirões ou viúvos do pequeno bando. Amigos, amigos, esposas à parte.

Quanto à sua voz, é principalmente aquele *bem-te-vi, bem-te-vi* escandido e reiterado com estridência. Quando lhe dá na veneta, principalmente na época dos amores, grita incessantemente.

Para que não fique rouco de tanto gritar, escreve Goeldi, "aparelhou-o a alma-mater de músculos fortíssimos na garganta, como ficou provado pelas investigações de Johannes Mueller, meritório zoólogo de Berlim".

Esse grito, no entanto, não é a única frase da sua linguagem. Ele sabe dizer lá para os seus, certas coisas amáveis, que ainda não pudemos traduzir.

A propósito da tradução da sua voz, é de notar que alguns ouvem *tic-tivi*, na Argentina interpretam *bichofeo*, no Uruguai chegam a distinguir claramente *vienteveo* e até *Montevidéu*. No Estado do Rio pretendem ouvi-lo dizer: *"tempo quer vir"*, e, por isso, quando grita, crêem que vai o tempo mudar. Aos ouvidos dos tupis soava *nei-nei*, mas já os seus irmãos do sul, os guaranis, distinguiam a palavra, ou melhor, a frase *pitanguá*. A interpretação das vozes das aves é como das sutilezas da Bíblia: cada qual descobre o que quer.

O *bem-te-vi* é, por outro lado, o mais façanhudo dos comilões; seria capaz de devorar os guardanapos de Santa Apolônia, se não fossem de pedra.

Além de fazer *tabula rasa* de todos os insetos, como os ovos de outros pássaros, sabe pescar como o martim-pescador[80] e chega a atacar cobras, como nos informa J. A. Pereira", que teve ensejo de observá-lo em cativeiro, onde comia de tudo, até frutas.

Devido ao seu onivorismo, resiste ao cativeiro e torna-se manso e familiar, mas na maioria das vezes morre em pouco tempo.

Com o bicho-de-cesto, ou lagarta-de-pauzinhos, que é a lagarta do lepdóptero *Oiketicus kirbyi*, o *bem-te-vi* procede com astúcia digna de nota.

Essa lagarta constrói um casulo *sui-generis*, feito de pauzinhos, por vezes coberto por fora com uma tela mui tênue.

O casulo é forte, mas o *bem-te-vi* posta-se, atentamente, à espera que a lagarta ponha para fora a cabecinha e, com certeira bicada, segura-a e puxa-a deliciando-se então com uma iguaria que custa caro, pelo trabalho que lhe dá.

Por vezes, quando tal expediente falha, retira o cesto do local, carrega-o para um ramo de árvore, quase sempre o mesmo, e aí, a poder de bicadas, abre-o e come o dono da casa, deliciosamente como nós fazemos com as ostras.

Na Argentina, esse apetite dos *bem-te-vis* tem resultado em vantagens evidentes, porque o bicho-de-cesto causa sérios prejuízos às árvores florestais.

Ainda poderíamos, e vale a pena fazê-lo, descrever o modo pitoresco pelo qual o *bem-te-vi* se abastece de minhocas, iguaria que lhe deve ser preferida.

Onde existem galinhas com pintos, posta-se o astuto do *bem-te-vi* em local estratégico e, enquanto a galinha cisca, ele é todo atenção. Mal surge uma minhoca, o pintinho mais ligeiro avança no achado e dispara com ele no bico seguido pelos irmãozinhos.

Neste instante, o *bem-te-vi* que observa aquelas operações de caça, precipita-se em vôo rasante e toma ao pinto o apetecido verme, que sem demora é engolido. De novo volta para um ponto estratégico à espreita de outro bom ensejo.

Os apicultores, no entanto, apresentam queixas contra esse pássaro e muitos outros seus parentes, todos utilíssimos, acusando-os de comer abelhas.[82]

O prof. J. Moojen, do Museu Nacional, estudou o libelo acusatório e foi desentranhar do papo desses passarinhos a prova da sua inocência, pois já se levantava a preliminar que as abelhas caçadas por essas aves eram zangãos.

As duas espécies tidas como mais suspeitas eram o siriri *(Tyrannus m. melancholicus)* e o herói deste capítulo, o *bem-te-vi Pitangus s. sulphuratus,* na sub-espécie *maximiliani.*

As aves são rebeldes às intimações policiais e só depõem depois de mortas. A justiça dos homens, no julgamento dos seus iguais, por vezes também se vale desse processo, embora o defunto insista em não falar.

Foram sacrificados 9 siriris e 9 *bem-te-vis.* O conteúdo gástrico não acusou uma só abelha obreira: só foram encontrados zangões[83]. Ora como os zangões não fazem falta, cumprido o seu destino, apurou-se que as duas aves citadas, e, naturalmente, as outras acusadas, não causam nenhum malefício à apicultura.

Os apicultores que se derem ao trabalho de fazer observações, terão oportunidade de verificar que os *bem-te-vis* logo que os zangões desaparecem, também deixam de freqüentar os apiários.

Proclamada a inocência dos réus, é justo que não sejam mais perseguidos por suspeita. Resta, entretanto, elucidar outro ponto. Não comerão as rainhas no período da enxameação?

Desfrutando muita simpatia entre nós, esse pássaro, assaz popular, tem enchido a literatura de referências encomiásticas. Quem não conhece esses popularíssimos versos de Melo Morais Filho, que ouvi recitar nos tempos em que ainda se recitavam versos?

O BEM-TE-VI

À sombra frondosa d'enorme mangueira.
Coberta de flores, da tarde ao cair,
A virgem dos campos, morena, garbosa,
Contava ao amante meiguices a rir.

O céu era belo! Na beira da estrada
Cantava o *encontro* nas moitas de ipé!
E os olhos da virgem tornaram-se lânguidos,
E os lábios mais rubros que o rubro café.

E qual uma flecha que envia o selvagem,
Uma ave num ramo, num galho pousou!...
E o jovem dizia palavras mais ternas,
E a virgem mais ternas venturas sonhou.

— Se deres-me um beijo, trigueira, em minh'alma
Terás sempre afetos, delírio, paixão;
No pouso, uma rede de penas, bem feita.
Na minha viola, saudosa canção.

Depois desse beijo, talvez que o primeiro,
Não sei que mistério passara-se ali:
Cobrira a trigueira, vexada, o semblante,
E a ave, voando, gritou: — Bem-te-vi!

Até o adagiário já se valeu do *bem-te-vi* na frase irônica "bem-te-vi na gameleira", aplicada a um indivíduo mofino, montado em cavalgadura de certo tomo, ou de um sujeitinho destituído de valor, mas investido de alto cargo.

Os estrangeiros que aqui vêm, com olhos de ver, e que amam as coisas realmente belas da Natureza, simpatizam logo com o *bem-te-vi* e assim aconteceu com o Príncipe de Wied, que o achou "curioso e bulhento", com Goeldi, que lhe notou viveza e inteligência, quando escreveu: "repara em tudo que se passa à volta, escarnece e insere o seu comentário..."

O Cel. Roosevelt, o descobridor do Rio da Dúvida, não duvidou em achar o *bem-te-vi* "valente e poderoso", dedicando-lhe algumas linhas de cordialidade num artigo de jornal.

O *bem-te-vi* de que vimos tratando e outras subespécies encontram-se por todo o país, assim distribuídas:[84]

P. sulphuratus sulphuratus é da Amazônia; *P.s. maximiliani* ocorre em Santa Catarina, São Paulo, Rio de Janeiro, Minas, Bahia e Ceará; P.s. *bolivianus* é de Goiás, Mato Grosso e Rio Grande do Sul, Bolívia, Argentina, Uruguai e Paraguai, neste último país conhecido por *pitanguá, puihatâguá,* escreve W. Bertoni.

Na Amazônia ainda ocorrem outros *Pitangus lictor,* lá conhecido por *bem-te-vi-pequeno, filho-de-bem-te-vi,* encontrado também na Bahia, Espírito Santo e Rio de Janeiro e *Tyrannopsis sulphurea,* também de tamanho pequeno.

SIRIRI-TINGA *(Myiodynastes solitarius)* — Descrevo-o segundo o exemplar que tenho presente. Mede 21 cm, dez dos quais pertencem à cauda.

Cor geral escura, muito escura, com numerosas rajas claras, cauda quase negra, orlada de cor ferruginosa, cabeça com topete dissimulado com penas amarelas. Ventre e coberturas das asas com tinta amarelenta esbranquiçada, ligeiramente estriado. O bico forte, escuro, um tanto mais curto que o do *bem-te-vi* comum.

Nidifica em árvores altas e seu ninho malamanhado parece-se com o do *bem-te-vi-de-bico-chato.*

Já se tem verificado que procura o ninho do *joão-de-barro.* Na Argentina a J. A. Pereira deparou-se com um ninho dentro dum vespeiro do marimbondo amoroso *(Polybia occidentalis),* vespa muito encontradiça no Brasil e em toda a América Meridional. Ovos: 3 a 4, pontudos 23 × 17-18 mm, com campo branco e manchas vermelhas escuras que se acumulam no pólo rombo, formando coroa.

Alimenta-se, em geral, como os de sua grei, mas gosta muito de lagartas urticantes, bicho de fogo, taturana e entre essas dá preferência à de *Hylesia nigricans,* praga temível das fruteiras em geral, embora entre nós só tenha sido achada em guabirobeira, segundo Costa Lima.

Dizem que come frutas, o que pode suceder, mas nada me consta ao certo. A distribuição desta espécie é ampla, e talvez seja encontrada em todo o país. Em certos lugares é ele chamado *bem-te-vi-preto,* e no Estado do Rio, onde habita matas e baixadas, já ouvi denominá-lo *bem-te-vi-riscado.*

Na Amazônia, um *bem-te-vi* deste gênero, o *maculatus,* aliás bonito por ter as retrizes e coberteiras superiores da cauda vermelhas, é chamado *bem-te-vi-escuro.* A designação escuro provém de ser verde-escuro toda a parte superior desta ave e ter estrias escuras sobre o branco-amarelado da parte inferior. Não lhe falta, no vértice, a mancha amarela.

BEM-TE-VI-DE-BICO-CHATO *(Megarhynchus pitangua pitangua)* — É perfeitamente igual ao *bem-te-vi-verdadeiro,* na distribuição das cores e tamanho, mas dele difere pelo bico, que na espécie que tratamos é largo em excesso. A mancha amarela do vértice é também menos aparente.

Nos hábitos há diferenças. O *bem-te-vi-de-bico-largo,* chamado *nei-nei* pelos indígenas, nome pelo qual ainda hoje é conhecido entre nós, e, especialmente, no Paraguai, é mais da mata que do campo, raramente aparecendo nos pomares próximos às habitações humanas, gentileza que devemos ao nosso simpático *bem-te-vi* que aqui onde me acho, nas abas do morro de Santo Antônio, próximo à Avenida Rio Branco, em pleno coração da Cidade, e apesar dos rumores diabólicos do carnaval, que tumultua lá embaixo, ouço-lhe o grito: *bem-te-vi, bem-te-vi.*

O ninho coloca-o, como *bem-te-vi-verdadeiro,* em árvores insuladas, altas, meio despidas, na capoeira mas em lugar de ser aquela esfera com platibanda, é um ralo amontoado de gravetos, que mal consegue manter os ovos. Em matéria de ninhos, é dos mais relaxados que se conhecem.

Os ovos são quase sempre 2, raramente 3, que segundo Euler, regulam 26 × 19-20 mm.

A propósito do ninho do *bem-te-vi-de-bico-chato,* escreve Euler estas observações: "Como todos os ninhos dos tiranos, o de *nei-nei* é sempre construído em localidades abertas, muitas vezes em árvores secas e nunca escondido. Se nenhum autor o menciona, é que a sua posição elevada e a sua insignificância o subtraem à vista, protegendo-o efetivamente, apesar da sua colocação exposta."

A distribuição desta espécie é vasta, podendo dizer-se que ocorre em quase toda a América Meridional cisandina e vai até o México.

Na Amazônia é chamado *pitanguá-açu* e no Ceará apelidam-no de *bem-te-vi-gamela,* e em certas regiões também lhe chamam *bem-te-vi-do-mato-virgem.*

Sempre aparece em árvores altas.

CAGA-SEBO *(Myiophobus fasciatus flammiceps)* — As designações populares nem sempre primam pela delicadeza das expressões e isso demonstra que o Zé-povinho é mais inclinado ao realismo que à poesia.

Com aquele chulismo aponta a gente do campo certos passarinhos da família dos tiranídeos[85] e mais geralmente a espécie acima citada.

O tamanho da ave não passa de 130 mm. É parda em cima, esbranquiçada em baixo, com manchinhas no peito.

Há no vértice, no dissimulado topete, uma mancha vermelha ou amarela, aliás ausente por vezes, consoante a idade.

Diz Dabbene que nos adultos a mancha amarela em ambos os sexos, vermelha nos adultos ainda de menos idade e ausente nos jovens.

Sobre as asas escuras correm faixas amarelo-leonado, cauda pardo escura, bico e patas negras.

O *caga-sebo* também chamado *felipe,* no Espírito Santo, é figura de primeiro plano entre os pássaros que propagam a erva-de-passarinho, vegetal hemi-parasitário,[86] parente do visco, "gui" dos franceses, o qual goza, na lenda, a virtude de descobrir tesouros soterrados, além de tantíssimas outras virtudes menores.

A erva-de-passarinho, lorantácea de que existem muitas espécies, dá certos frutinhos, cheios de sabores para o paladar dos pássaros.

O *caga-sebo,* então, é doido por aquela iguaria. Cada fruto contém uma semente envolta em matéria mucilaginosa.

Após um bom repasto, o bico da ave fica pegajoso, e o passarinho limpa-o passando nos galhos das árvores, da maneira como amolamos uma faca.

A sementinha acaso grudada no bico agarra-se ao galho e aí lança suas raízes e à custa dos sucos da planta hospedeira medra e desenvolve-se.

Não é somente dessa forma que se dissemina a erva-de-passarinho. As sementes engolidas passam intactas pelo tubo digestivo e as dejeções vêm cair nos ramos e dessa forma parece que também se propagam. Há quem conteste esse último fato.

F. Ferrais[87] assinalara também que as sementes do visco eram transportadas pelos pássaros, já agarradas no bico, já através das fezes. Na Europa, são os tordos *(Turdus viscivorus)* os principais acusados de propagar o visco.

O nosso indígena, naturalista pela força de circunstâncias, parece ter notado o fato da propagação pelas fezes, e tanto assim que dava à erva-de-passarinho o nome de *uirátiputi,* que parece significar escremento de passarinho.

O ninho mereceu do Príncipe de Wied uma descrição principesca. Euler descreve-o bem, quando nota:

"A sua forma é de uma bolsa estreita, alargada na base, com vasta entrada lateral e metida inteiramente dentro de um invólucro de forma cônica que o esconde e ultrapassa de 3 a 4 cm.

"Visto de lado, o ninho aparece como um feixe de crina vegetal preta e somente observado pela base verifica-se a verdadeira construção."

O material é quase exclusivamente crina vegetal preta. O interior é bem guarnecido e a construção geral é sólida.

A propósito do ninho desta ave lemos nas "Memórias del Jardim Zoológico (Argentina), t. IX, p. 215, essa narração feita pelo ornitologista José A. Pereira:

"Havia na forquilha horizontal de um galho de arbusto um ninho de tiranídeo *Myiophobus fasciatus flammiceps.* A ave verificou que o ramo era fraco e começara a se inclinar ao peso do ninho e dos ovos e mais ainda com a fêmea na ocasião da incubação. Que fez o casal? Com um fio atou o ninho na parte mais inclinada e prendeu a outra ponta num ramo superior. Procedeu como qualquer de nós que quisesse evitar a queda daquela minúscula edificação".

Isso exigiu uma série de operações mentais: compreensão do perigo, raciocínio sobre a maneira de proceder, resolução, execução racional, habilidade.

Será que todas essas operações mentais se processaram no cérebro do *caga-sebo?*

É muito talento para um bichinho tão pequeno.

Os ovos, quase sempre dois, de cor creme, levemente avermelhada, com pintas vermelhas escuras no pólo obtuso, formando coroa. No conjunto, nota-se que metade do ovo é manchada e a outra não.

Tamanho: 18-19 × 13-14 mm. O pássaro incuba em fins de outubro. A espécie é de larga distribuição na América do Sul.

Ainda são conhecidos pelo nome de *caga-sebos* outros pássaros da mesma família, porém de gêneros diferentes, especialmente *Euscarthmornis n. nidipendulus,* que é verde na parte superior do corpo, cinzento em baixo, exceto na barriga, que é branca. O bico é achatado e preto. No Distrito Federal o *caga-sebo* acusado de propagar a erva-de-passarinho é *Camptostoma o. obsoletum.* Goeldi, segundo suas observações, diz que o tiranídeo *Phaemyias murina wagae* cria os filhotes com bagas de erva-de-passarinho. Como disseminadores provados desta lorantácea podemos apontar: *Certhiola chloropyga, Phyllomyias burmeisteri, Serpophaga subcristata.*

A certas espécies do gênero *Phyllomyias,* por serem semelhantes às descritas e de tamanho menor, o povo denomina *caga-sebinho.*

Entre elas apontaremos *P. fasciatus brevirostris,* muito comum no Rio de Janeiro. Tem bico pequeno e filoplumas escassas e curtas na base do bico. É verde azeitonado em cima e amarelo em baixo, com a garganta esbranquiçada.

VERÃO *(Pyrocephalus rubinus rubinus)* — Se quiséssemos personificar o verão na figura dum pássaro, *Pyrocephalus r. rubinus* seria a encarnação dessa alegoria, não somente pelo indumento, pois o macho se veste de vermelho fogo, mas pelo seu amor à quadra quente do ano, quando a sua aparição nos encanta.

Mal chegam as primeiras brisas frescas, e já o belo passarinho desaparece por encanto, como se temesse que o frio lhe apagasse a brasa viva do topete.

O povo mui acertadamente chama-lhe *verão, mãe-do-sol,* e em alguns lugares é conhecido por *príncipe,* tal o requinte com que se paramenta. R. Ihering registra, em seu *Dicionário de Animais do Brasil,* o nome de *miguim.* Há quem o conheça sob o nome de *passarinho-do-verão* e no Rio Grande do Sul é mais vulgarmente denominado *sangue-de-boi".*

Realmente o macho nos chama logo a atenção pelo escarlate de toda a região abdominal, cor essa que lhe orna a cabeça e trepa soberbamente pelo topete empinado. A parte superior do corpo é cor de chumbo escuro. Cauda ainda um pouco mais escura. Patas e bico negros.

A fêmea, entretanto, não apresenta senão ligeiras penas avermelhadas no peito e ventre, sendo na parte superior de cor terrosa escura e na parte inferior cinzenta, com estrias negras longitudinais, que seguem o curso do raquis das penas.

Mede mais ou menos 13 cm, e é vivaz e belicoso, como em geral os membros desta grande família.

Insetívoro de reais préstimos, vai até a horta e ao pomar dar caça a toda casta de insetos.

Podemos considerá-lo um pássaro alegre e até algo romântico, pois nas noites de luar faz ouvir o seu canto, como acontece com o rouxinol europeu.

Não quero comparar, nem de longe, o grande lírico da Europa, com esse simplório trovador tropical, fique isso bem esclarecido.

Verão, além de tantas excelsitudes, é também um chefe de família exemplaríssimo.

Na época de incubação, em lugar de aproveitar o ensejo para peraltices, o que é praxe entre certos animais, que não convém referir, o belo maridinho de topete vermelho diverte a esposa, revoluteando no ar, pairando um instante, agitando as asas e desferindo os seus *churruit, churruit,* que devem ter harmonias maviosas para o coraçãozinho da terna esposa, aparentemente muito indiferente, mas na realidade encantada com o companheiro.

O ninho é pequeno, raso, tecido com raízes, palhas e interiormente forrado com penas, paina, tudo muito cuidadosamente feito.

A ave tem verdadeiro gênio em disfarçar o ninho, para o que o forra exteriormente, com líquenes, e de tal jeito, que mal é percebido.

Os ovos, 3, 4 ou 5, segundo observações diversas, medem 17 × 13 mm e são alongados, lustrosos, de cor amarelo barrento com manchas pardas, cor de café, cinzentas, colocadas como em cinta, quase no meio do ovo, mais próximas no entanto do pólo obtuso. Ocorre em Goiás, Mato Grosso, Bahia, Minas, São Paulo, Paraguai e Argentina. No norte da Amazônia encontra-se a subespécie *P. r. saturatus,* um tanto menor e de mais carregada cor.

O folclore guarani teceu em derredor do lindo pássaro o seu nhanduti de lenda.

Foi ao tempo da conquista da terra americana. A soldadesca ibera andava ao encalço dos "índios", como quem caça feras.

Encurralado entre um rio e aspérrima montanha, um punhado de guaranis defendia-se inutilmente. Os poucos que restavam prefeririam jogar-se ao rio. Um jovem cacique tão ferido estava que não se podia mover. Para não cair nas mãos inimigas, rasgou mais profundamente a ferida do peito e de lá arrancou o coração sangrento, que se transformou então em avezinha alígera e vermelha.

LECRE *(Onychorhynchus coronatus coronatus)* — Passarinho altamente ornamental, em virtude de um magnífico topete, que se abre em forma de leque, assim como a auréola que os santeiros colocam à cabeça das imagens.

Este diadema dá à avezinha uns ares de soberbia realenga, e surpreendê-la no cenário real da natureza, com aquele resplendor vermelho, pintalgado de azul escuro, especialmente nas pontas, vale bem as canseiras duma viagem através do cipoal da mata. O topete da fêmea é amarelo. O resto do traje é quase o vulgar entre os tiranídeos; parte superior pardo-olivácea, asas com pintas de cor amarela, fita ocrácea clara no uropígio, cauda avermelhada, garganta clara, peito ocre, listrado de escuro, e o abdome ferrugíneo claro listrado.

Mede quase 17 cm e habita a Amazônia, Guiana e Venezuela.

O nome *lecre* deve ser corruptela de *leque,* em referência ao seu espetacular topete.

Espécie semelhante a essa, aqui do Sul (Minas, Rio de Janeiro, São Paulo), é *O. swainsoni,* conhecido pelo nome de *papa-mosca real.*

Goeldi informa tê-lo visto em Nova Friburgo (E. do Rio). Há ainda uma terceira espécie no extremo da Amazônia.

PAPA-MOSCA *(Myiarchus ferox australis)* — Não mede mais de 18 cm. Possui cabeça e dorso pardos, pescoço e garganta cinzentos e ventre amarelo pálido, íris negra e bico e tarsos escuros.

A designação acima é a que lhe dão no Estado do Rio, segundo ouvi, mas é talvez mais espalhado o nome de *irré e pai-agostinho*. Na Amazônia, chamam-lhe *maria-cavalheira*.

A espécie em apreço se parece muito com *M. swainsoni pelzelni,* porém tem bico menos longo e largo.

O canto é como um assobio tristonho, que ao longe se ouve.

O *papa-mosca,* aqui no Estado do Rio, habita capoeiras e elege sempre para localizar o ninho cavidades e saliências em árvores secas, e aí, segundo Euler, prepara um leito macio com paina, cabelos e penas. Informa o autor acima, este emérito bisbilhotador de ninhos, que sempre encontrou no *papa-mosca* peles de cobras e lagartos em imediato contato com a postura e em geral aderidas a ela.

O fato de as peles de cobra e lagartos serem encontradas em ninhos de pássaros diversos, deve ter uma razão qualquer. É tão freqüente, que não pode ser tido por capricho individual e sim por causa superior inatinável.

José Caetano Sobrinho diz que ele prefere fazer ninho em buracos, em moirões das cercas e ali encontrou sempre fragmentos das peles de répteis já referidos.

O ovo é lindo, pois sobre o campo amarelo se inserem garatujas dum azul acinzentado e avermelhado, o que apenas deixa ver limpas as duas extremidades.

A distribuição geográfica destas espécies faz-se quase por todo o Brasil, sendo que no sul vai até a Argentina e no norte até o México.

O gênero *Myiarchus,* palavra que significa o maioral, ou chefe das moscas, possui um total de 10 espécies, todas benéficas ao agricultor.

SIRIRI *(Tyrannus melancholicus melancholicus)* — É um dos pássaros mais vulgares e abundantes em toda a América do Sul, vindo, aliás, desde o México.

Freqüenta o campo, as orlas da mata e os pomares. Na Amazônia é chamado *bem-te-vi*. Empoleira-se de ordinário nos galhos mais altos das árvores e neste ponto estratégico queda-se melancolicamente. De quando em quando dá uma reviravolta no espaço e solta um *siriri* ou *tiriri*, à escolha de quem o escutar, e volta de novo ao poleiro. Divertimento? Ginástica? Nada disso. Está fazendo refeições com música. Gosta de comer, assim, presa viva, inseto que voeje alto. As formigas aladas têm nele um apreciador.

O ninho, diz Euler, e também Goeldi, é colocado a pouca altura, e geralmente em árvore insulada, no campo. Consiste numa tijela achaparrada, frouxa e sem revestimento, tendo como material, principalmente, raízes. Postura: quatro ovos, muito parecidos com os de *tesoura (Muscivora tyrannus);* um pouco maiores.

Quem freqüenta o campo ou por lá vive está cansado de ouvir a matinada que fazem logo ao amanhecer, entremeando gritos e ruflar de asas.

Mantêm pelos falconídeos uma particular e justificada ojeriza, e mal percebem algum saem-lhe ao encalço perseguindo-o até grande distância.

É o *siriri* um pássaro de bom tamanho, 20 cm de comprimento.

A parte superior é cinzenta esverdeada, algo banhada de amarelo, o pescoço cinzento e bem assim a cabeça, que tem no vértice, penas alvoroçadas, cor vermelha viva. A parte inferior do corpo é toda amarelo vivo, mas o amarelo do peito é um tanto esverdeado.

Os indivíduos muito jovens têm a cabeça cinzenta sem a mancha vermelha do vértice. As retrizes exteriores são mais compridas que as do centro.

Bertoni diz que este tiranídeo gosta de se aninhar nas laranjeiras e conta tê-lo visto atacando outros pássaros e até cães, beliscando-os nas espáduas.

O gênero *Tyrannus* ainda contém mais duas espécies, sendo que *T. albo-gularis,* uma delas, também chamada *siriri,* apenas difere de *T. m. melancholicus* pela garganta branca e o peito amarelo quase puro.

TESOURA *(Muscivora t. tyrannusy)* — Muito elegante, muito útil e muito atrevido esse pássaro.

A cor dorsal é cinzenta, bem como o pescoço posterior, mas as asas têm rêmiges escuras.

O ventre e o peito são brancos, a cabeça é preta, com um largo traço cor de enxofre no centro. Bico e patas negras. Cauda longa, em forquilha com 25 cm de comprimento. A ave, quando voa, abre e fecha essas penas à maneira duma tesoura e daí o nome.

As penas timoneiras (da cauda) são negras, e a exterior de cada lado mais longa e com barba externa branca, as outras interiores gradativamente menores.

Macho e fêmea são iguais, porém esta não tem a cauda tão longa. O ninho é uma gamela como os dos *bem-te-vis* em geral e a ave não costuma escondê-lo muito, porque não teme os intrusos. Põe 3 a 4 ovos de cor creme, com pontuações chocolate escuro e manchas, especialmente no pólo obtuso. Tamanho 23-26 × 17-19 mm.

Defende o ninho com bravura e não se arreceia de perseguir os gaviões que lhe passem ao alcance.

Certo naturalista chegou a crer que a *tesoura* ia ao encalço do *carancho,* para dar caça aos piolhos e outros parasitos deste. Figuradamente está bem. Também não se diz, ao chegarmos a madeira ao lombo alheio, que "estamos tirando o pó?"

Dotado de um grande apetite, dá caça incessante a todos os insetos, apreciando com delícia, decerto, as moscas.

Não só se empoleira em altos galhos, e deste observatório faz arremetidas de caça, como também se compraz em voar quase à flor dos prados e pastos, apanhando mariposas e outros insetos.

Hudson[90] admirou certa vez a celebração duma festa íntima desses tiranídeos, onde houve uma espécie de cerimônia dançante. Conta-nos mais ou menos assim a surpreendente cena.

"As *tesouras,* que sempre vivem em casais, costumam, pela tarde, ao descambar do sol, fazer convites umas às outras, por meio de pios, para se reunirem. Há nestes convites algo de superexcitação.

"Juntos alguns casais, logo a seguir elevam-se em vôo a grandes alturas e, após terem rodopiado alguns instantes no ar, daí se precipitam com violência que assombra, aos ziguezagues, caindo em "folha morta", para usar a expressão dos aviadores em seus vôos de fantasia.

"Durante esse passatempo coreográfico ouve-se um ruído característico, como o ranger das ferragens daqueles relógios antigos aos quais se dava corda por manivela, tendo-se a impressão das pausas, após cada vira-volta da chave.

Terminada a dança aérea, pousam as aves, aos pares, sobre o cume das árvores, e cada casal se une, numa espécie de "duo" formado de ruídos, que se repetem e soam como castanholas".

A *tesoura* é espécie positivamente migratória e aparece no Brasil (Amazonas, Paraná, Bahia, Minas, São Paulo) pelo verão e visita o Paraguai e Argentina pela primavera, indo até o México.

Bertoni diz que essa ave, no Paraguai, onde lhe chamam *guira-itapa,* aparecia em bandos, em setembro, mas que está escasseando pela perseguição.

Na Amazônia é um tanto vulgar e conhecida sob o nome de *piranha, piranha-uíra,* dos indígenas.

Ainda com o nome de tesoura são conhecidos outros tiranídeos cujas caudas são longas e forcadas.

Entre as mais vulgarmente assim chamadas está *Muscipipra vetula,* que é também grande, 23 cm, parda acinzentada em sua cor geral, com cauda e asas pretas e com as retrizes longas com os bordos exteriores brancos.

É espécie dos campos de São Paulo, Minas e Goiás, onde é também conhecida pelo nome de *papa-mosca.*

Outra *tesoura,* que entre nós só aparece no Rio Grande do Sul e Mato Grosso é *Jetapa risora* (Fig. 27). O macho difere bem da fêmea. A cauda longa e bifurcada é constituída por penas muito flexíveis, o que dá à ave, quando em vôo, a impressão de que carrega uma longa tira ondulante.

A cauda do macho tem 5 cm e as retrizes externas 20 cm.

Ainda se ensoberbece com longas penas de bifurcada cauda um outro tiranídeo, particularizado pelo povo com o nome de *galito* e *tesoura-do-campo.* H. von Ihering diz que é grande, de cor cinzenta e com asas e cauda pretas, garganta branca, orlada de castanho.

Vivem em pequenos grupos, em sortidas de caça pelo ar, vindo ao chão em busca de minhocas, travando-se então disputa entre eles por causa de tão apreciada petisqueira.

Para encerrar esse grupo de rabilongos, podemos ainda apresentar *A lectrurus tricolor,* também chamado *galito,* no batismo do povo.

Fig. 27. *Tesoura* (Ietapa risora)

Só o macho, no entanto, dispõe de longa cauda, não em forma de tesoura. As penas medianas da cauda, que são largas, inserem-se verticalmente, dando-nos assim a idéia de um galo em miniatura.

O macho é preto, com garganta e barriga brancas, e a fêmea, pardo amarelada. Ocorre do Rio Grande do Sul até São Paulo e também em Minas, Mato Grosso e Bahia.

Fora do Brasil é encontrado na Argentina, Paraguai e Uruguai.

Há um tiranídeo de larga distribuição por quase todo o Brasil, vindo da América Central ao Paraná, mas que por ser espécie exclusivamente da mata não mereceu ainda um nome popular.

Aliás, o caso é vulgaríssimo, e o mato está cheio desses desconhecidos.

Mas, *Tolmomyias s. sulphurescens,* a espécie referida, é construtor de um tão lindo e singular ninho, que merece figurar na galeria dos pássaros notáveis. Na aparência geral não difere quase dos da sua família. A parte superior do corpo é verde-azeitonada, nuca amarela, asas e cauda enegrecidas, orladas de amarelo, em baixo é verde-acinzentado, exceto a barriga, que mostra cor amarela-clara, lavada de verde.

O ninho tem a forma de um cone, por meio de cujo vértice se prende ao galho da árvore.

Essa bolsa cônica, que é feita de talos diversos e de barba-de-velho *(Tillandsia usneoidé),* embora fique pendurada, como o ninho do *guaxo,* não se encontra tão à mercê dos ventos, porque o seu construtor tem o cuidado de começá-la bem acima do galho, de forma que esse, metido até certa altura dentro do ninho, oferece resistência.

A entrada do ninho é por baixo, em forma de tubo estreito.

No outro extremo da entrada o ninho apresenta prolongação, em um tufo pendente, comprido, com 20 cm, feito do mesmo material.

Essa bambinela é ali ajustada muito propositadamente pela ave, que, ao entrar na sua morada, primeiramente pousa naquele apêndice.

Dentro da bonita construção há um estreito tabique, que resguarda a câmara de incubação.

Euler, que encontrou mais de uma dezena desses ninhos, notou-os sempre na imediata vizinhança das casas de marimbondos.

Os seguintes algarismos dão bem idéia do tamanho do ninho.

Do vértice à boca, 32 cm de comprido e do lado do apêndice, 50; diâmetro maior, 19 cm; menor 10.

Curioso é lembrar que a barba-de-velho, de que se constitui o ninho em maior parte, tem vida e assim vai crescendo sempre.

Os ovos, que mostram uma cor de carne com manchas dum arroxeado escuro e outras pardas, são algo alongados. Quanto à medida, não concordam os vários zoologistas. Uns dizem que mede 19×14 e há quem apurasse 25×17.

Ainda um outro notável pelo ninho é *Hirundinea bellicosa,* chamado casaca-de-couro, no norte.

É encontrado desde o Rio Grande do Sul até Pernambuco, Goiás, Bolívia e Paraguai.

Cor geral parda escura, em cima, e castanha em baixo. As penas da cauda orlam-se de preto. Mede 17 a 18 cm.

Quem o observou atentamente foi Carlos Euler que nos dá a seguinte e mui curiosa informação: "Sempre encontrei este pássaro nos telhados das fazendas e povoações e nunca nos bosques. O Príncipe Wied fez a mesma observação e disse que onde não há edifícios, isto é, na mata, ele escolhe os rochedos para sua moradia habitual. Este amor às pedras vai ao ponto de ele levá-las para seu ninho. Pude observar um casal, durante alguns anos, nos telhados da fazenda,

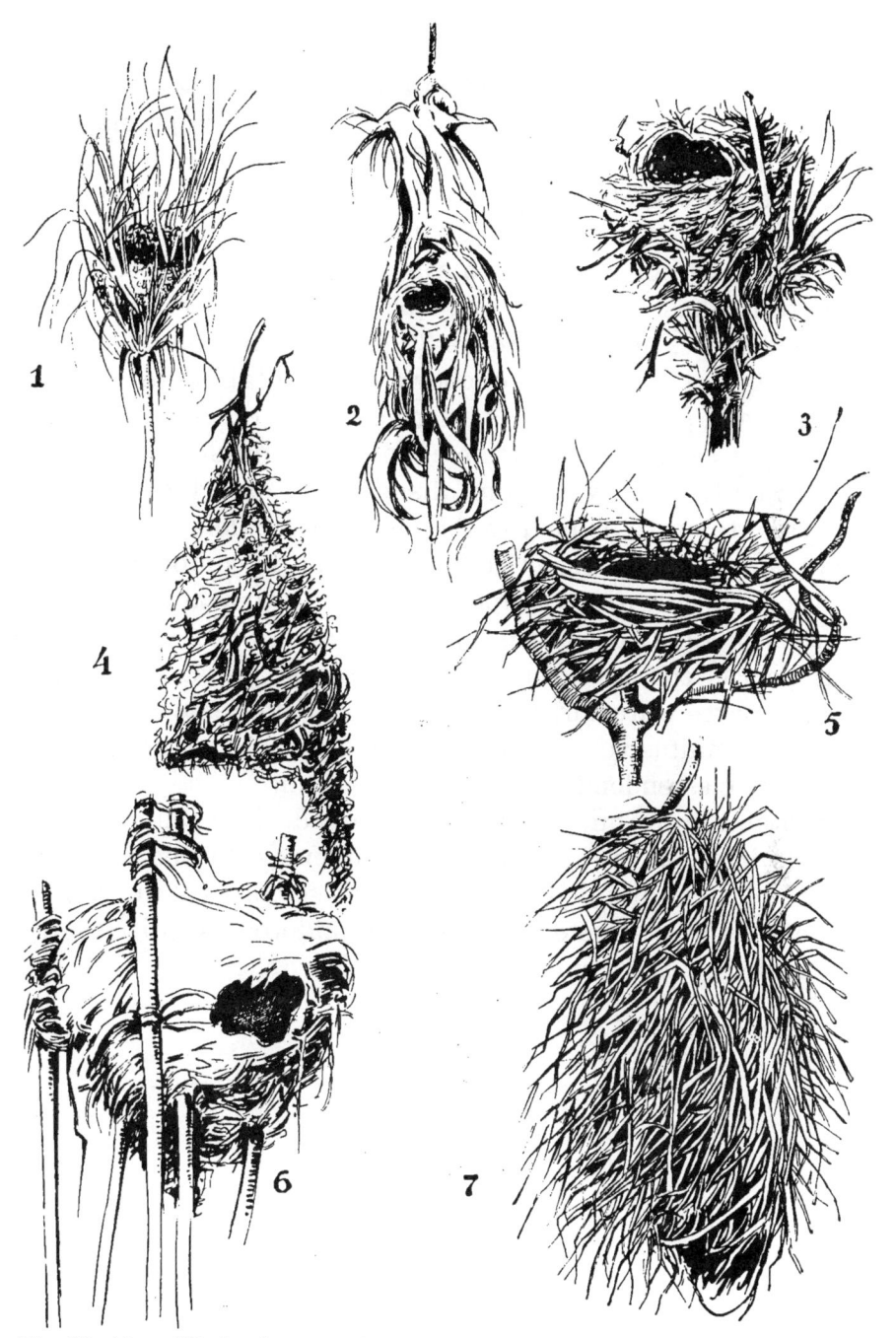

Fig. 28. 10 — *Ninho de viuvinha* (Arundinicola leucocephala); 2 — *Ninho de caga-sebo* (Euscarthmornis nidipendulus); 3 — *Ninho de bem-te-vi* (Pitangus sulphuratus); 4 — *Ninho de* Tolmomyias sulphurenscens; 5— *Ninho de arrebita-rabo* (Mimus saturninus); 6 — *Ninho de tico-tico do biri* (Phloeocrytes melanops); 7 — *Ninho de joão-de-pau* (Phacellodomus rufifrons).

que nunca abandonava, onde procedia à caça dos insetos volantes e chilreava constantemente. Num dos paióis, uma das janelas do primeiro andar conservava-se sempre fechada por um contra-vento de madeira, sendo o peitoril igualmente de madeira. Um dos cantos foi escolhido pelo casal para assentar, duas vezes por ano, o seu ninho. Começava por guarnecê-lo com uma camada de pedrinhas de diversos tamanhos, até o de uma noz. Eram pedaços de tijolo, de reboco, seixos etc., em número de 30 ou 40 cada ano. Dispunha-os irregularmente, ladeados até encher o canto totalmente. Sobre esta camada deitava palhas e penas e formava com elas uma tigela chata de cerca de 7 cm de diâmetro e apenas 3 de fundo. No interior da gamela as palhas estavam bem alisadas; no exterior sobressaíam irregularmente entre as pedras. Aí pôs cada vez dois ovos alongados com pontas bastante obtusas de 22 a 23 mm de comprimento sobre 15 a 16 mm de largura. Campo branco, com tom amarelado, e na parte superior uma coroa larga de manchas escuras vermelhas com algumas poucas cor de violeta e uma garatuja preta. Alguns pingos escuros na parte anterior. Quando tinham filhotes e nas horas de maior sol, vi, muitas vezes a mãe protegê-los por largo tempo dos seus raios, abrindo e estendendo as asas sobre o ninho."

Ainda de muitos outros tiranídeos se poderia bisbilhotar a vida. Mas aonde iríamos parar? Não nos desviemos da boa norma traçada por Voltaire quando dizia: "É preciso ser breve e um tanto salgado, senão os ministros e Madame Pompadour, as quitandeiras e as criadas de servir fazem papelotes dos livros".

CAPÍTULO VIII

OXIRUNCÍDEO

Araponguinha

ARAPONGUINHA — Os ornitologistas foram forçados a criar esta família, que só possui um gênero e uma espécie, para enquadrar nela, a *araponguinha,* também chamada *chibante* e *araponga-da-horta (Oxyruncus cristatus).*

O aspecto do *chibante* lembra muito de perto um tiranídeo, mas deste logo se distingue, porque ostenta bico reto e, examinando-se melhor, mostra bordo denteado na primeira rêmige da mão. Mede 16½ cm.

Esverdeada em toda a região superior, com um topete escarlate, e tendo manchas pretas sobre o amarelado da parte inferior, *chibante* é tão elegante quanto esquivo. A fêmea carece de topete vermelho. De sua singularíssima personalidade, nada se sabe ao certo, mas consta que visita o pomar e as hortas domésticas em busca de insetos.

Natterer viu-a no Paraná, Goeldi avistou-a em Botucatu, encontros de cerimônia, sem intimidades. Parece que se trata de uma sertaneja, algo desconfiada.

Ocorre desde Santa Catarina ao Rio de Janeiro.

Fig. 29. *Araponguinha* (Oxyruncus cristatus)

PARTE II

PÁSSAROS QUE CANTAM

⁓〽️⁓

CAPÍTULO IX

HIRUNDINÍDEOS

Andorinhas, andorinha-de-rabo-branco, andorinha-de-pescoço-vermelho, andorinha-grande, andorinha-do-campo, andorinha-pequena, andorinha-de-bando, tapera.

Ao tratar da família dos hirundinídeos, penetro nos domínios sonoros dos pássaros cantores.

Daqui para o final deste livro vamo-nos entender como os virtuoses, amadores, artistas de grande mérito uns, medíocres garganteadores outros e uma multidão de criaturas que figuram na companhia lírica dos pássaros, mas se quedam sempre ao fundo do palco, junto às garatujas mentirosas da cenografia, armando ao efeito, misturando as vozes ao ruído uníssono do coro.

Já vimos, mas convém relembrar, que a garganta dos pássaros em geral possui uma conformação anatômica particular, tendo como aparelho de fonação a siringe[91], órgão que se encontra na porção inferior da laringe e que se torna muito complexo, ou mesmo complicadíssimo, nos pássaros cantores, de que vamos tratar.

É essa disposição especializada que permite ao pássaro as modulações de seu canto.

Mas, que cantam os pássaros?

O mesmo que rimam os poetas: a magnificência da natureza, o encanto da vida e as delícias do amor.

O amor, sobretudo, parece que lhes dá os motivos principais da exaltação, que se traduz em cânticos.

O macho canta para se fazer ouvir por aquela que, certo dia, quando a voz imperiosa da natureza lho ordenar, saberá chamá-lo batendo as asas frementes; canta para avisar aos outros rivais de que a soberania masculina daquelas paragens lhe pertence e de que a defenderá com a mesma impavidez com que eleva aos ares as modulações da sua voz.

O canto do pássaro é uma endeixa de amor e um hino marcial. Há na sua garganta ternuras da Ave-Maria de Gounod e as ameaças sonoras da Marselhesa.

É um apelo para a noiva que anseia encontrar e uma ameaça ao rival que pressente existir.

Não se estudou ainda, convenientemente, o mérito musical dos nossos pássaros cantores.

Goeldi resume os juízos que da virtuosidade dos cantores neotropicais fizeram os naturalistas que por aqui andaram, dizendo que há muitos gritadores e poucos cantores eméritos.

Afronta-nos logo com o mais genial dos cantores do velho mundo, o rouxinol. Cita-nos a toutinegra da cabeça preta, o melro e a cotovia.

Que posso dizer eu, que só conheço tais aves pelas gravuras dos tratados de ornitologia?

Mas um patrício ilustre, cientista e ornitólogo amador, Franco da Rocha, teve a fortuna de ouvir cantar o rouxinol, num bosque, na aldeia de Schkeuditz, perto de Lípsia, e escreve:

"Sentei-me de um lado, para melhor ouvi-lo. A comparação surgiu inevitável. O nosso ganha com distância".[92].

O nosso, a que se referia o pranteado amador de pássaros, era o pintassilgo, o único, no entender de Franco da Rocha, "que lembra o presto de uma sonata de Beethoven".

Eu faço fé na palavra do patrício, homem de prol e de apurado gosto artístico. É um testemunho, aliás, de grande importância para o julgamento dos nossos alados cantores.[93].

Se o pintassilgo supera o rouxinol, não estamos assim tão inferiorizados.

E, ao demais, poderemos esperar os aperfeiçoamentos do futuro. Confio no talento destes brasileiros de bico e penas.

Não se ria o leitor, forrado em argumentos duma escola que não admite nos "irracionais" senão atos instintivos, movimentos mecânicos, uniformes, garantidos pela hereditariedade todo poderosa.[94].

Um músico vienense, que estudou as vozes dos animais, fez observações curiosíssimas e entre elas afirmou que o rouxinol dos tempos de Homero estava longe de ser o prodigioso artista que hoje se proclama.

Ninguém pode negar que os pássaros se aperfeiçoam através de estudos. De onde vieram os pássaros? Dos répteis, não é verdade?

Quanto progresso, pois, desde o coaxar do sáurio até a estrofe do pintassilgo, do canário, do rouxinol.

J. Delamain escreve:[95] "Até entre os maiores artistas, a tara ancestral surge, por vezes. O rouxinol pontua as suas mais belas estrofes por um "carr" tão áspero que da garganta flácida dum batráquio dir-se-ia ter saído".

E a faculdade de imitação não será, por outro lado, um argumento a favor das possibilidades do progresso, em matéria de canto? Quem desconhece hoje o ensino a que são submetidos os canários? Os canários de Harz e os Malinois não são hoje adquiridos para servirem de professores aos canários comuns?

Mas nem só os canários possuem a faculdade de imitar e, conseqüentemente, de aprender[96]. Os pássaros em geral possuem-na em maior ou menor grau. Nenhuma ave supera, neste particular, a *Mimus polyglottus polyglottus,* da América do Norte, ave que, segundo observações fidedignas, chega a imitar a voz de 90 outras aves[97]. E o nosso celebrado *japim,* que sabe arremedar todos os seus colegas? E o *papagaiao?*

Posso ainda trazer meu depoimento pessoal. Os homens do meu tempo devem possivelmente recordar-se de certa confeitaria instalada no Largo de Francisco de Paula, próximo a uma outra, que ainda hoje lá se encontra, à esquina da Rua dos Andradas. Nessa doçaria, ao fundo, existia uma pitoresca gruta e também um viveiro com pássaros. Havia ainda gaiolas e numa delas um sabiá. De que espécie era, não poderei dizer. O certo é que possuía um incontestável talento musical.

Por aqueles tempos tocava harpa, na aludida casa de doces, o conhecidíssimo Pascoal, velhusco de fisionomia bondosa e com uma bela cabeça de artista mongólico. Não há talvez dez anos que o ouvi, pela última vez, numa leiteria da Rua do Ouvidor, com a sua velha harpa de dourados já foscos e a sua cabeça que embranquecera sob as torrentes musicais do bíblico instrumento. Pobre artista! Para ganhar a vida, transformara-se em Orfeu comercial, atraindo fregueses. Pois bem, Pascoal, aos tempos em que me reporto, possuía em seu repertório, sempre bem escolhido, uma peça musical de resistência. Era "os Granadeiros." O sabiá, lá da sua gaiola, ouvia, diariamente, as notas marciais da grande peça e, por muito ouvi-la, aprendeu-lhe o prelúdio. Aprendeu e gostou, e tanto assim que sempre, ao iniciar seu canto, começava pelos primeiros compassos dos "Granadeiros".

Darwin, aliás, já exaustivamente tratara de assunto semelhante, com essas considerações que passamos a transcrever:

"Os sons que alguns pássaros fazem ouvir, sob diversos pontos de vista, oferecem maior analogia com a linguagem, pois todos os membros de uma mesma espécie exprimem suas emoções com idênticos gritos instintivos e todos os que cantam exercem, instintivamente, esta faculdade; mas o canto efetivo e mesmo as notas de apelo são aprendidas de parentes reais ou adotivos. Estes sons, como Daines Barrington conseguiu prová-lo, não são mais inaptos do que a linguagem no homem. Os primeiros ensaios de canto podem ser comparados às imperfeitas tentativas que traduzem as primeiras balbuciações da criança". Os jovens machos continuam a exercitar-se, ou, como dizem os criadores, a estudar, durante dez ou doze meses. Nos seus primeiros ensaios, reconhecem-se apenas os rudimentos do canto futuro, mas, à medida que o tempo passa, percebe-se até onde eles querem chegar e acabam por fazê-lo de uma maneira completa.

A ninhada que aprende o cantar de uma espécie distinta, como os canários que se criam no Tirol, ensinam e transmitem o novo canto aos seus próprios descendentes. As ligeiras diferenças naturais do canto duma mesma espécie, que habita regiões diferentes, podem, com toda justiça, ser comparadas, segundo o reparo de Barrington, "a dialetos provincianos", e os cantos de espécies vizinhas, mas diferentes, à linguagem das várias raças humanas.

Fiz questão de dar os detalhes que expus, para demonstrar que uma tendência instintiva em adquirir uma arte não é um fato particular que se restringe unicamente ao homem".[98].

A essas observações do mais notável naturalista do mundo, ainda se podem juntar outras que a reforçam.

Jacques Delamain, na obra já citada, diz que a má vizinhança exerce sobre os pássaros cantores ação maléfica. O melro e a toutinegra, exemplifica ele, criados nas circunvizinhanças dos pântanos, costumam misturar às suas sonatas vozes rouquenhas e intercadentes, que é a linguagem das aves habitantes dos charcos.

Para último lugar deixo uma prova decisiva da faculdade de aprender que os pássaros possuem. Dá-nos H. Duncker, no *Journ. f. Ornithol.*, n. 4 de 1922 (citado no "El Hornero", vol. III, p. 436):

"O criador de canários, Reich, em Brema, mediante esforços continuados por muitos anos, conseguiu "inocular" em seus pássaros o canto do rouxinol. Para esse fim, havia feito reproduzir o canto do rouxinol vivo ante canários novos e ainda tinha conseguido gravar tal canto em discos de gramofone, que assim repetiam a lição. Os canários de sete gerações subseqüentes iam adquirindo cada vez mais os caracteres deste canto, a tal ponto que as novas crias já não necessitavam nem do exemplo do rouxinol, nem da lição do disco, pois aprendiam o canto ouvindo os pais.

Evidentemente no transcurso de gerações vai processando-se uma acumulação cada vez maior do canto do rouxinol entre os canários.

Resta agora uma questão a resolver: os canários conseguiram adquirir, por herança, esse canto, ou só os têm aprendido pelo exemplo? Se adquiriram por herança, será dada a prova disso, quando uma nova cria, rigorosamente isolada do rouxinol e do canário, não ouça nem o canto de um nem o de outro, e consiga cantar, ou como aquele, ou como este.

Nesta prova estavam empenhados o canarista e o autor da nota aqui resumida.

Após essa ligeira excursão a propósito do canto dos pássaros e da faculdade de aperfeiçoamento, assunto sobre o qual ainda longamente poderíamos divagar, voltaremos ao essencial do capítulo.

᠎᠎᠎᠎᠎᠎ ⁊∽ϑ)

As andorinhas mereceram sempre uma simpatia universal, pela alegria de seus trinos, pelas curvas caprichosas com que riscam o ar, em vôos elegantes e baixos, e, sobretudo, porque são os arautos alados da primavera.

Quando chegam as andorinhas aos países frios, há sorrisos tépidos pelo bom tempo que aí vem na cauda destas amantes do sol e da luz, e ao invés, quando se reúnem nas suas assembléias deliberativas, nas vésperas da partida, pelas tardes já enevoadas, sente-se baixar dos céus os tristes véus cinzentos do inverno.

Em todos os tempos, os homens práticos e os poetas louvaram-lhes o préstimo e o encanto. Isaías, o profeta, já a elas se refere nas suas predições, Homero cita-as na *Odisséia*. Heródoto, Aristófanes, Marcial, Vergilio, Teócrito, Ovídio, não se esqueceram da filha de Pandião.

Os gregos tinham-na como um elemento prestante no equilíbrio biológico, porque eram sabidamente úteis no combate aos insetos nocivos.

Elas eram benquistas dos deuses Penates, e maltratá-las constituía, entre os romanos, ação reprovável e punível.

Ainda hoje, em várias regiões da Europa, as andorinhas são aves quase sagradas. Chegam mesmo a supor que graves malefícios sofrerá quem lhes destruir os ninhos.

Merecem, de fato, proteção e carinho essas criaturinhas que o destino ou uma fada benfazeja cumulou de virtudes.

Quem estudar a psicologia dos hirundinídeos sentirá logo grande desejo de amá-los. São exemplos vivos de mansidão, amor materno, fidelidade e benemerência. Reúnem em si todas as virtudes que santificariam um ser humano. Vivem agrupadas em famílias numerosas, fazem seus passeios pelos ares sempre juntas e juntas caçam em boa paz.

Constroem os ninhos, o mais possível, próximos uns aos outros e, se acaso uma ave predadora ataca qualquer vizinho, toda a colônia reúne-se em ímpeto de solidariedade. Há entre eles uma verdadeira cooperativa de socorros mútuos, sem outro estatuto que a grande lei do amor.

A maioria das espécies preferem a companhia dos homens, por isso habitam as cidades e os campos, mas algumas vivem nas solidões.

As que mostram simpatia pela espécie humana têm prazer em colocar seus ninhos no beiral dos telhados, nas janelas, nas chaminés. São as conhecidas *andorinhas-das-casas, andorinhas-dos-beirais* e *andorinhas-das-chaminés,* na Europa.

"As andorinhas, escreve Z. Gerbe[100], não se estabelecem indiferentemente em qualquer lugar. Quer habitem os centros da cidade, quer morem nas montanhas ou nas florestas, escolhem sempre os locais bem abrigados e, de preferência, próximos da água, que para elas é um elemento essencial da existência. Não só dela precisam para se desalterarem e banharem, senão também porque na superfície da água, em certos períodos de escassez de insetos, elas procuram os que por lá voejam."

São dotadas da mais alta aptidão para o vôo e pode dizer-se que passam grande parte da vida no ar. Comem, bebem e banham-se voando, e, ainda, no próprio vôo alimentam os filhotes que se iniciaram nessa arte, mas que ainda não lograram a prática indispensável de caçar.

Vê-las voando é um belo divertimento e um prazer para os olhos. Movem-se no espaço, abrindo longas curvas e círculos, que ora se alargam, ora se estreitam e assim vão riscando alucinantes labirintos, com mil voltas que traçam, retraçam, se embaraçam e cruzam como que tecendo uma teia sutil e invisível.

Não voam alto, como os andorinhões *(cipselideos),* mas a meia altura, e por vezes junto aos muros, ou prédios, à superfície das águas e ao rés do solo.

Diz a milenar observação da gente de outras terras, e já o mesmo afirmava Vergílio nas *Geórgicas* há 20 séculos, que quando as andorinhas voam rasando o solo e soltando gritos é sinal de chuva.[101].

As andorinhas, espalhadas por quase toda a superfície do globo, são aves grandemente migradoras, mas entre elas há espécies sedentárias, especialmente as que habitam as regiões tropicais.

As migrações dos hirundinídeos não constituem uma festividade, um episódio de turismo, uma tara de vagabundagem rácica, mas uma fatalidade inelutável, um drama da grande luta pela vida.

Quando chega o inverno, o temível frio, inimigo da vida, o assassino dos pobres, como lhe chamam na Europa, os insetos hibernam e desaparecem. De que poderão encher o papo as andorinhas, já que *natura naturante* lhes deu grande apetite só para comer insetos?

O único recurso é valerem-se de suas asas e irem para outras regiões e até para outro hemisfério, em busca de alimentos, ao mesmo tempo que ali vão desempenhar a tarefa que lhes foi confiada na entrosagem miraculosa do mundo animal. Reúnem-se em grave concílio deliberativo, ouvindo as razões terríveis da fome e a voz sensata dalguma velha andorinha já experimentada.

Nem sempre partem após as primeiras reuniões e vão adiando a grande viagem talvez à espera de ventos amigos que as levem a bom porto e salvamento.

Chega enfim a hora suprema, inadiável.

É forçoso partir para as regiões ignotas que muitas ainda apenas conhecem vagamente, através dum confuso instinto.

Parece que compreendem a grandeza do momento e o arriscado da entrepresa e por isso não mostram alegria, vão como quem segue para o exílio em busca de pão.

Muitas andorinhas sucumbem no decorrer da longa travessia, feita durante o dia e à noite, sendo ainda perseguidas pelos seus inimigos naturais e pelo mais desnaturado de todos: o homem.

Segundo vários observadores, a viagem é feita por etapas.

Atualmente, conhece-se tanto os caminhos que cruzam, não só essas, como as demais aves das regiões setentrionais, quando o inverno as impele.

A migração das andorinhas é um fato constante e inconteste. Segundo uma revista belga, em 5 de março de 1913, foi capturada em Bruxelas uma andorinha que levava um anel de reconhecimento aplicado em setembro no sul da África.

Parece, no entanto, que aqui na América do Sul, certas andorinhas não emigram ou, se o fazem, alguns indivíduos esquivam-se dessa aventura.

Num artigo, assinado por C. O. na "Revista del Jard. Zool. de Buenos Aires," há a seguinte referência ao fato: "Leopoldo Lugones, que em suas pequenas excursões de jovem, quando ia ao campo, pelo inverno, frequentemente, em grutas e interstícios das montanhas, costumava encontrar, em letargo, beija-flores e andorinhas."

Realmente, basta que no decorrer do inverno sobrevenham alguns dias quentes para que apareça uma ou outra andorinha. Essas são as que naturalmente não emigram e se encontravam mergulhadas no sono hibernal.

Desse fato, naturalmente, é que o povo, filósofo e observador, moldou o brocardo: Uma andorinha só não faz verão. Quer dizer, não é por se ver uma andorinha desperta e voando, em pleno inverno, que o verão já se anuncie.

As duas teorias principais sobre o porquê das migrações das aves, vale a pena conhecê-las por esse resumo de Boubier:

"As aves que viviam, antes do período glacial, nas regiões polares, foram daí expulsas pouco a pouco, mas conservaram o instinto ancestral e voltaram a se aninhar na pátria primitiva, o seu berço natal, à medida que a deglaciação se processara, ou ainda, as aves são, ao invés, originárias das regiões meridionais, mas a superpopulação as forçou a emigrar, pouco a pouco, para o norte, no fim do período glacial.

"Aninham-se então nas regiões setentrionais, mas o frio do inverno as enxota momentaneamente.

"O problema não está perfeitamente elucidado; entretanto, a primeira teoria parece mais aceitável."[102]

Seja como for, o fato verificado é que as andorinhas mostram como que um apego ao ninho onde nasceram e, todos os anos, voltam ao lar, mal o tempo o permite.

O fato envolve outro problema, a que apenas quero aludir: a extraordinária e ainda nebulosa faculdade de orientação. Spallanzani, observador e experimentador genial, a princípio duvidoso do fato, rendeu-se ante a evidência, porque teve ensejo de observar, durante anos seguidos, a volta da mesma andorinha ao ninho primitivo. Tratava-se da *andorinha-das-chaminés (Hirundo rústica)*. Ao citado observador ainda se deve o conhecimento de um detalhe a respeito da vida íntima das aludidas aves. Refiro-me ao casamento, que, entre elas, é indissolúvel.

O famoso "nó matrimonial", que na espécie humana é um lacinho frouxo e sempre pronto a se desatar, no mundo dos hirundinídeos mostra-se tão tenaz, que somente a morte pode desfazê-lo.

Ainda ficamos sabendo, por experiência do aludido cientista, que a andorinha transpõe 20 milhas em 13 minutos. Se não for engano, deve ser exagero, pois corresponde a mais de 24 quilômetros por minuto!

Referi-me, anteriormente, ao fato de, nem sempre, logo às primeiras reuniões dos grandes bandos, dar-se a partida. Esta observação é registrada em muitos trabalhos e bem sabida até pelos habitantes de certas regiões, que verificam a ausência ou o aparecimento das andorinhas, sem regularidade rigorosa, segundo, naturalmente, o retardo ou antecipação do frio, ou outro fenômeno meteorológico.

Num trabalho recente[103] vejo narrado o seguinte, a propósito de certas andorinhas, que o autor chama "hirondelles missionaires":

"Sua aparição ou desaparição procede-se, em geral, com muita regularidade, a hora fixa, como a chegada ou a partida dum trem. Assim é que as andorinhas missionárias da Califórnia chegam, aos milhares, em cada primavera, em determinada data, à velha missão espanhola.

"No outono, sempre num mesmo dia, reúnem-se trissantes, palreantes, como um grupo de turistas, prestes a empreender um cruzeiro e logo, a um dado sinal, todas a um tempo levantam o vôo fugindo do inverno.

"Faz duzentos anos que assim se reúnem as andorinhas e com tal exatidão, que os missionários costumam dizer: "amanhã chegarão as andorinhas", ou então: "amanhã partirão as andorinhas", pois durante aqueles anos só uma ou duas vezes se adiantaram ou atrasaram um ou dois dias."

Essa regularidade de calendário não encontra explicação a não ser no mundo das cousas místicas.

Aos ligeiros dados sobre a vida e costumes dos pássaros de que vimos tratando, resta ainda acrescentar um informe curioso.

Parece que todas as aves, ao menos ainda não tive ensejo de tomar conhecimento de outra exceção, realizam seus acasalamentos ao ar livre, mas a andorinha o faz em segredo, dentro do seu ninho, que é, na realidade, um ninho de amor.

Quanto ao *fácies* que caracteriza esses pássaros e os extrema dos outros, basta citar o bico curto, quase triangular, com a ponta da mandíbula superior um quase nada curvo; a fenda bucal estende-se até junto aos olhos; o peito é largo, o pescoço e a cabeça chata em quase todas as espécies.

Os tarsos são curtos, delicados, e os três dedos dianteiros também fracos e finos; as asas longas e pontudas, e a cauda, em quase todas as espécies se exibe com elegante bifurcação[104].

Ocorrem no Brasil, segundo o *Catálogo das Aves do Brasil,* de Olivério Pinto, 14 espécies, além de subespécies, distribuídas por 10 gêneros.

O povo distingue várias e, não raro, lhes põe um nome vulgar.

DESCRIÇÃO DAS ESPÉCIES

ANDORINHA-DE-RABO-BRANCO *(Iridoprocne albiventer)* — É encontrada por toda a América do Sul, desde a Venezuela até o norte e leste da Argentina. Na parte superior do corpo nota-se a cor verde escura com lustro metálico, tendo muito branco nas penas coberteiras das asas; a parte inferior é branca, sendo desta cor o uropígio.

Distingue-se bem das outras andorinhas, mas muito se parece com a sua companheira do gênero: *I. leucorrhoa,* da qual se extrema, por lhe faltar a estria branca da região loral.

Aninha-se em cavidades de velhos troncos. O ninho é feito de capim e forrado de penas. Ovos, em número de 4 a 5, são brancos e medem 17-20 × 13-13½.

Há uma referência de Euler a respeito do ninho de *I. leucorrhoa,* o qual foi encontrado embaixo dum telhado.

ANDORINHA-DE-PESCOÇO-VERMELHO *(Hirundo rústica erythrogaster)* — Parenta da *andorinha-das-chaminés (Hirundo rústica)* da Europa, nossa irmã, conforme nos diz São Francisco de Assis, a bela andorinha de pescoço vermelho, habita a América do Norte, e procria nos Estados do sul até o México.[105]

Mal apontam as brumas invernais, ei-las reunidas em bandos para suas longas migrações, indo por vezes às Índias Ocidentais e quase sempre descendo através da América Meridional até a Argentina.

No Brasil ela é encontradiça, no Amazonas e em Mato Grosso, durante a época do veraneio.

Trata-se duma andorinha formosa, dum negro azulado, brilhante, na parte superior do corpo, asas e cauda pardo enegrecidas, retrizes pintadas de branco. Lateralmente e na região da garganta apresenta-se uma bela malha avermelhada, que lhe valeu o nome popular. O peito e o abdome são brancos, lavados de vermelho, quando não inteiramente desta cor.

Mede 20 a 21 cm e tem longa e forcada cauda.

Na sua pátria, América do Norte como já disse, faz o ninho sempre em locais abrigados, preferindo os paióis, as igrejas, as casas velhas e sob as pontes.

Fig. 30. *Andorinha-do-pescoço-vermelho* (Hirundo rústica erythrogaster)

Dawson viu seu ninho também em cavidades dos penhascos, perto do Lago Chelan, em Washington.[106]. O ninho é construído de lama ou barro, como o da sua irmã européia.

Nenhuma das andorinhas, que vivem no Brasil, faz ninhos desta natureza.

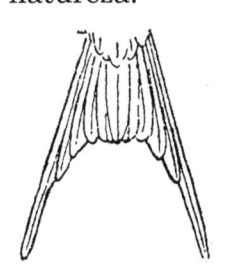

Fig. 31. *Cauda da andorinha-de-pescoço-vermelho* (Hirundo r. erythrogaster)

Os ovos, em número de 3 a 5, são brancos com manchinhas marrons e vermelhas. Medem 20 × 14 mm.

Em relação ao canto da andorinha-de-pescoço-vermelho, escreve Bichnell:

"Há uma concepção falsa e universalmente aceita, em referência à faculdade do canto das andorinhas, que nem sequer são incluídas entre os pássaros canoros.

"Entretanto, a *andorinha-de-pescoço-vermelho* tem acentos reais de canto, como muitas espécies de pássaros cantores.

O seu cantar é um chilrear trêmulo, parecido com o de certa espécie de cambaxirra, terminando em nota clara e forte como a *entonação* que se dá a uma pergunta.

"Esse canto é inteiramente distinto das notas duplamente silábicas, agudas, que constantemente o pássaro solta durante o vôo.

"Muitas vezes o ouvi, repetido por um pássaro isolado, que se encontrava sozinho pousado nos fios telegráficos."

Fig. 32. *Casa das andorinhas, em Campinas* — São Paulo

ANDORINHA-GRANDE *(Progne chalybea domestica)* — Graciosa taluda e rabiforcada andorinha aqui do sul, azulada por cima, com a garganta e pescoço cinzentos e a barriga branca. Mede 21 a 22 cm.

É a habitante da "Casa das Andorinhas" em Campinas[107] o encanto da cidade o motivo duma página magistral de Rui Barbosa.

Lá habitavam, certa vez, 30.000 andorinhas, como teve ensejo de calcular o Dr. Rodolfo Ihering. Ouçamos o referido naturalista:

"Fizemos um cálculo, aliás bastante simples, para avaliar o número desses hóspedes do albergue campineiro. Medimos a extensão do telhado e contamos o número de ripas, multiplicando depois a metragem obtida pelo número de passarinhos que, bem unidos uns aos outros, se acomodavam em um metro de ripa. Por tal cálculo não podíamos errar senão por pequena fração, porque não havia meio palmo de ripa sem locador. Obtivemos esta cifra: 30.000 andorinhas, todas da mesma espécie, *Progne chalybea domestica,* conhecida por "andorinha-grande" ou também por "tapera". Imagine-se agora a enorme quantidade de alimento reparador de que necessita cada um desse organismos, que por assim dizer não descansam o dia inteiro, sempre a voltear rapidamente.

"As andorinhas são única e exclusivamente entomófagas e, como cada uma delas necessita no mínimo de 60 a 80 insetos para sua refeição diária, vemos que o benfazejo bando campineiro, todos os dias, extermina para mais de 2 milhões de insetos. Pouca gente avalia ao certo o grande benefício que daí advém às condições da lavoura e da higiene de uma região. Iniciando sua ação justamente nos meses em que os insetos cuidam de sua multiplicação, as andorinhas, desde logo, fazem baixar o número de fêmeas dispostas a desovar, evitando assim os males e as depredações que acarretaria a eclosão de uma infinidade de larvas e lagartas vorazes".

Pelas informações lidas, chegamos à conclusão de que aqueles pássaros pagam regiamente a habitação ocupada e, até, poder-se-ia construir, por tal preço, uma bela torre, a hirundinópolis campineira.

A *andorinha-da-casa,* como é chamada no Rio Grande do Sul o pássaro de que estamos tratando, aninha-se no entreforro dos telhados, nos respiradouros, buracos, e sempre que possível, procura as igrejas, podendo ser, por isso, chamada *andorinha-católica,* a exemplo de certa coruja que também mostra as mesmas predileções místicas.

A Euler se ofereceu uma oportunidade de estudar bem o ninho desta andorinha e até certas particularidades de seus costumes e biologia. Assim relata a sua observação.

"Em setembro arribava todos os anos um casal deles na nossa fazenda, onde escolhiam o cano do telhado ou alguma cavidade na parede para estabelecer o seu ninho. Ulteriormente o fazia na varanda sobre um caibro debaixo da telha. Era uma tigela chata, feita de palha e excremento de gado, solidamente argamassados, mas sem ser brunida. O caibro redondo obrigou a andorinha a unir a tigela através de duas pequenas pernas em forma de braçadeira. A gamela, com 10 cm de diâmetro interno, estava bem forrada com penas. Nessa singela construção o casal empregou um tempo relativamente longo. Absorveram cerca de 8 dias em escolher o lugar próprio e começaram a trazer os primeiros materiais em 6 de outubro. Decorridos 20 dias, parecia o ninho concluído. Pelo menos, daí em diante não trabalharam mais, o que dantes faziam diariamente, porém nunca além das 10 ou 11 horas da manhã. Somente a 3 de novembro achei o primeiro ovo no ninho; a 7, o segundo, e o terceiro a 11. Na noite de 16 para 17, a fêmea foi assassinada pelos ratos e de manhã achei o seu cadáver jazendo no soalho da varanda. Na autópsia encontrei o quarto ovo perfeito e prestes a ser posto no dia seguinte e completar a postura de 4, que é anormal. Os ovos são de cor branca pura e lustrados, com a ponta anterior muito delgada e fina; comprimento 25 mm por 16½ de largura."

A espécie em estudo aparece em Minas, Mato Grosso, São Paulo, Rio Grande do Sul, Paraguai e Argentina.

Euler e Goeldi tiveram ensejo de verificar a existência desta andorinha no Estado do Rio, embora raramente.

A espécie típica, *Progne chalybea chalybea,* é, diz Oliveira Pinto, da porção setentrional da América do Sul, inclusive o norte da Amazônia. É um tanto menor que a subespécie.

ANDORINHA-DO-CAMPO *(Phaeoprogne tapera tapera)* - Parece mais com tal nome de que com o de *uiriri, taperá* ou *tapera*[108] como é conhecido esse hirundinídeo.

Pode ser considerada uma andorinha grande, embora um tanto menor que a anterior (17 a 19 cm). Na parte superior é parda, com as retrizes anegradas, as quais dão à cauda uma bifurcação menos pronunciada, que a de *Progne c. domestica,* anteriormente referida.

A parte inferior é branca-acinzentada na garganta; o pescoço e o peito cinzento pardo, ao centro, e, pardo escuro nos flancos; o abdome, branco.

Na Argentina, diz José Pereyra, toma conta do ninho do *joão-de-barro,* à viva força, daí expulsando seus legítimos donos.

Natterer viu-a instalar-se em ninhos abandonados do *sabiá-laranjeira,* em Cuiabá, Mato Grosso.

Entretanto, Th. Alvarez[109] dá-nos notícia de seus ninhos feitos em cavidades dos muros, portais e janelas, sob os tetos dos galpões e ranchos.

Parece, portanto, que sabe apreciar as circunstâncias e tirar delas o partido conveniente, não operando, às cegas, sob o império exclusivo do instinto.

O fato não é uma raridade entre as andorinhas, como veremos a seguir, ao tratar da andorinha pequena.

Os ovos, em número de 3 a 4, são brancos, com um pólo bem agudo, e medem 24 × 16,5 mm.

Habita os campos, os povoados e igualmente as cidades.

A distribuição geográfica desta ave é enorme. Amazônia, Mato Grosso, Minas, Rio de Janeiro, São Paulo e Rio Grande do Sul, indo ao Paraguai, Argentina, Bolívia e, extremo norte, à Guiana e Venezuela.

ANDORINHA-PEQUENA *(Pygochelidon c. cyanoleucd)* — Velha camarada de infância, o único passarinho que não apedrejei nos tempos de menino, talvez porque então me contavam que a andorinha, quando Nosso Senhor estava na cruz, fora, condoída, tirar-lhe os pregos crucificadores. Que fábula misericordiosa e que lindos tempos!

Conheço bem a andorinha carioca, que voa todo o ano no Distrito Federal, desde os subúrbios até o centro da cidade.

Vejo-as quase sempre, mesmo no inverno, aqui na Rua do Mercado, bem no coração da cidade, e também próximo a minha residência, nas encostas do Morro de Santo Antônio, onde por vezes aparecem, aninhando-se, segundo creio, nos buracos da grande muralha na parte que olha para a Rua 13 de Maio.

Descrevo-a *ad-vivum*. Pequena, não mede mais de 14 cm. Na sua cabecinha meio chata brilham dois olhos inquietos e negros. O dorso, dum belo azul-aço, chega a rebrilhar quando tocado pelo sol. A parte inferior é alvaça, mas o crisso mostra o mesmo azul dorsal.

Como é pequena, seu vôo é ainda mais tremido que o das outras espécies, chegando a se confundir com o do morcego, quando pelo lusco-fusco da tarde, faz os seus últimos passeios.

Em São Cristóvão, ao tempo que lá morei, tive ensejo de vê-la aninhar-se em buracos dum grande paredão. Isso me leva a crer que também o faça na amurada do morro acima referido.

Euler escreve: "Goeldi e eu encontramos essa andorinha nidificando embaixo dos telhados. No museu nidifica desde meados de agosto entre os capitéis das colunas. É singular que na Argentina essa espécie tenha outro costume. Aplin e Hudson dizem que essa andorinha faz seu ninho em canais subterrâneos, aproveitando-se dos que por outras aves ou mamíferos foram feitos".

Nem Euler nem Goeldi tiveram ensejo de vê-las aninhadas em buracos aqui no Rio, mas eu posso afirmar, à fé de quem sou, como diria um cavalheiro de outros tempos, que várias vezes lhe observei o ninho em buracos de muro e também sob telhas. Certa vez cheguei a verificar o material de que é feito: capim seco, e bastante pena. Não lhe pude ver a forma, porque o tirei da cavidade, com auxílio de uma vara e assim se destroçou a construção, que me pareceu um mal-amanhado monturo de capim. Euler disse que ele é uma gamela disforme e mal feita exteriormente, porém lisa e bem acabada no interior.

Quer-me parecer que a *andorinha-pequena,* ou *andorinha-de-bando,* como também lhe chamam, o que deseja é encontrar um local abrigado, seja sob um telhado, seja uma cavidade qualquer. Isso se dá, como vimos, com a *andorinha-do-campo.*

Os ovos, em número de quatro, são bojudos e brancos.

Quanto ao tamanho, Euler achou $15 \times 12\frac{1}{2}$ mm e H. Ihering 17×12.

Distribuição geográfica: Pará, Mato Grosso, Bahia, Rio de Janeiro, São Paulo, Rio Grande do Sul, Paraguai, Uruguai, Argentina, Chile e também na América Central.

Espécie do mesmo gênero, porém, um tanto maior, é *P. melanoleucus,* que se distingue bem pelo seu colarinho largo, preto brilhante, entre a garganta e o peito. Em cima é preta e inferiormente branca.

O ovo mede $18 \times 12,5$ mm, segundo Nehrkorn, e supõe-se que se aninhe em galerias subterrâneas. Ocorre na Amazônia, Mato Grosso, Goiás e Bahia.

Uma andorinha de larga distribuição no Brasil é *Stelgidopteryx ruficolis ruficolis,* que Olivério Pinto notou ser das mais comuns na Bahia, acreditando ali existir durante todo o ano. Em Cuiabá, Goeldi, verificou-lhe a permanência em toda a roda do ano. Trata-se duma espécie eminentemente brasileira e não migratória. Talvez, entre todos os hirundinídeos o mais abundante, entre nós.

A parte superior do corpo é pardo-escura; uma linda mancha vermelha toma-lhe a garganta e o pescoço e margeia-lhe os flancos logo abaixo das asas; a barriga e o crisso são de um lindo amarelo desmaiado, as coberteiras inferiores da cauda são esbranquiçadas com sarapintados negruscos. Mede 17 cm.

Do ninho dá-nos Goeldi boa descrição, que passo a transcrever:

"Em fevereiro vinham aos milhares pernoitar no taboal do brejo. Cavam galerias, por vezes bem compridas, em todos os barrancos, tanto de barro, como de areia, ao longo dos caminhos, valas, etc. na altura de l a 2 metros, assim como se aproveita de cavidades já existentes, como as galerias de *Galbula tridactyla*[110], canos de telhados e outras. As suas próprias galerias excedem, às vezes, 1 metro de extensão; também já achei seu ninho em cavidade apenas coberta com menos de 10 cm de fundo. No fim da galeria, prepara um espaço mais largo, que guarnece com penas e algumas palhas, e aí põe 4, 5 e até 6 ovos brancos, de forma normal. Tamanho 18 × 13,5 mm".

Ainda muitos outros hirundinídeos são conhecidos pelo povo sob o nome geral de andorinhas. Entre eles citaremos:

Atticora fasciata, muito galante com a sua larga faixa branca, entre o peito e a barriga. Espécie da região amazônica.

Atticora melanoleuca, pequena e linda andorinha de cauda bifurcada, gravata preta. É pouco comum, mas ocorre nas Guianas, Venezuela, Amazônia, Goiás e Mato Grosso.

Riparia riparia, espécie cosmopolita, que vem, até a Amazônia.

Alopochelidon fucatus, que se encontra desde o Rio Grande do Sul à Guiana e constrói seus ninhos nos barrancos dos rios. A postura desta andorinha consta de 4 a 5 ovos, muito pequenos.

Petrochelidon lunifrons, lunifrons, (P. pyrrhonota) que tem sua pátria na América do Norte, faz suas viagens regulares para a América do Sul, quando o frio a obriga. Vem até o norte da Argentina, onde chega em outubro e de onde emigra em março. No Brasil tem sido encontrada em Mato Grosso e São Paulo. Trata-se de uma bonita andorinha, com o dorso e parte superior da cabeça de cor azul-aço brilhante. Na fronte há uma meia-lua, que lhe dá o nome vulgar de *lua-crescente,* na sua pátria. Nota-se ainda um castanho vermelho na cabeça e na região do uropígio. Na parte inferior, é alvaçã, até as coberteiras caudais.

CAPÍTULO X

CORVÍDEOS

Gralhas, gralha-do-mato, quem-quem, gralha-azul, gralha-do-campo.

São os corvídeos aves de extrema sagacidade e de inteligência admirável.

O protótipo, isto é, a ave tipo que deu nome à família, é o famoso corvo, figurão da fauna exótica, mas nosso velho conhecido.

Quem se não recorda de "Maitre corbeau, sur un arbre perche..." que o galante fabulista La Fontaine vem apresentando, há tantos anos, à criançada escolar, como um modelo da vaidade e palermice?

Pois as nossas gralhas pertencem a esta família, que tem representantes em todas as regiões do mundo.

Entre nós, no entanto, contam-se apenas oito espécies do gênero *Cyanocorax* e uma espécie do gênero *Uruleuca*.

Infelizmente muito pouca coisa se sabe em relação à vida e costumes das nossas gralhas.

São aves grandes, de bico antes curto que longo, forte como um punhal (cultirrostro); asas que alcançam a base da cauda, sendo esta longa.

Todas possuem um topete, ora maior, ora menor, que a ave costuma levantar ante qualquer excitação.

Os tarsos são fortes e o colorido é negro e azul, ou negro e branco, ou ainda creme.

De modo geral, podemos dizer que as gralhas são de belo aspecto.

DESCRIÇÃO DAS ESPÉCIES

GRALHA-DO-MATO *(Cyanocorax chrysops chrysops)* — Linda ave de 37 cm de comprimento mais ou menos, sendo que 17 cm mede a cauda.

É azul ultramarinho, exceto a cabeça, o pescoço anterior e a garganta, que são negros; e de cor branca parte do peito, a barriga e a ponta da cauda. Este conjunto dá à gralha-do-mato um todo muito ornamental.

Goeldi escreve: "Pela construção do corpo, embora conformada antes para a mata, e originariamente a ela limitada, esta e as outras espécies passam hoje, de preferência a vida no campo, quando aí ainda restam árvores. No sul do Brasil central e no Paraguai apresentam-se em bandos de 10 a 20 indivíduos, que levam existência muito inconstante, voando sempre de um lado para outro, soltando de vez em quando seu canto, que consta de uma série de sons prolongados e assoviados. Além disso, possuem um pipilar suave, perceptível apenas na vizinhança, que soa como uma conversação leviana e lembra-me o monólogo a que o gaio europeu *(Garrulus glandarius)* se entrega, quando está de bom-humor e julga que ninguém o observa.

"À noite, quando perpassa os campos o vento frio do sul, apinham-se num galho para aquecerem-se reciprocamente; apesar disso, não raro, amanhece alguma gelada em tais lugares. Na época da incubação dissolve-se o bando em casais. O ninho é disposto em árvores compridas e espinhentas, singelamente composto de fortes varas, tão ralo, que às vezes os ovos caem através delas. A postura consta de seis a sete ovos grandes, de belo campo azul-celeste, ornado de desenhos brancos, cor de cal. As gralhas novas, apanhadas no tempo devido, tornam-se muito mansas e sua fidelidade é proverbial. No estado de liberdade sua alimentação consta de insetos de toda espécie; também não menospreza os frutos campestres e, à maneira do gaio europeu, vez por outra ataca aves e pequenos mamíferos".

Netterer, de quem se fia Goeldi, no passo acima citado, diz que uma vez por outra elas atacam aves e pequenos mamíferos.

Observações posteriores, depoimentos insuspeitos de naturalistas, caçadores e mateiros solertes, vão muito mais longe nas acusações dos vandalismos da *gralha-do-mato*. Pelo que nos informa Luiz Dinelli[111], as gralhas constituem um verdadeiro flagelo para as outras

Fig. 33. 1 — *Gralha-azul* (Cyanocorax coeruleus); 2 — *Gralha* (Cyanocorax cyanomelas); 3 — *Quem-quem* (Cyanocorax cyanopogori); 4 — *Gralha-do-campo* (Uroleuca Cristatella),

aves. Reunem-se em bandos de 10 a 20 indivíduos, e esta "nichée" de ladrões endemoniados assalta os ninhos de todas as demais aves, trava lutas e comem os ovos recém-postos ou já em adiantada incubação. As devastações que fazem na avifauna é talvez superior à causada pelos caçadores profissionais.

A *gralha-do-mato,* muito parecida, aliás, com a *gralha-do-campo (Uroleuca Cristatella),* é encontrada em São Paulo, Mato Grosso, Paraná, Argentina, Uruguai e Paraguai.

QUEM-QUEM *(Cyanocorax cyanopogori)* — É azul escura como as demais porém delas se distingue pela malha azul-marinho acima e abaixo dos olhos e por uma barbicha de igual cor que se encontra na raiz da mandíbula.

É muito comum, no Nordeste, encontrar uma destas gralhas domesticada, solta dentro de casa, dando caça às baratas e a outros insetos.

Vários nordestinos relataram-me o curioso combate que os *quem-quem* dão às cobras. Quando descobrem um destes ofídios, dão gritos especiais e logo acodem outros companheiros. Rodeiam a cobra a certa distância ou, mais geralmente, mantêm-se em galhos de árvores ou arbustos a pouca altura, todos gritam em algazarra e atacando a cobra em rápidas investidas. O inimigo não sabe para que lado se defenda e acaba sendo morto a bicadas.

Oscar Monte teve ensejo de observar este fato em Aracati-açu (Ceará) e dele nos dá notícia no seu "Dic. da Fauna Brasileira", alentados acréscimos a um trabalho de igual natureza do Prof. Rodolfo von Ihering.

Quem-quem, também conhecida por *gralhão, cã-cã* e *pion-pion,* é espécie da região do nordeste, Goiás e Minas.

Neste último Estado, José Caetano Sobrinho viu ninho da espécie aqui referida, quer no cerrado, quer na mata, sempre colocado em árvores altas. O ninho tem o formato de ampla tigela, tapizado internamente de folhas secas.

GRALHA-AZUL *(Cyanocorax coeruleus)* — É toda azul com cabeça preta, região onde se arrepiam as penas do topete igualmente negro. R. Ihering ouviu referências à maneira com que essa gralha, tal qual os papagaios, serve aos propósitos da disseminação dos pinheiros *(Araucária angustifolia).* Narrou um observador que o majestoso corvídeo aprecia deveras o saboroso pinhão. Para descascá-lo, só dispõe da sua respeitável bicarra, e é com esta que segura fortemente o fruto e martela-o contra um tronco até esfarripar a rija casca. Acontece, muitas vezes, que o pinhão lhe escapa do bico e cai por entre a vegetação, não mais podendo ser avistado.

Se a semente não foi molestada e encontrou sítio propício, germina e surge enfim um novo pinheiro. Já li idêntica observação feita por Edgar L. Schneider.[112].

Referindo-se ao mesmo assunto, escreve Euclides Filipe, que vive em Curitibanos:

"O Ministério da Agricultura possui, em toda a região serrana, ótimos e zelosos colaboradores da lei do reflorestamento, que são constituídos pela numerosa família das gralhas. De natureza previdente, na época do amadurecimento dos pinhões, além de saciarem a fome, tratam de armazenar o produto, enterrando-o em lugares diversos, para, em tempos de escassez — quando então, localizam os improvisados armazéns — servirem-se à vontade. Muita gralha, porém, não chega a "colher o que plantou". A "chumbeira" do caboclo as extermina; outras esquecem ou perdem o esconderijo, e o resultado é que, no ano seguinte, centenas de pinheiros recém-nascidos vêm substituir aqueles que o machado abateu. Isto, porém, só acontece no interior, onde ainda não penetraram as grandes indústrias madeireiras, que afugentam as gralhas, com seu barulho intenso. Em Curitiba existem duas variedades dessas aves: a preta e a branca, como são vulgarmente denominadas. A primeira se caracteriza pela belíssima plumagem azul-marinho que lhe envolve o corpo todo; a segunda, pelas penas muito alvas de que são dotadas, no peito, cauda e sob as asas. Andam, as gralhas, sempre em bandos de seis a vinte, em meio de grande barulho: sua voz estridente se ouve longe. Se bem que conservadoras inconscientes dos pinheirais, constituem, às vezes, forte ameaça à lavoura, especialmente à de milho, onde revolvem a terra para arrancarem as sementes recém-plantadas. Não hesitam os lavradores em torturar uma gralha, para, com esse processo, afugentarem as outras."

Há referências pouco esclarecedoras sobre o ninho da *gralha-azul,* mas sabe-se que os ovos medem 36 × 23 mm e são de campo azul esverdeado com muitas manchas pardas desmaiadas.

Distribuição geográfica: São Paulo, Paraná, Santa Catarina, Rio Grande do Sul e Paraguai.

Há, ainda, do gênero *Cyanocorax,* mais cinco gralhas.[113]. Entre elas uma aqui do sul: *C. cyanomelas.*

Na Amazônia a mais conhecida é *C. chrysops,* que E. Snethlage descreve com cabeça negra ornada de crista, estrias azuis ao lado da cabeça, occipício branco, porém nuca violácea; a parte superior do corpo é violácea, e a inferior, branca, cor essa que se nota na cauda.

GRALHA-DO-CAMPO *(Uroleuca cristatella)* — Parece-se com a *gralha-do-mato,* mas bem se extrema daquela, porque as asas são tão longas que, alcançam a metade da cauda, vão até a parte onde se encontra a cor branca. Na *gralha-do-mato* as asas apenas chegam ao começo da cauda. No mais, são parecidas. Costumes quase idênticos. Entretanto, *Uruleuca* vive no campo sempre e *chrysops* dá preferência à mata, embora freqüente as capoeiras e os campos não de todo devastados.

Nidifica no cerrado em árvores altas. O ninho, espaçosa tigela tecida de gravetos, tem o interior tomado de finas raízes, material mais macio que o graveto.

A *gralha-de-peito-branco,* como também lhe chamam, habita São Paulo, Bahia, Minas e Mato Grosso.

CAPÍTULO XI

TROGLODITÍDEOS

Cambaxirra, irapuru, corruíra-açu, garrinchão.

Em todas as partes do mundo encontram-se representantes desta família de aves, mas na América e na Ásia ocorrem mais numerosas espécies.

No Brasil existe cerca de uma trintena delas, entre espécies e subespécies.

São aves pequenas, de bico por vezes algo curvo e fino, asas curtas e arredondadas, cauda também curta, com barras transversais.

A plumagem é pouco vistosa, em geral parda, não raro com raias transversais.

Habita os campos, as matas, os povoados, e há ainda espécies que de tão confiadas vêm ao jardim doméstico e até penetram nas habitações humanas.

O regime alimentar desta família é quase exclusivamente insetívoro. Presta ela assim enormes serviços à agricultura e, por isso, merece alta proteção de todos e até do Estado.

Todos os trogloditídeos são cantores apreciáveis e há, entre eles, notabilidades como certa espécie do gênero *Leucolepia*, um dos famosos *uirapurus* amazônicos.

DESCRIÇÃO DAS ESPÉCIES

CAMBAXIRRA *(Troglodytes musculus musculus)* — É a cambaxirra um pássaro tão pequenino, mas de tal forma buliçoso, espevitado e elegante, que, vendo-o, sentimos um grande desejo de amimá-lo, uma intenção de lhe passarmos os dedos pelo dorso macio. Mas, como o inferno está cheio de boas intenções e a *cambaxirra* bem sabe disso, vai-se esta escapando lestamente, no que faz muito bem. E assim só podemos vê-la de longe, não muito distante, porque é um tanto confiada e não crê que alguém lhe possa fazer mal, a ela, uma criaturinha útil, com folha corrida sem mácula e grandes serviços prestados à agricultura mundial.

Anda sempre pelas hortas e pomares, especialmente entre sebes, moitas, encostas de muros, onde haja, enfim, recantos, esconderijos, brechas, buracos, em que se alaparda o mundo dos insetos e aracnídeos.

Não há recanto que não vareje, fresta pela qual não espie, buraco que não deixe de inspecionar, rápida e cabalmente.

Entomologista de grandes méritos, conhece os hábitos de toda a bicharia que vive nas chácaras, nos jardins e nos quintais. Sabe que certos insetos se escondem por baixo das folhas, que outros dormitam nas furnas dos muros, disfarçam-se próximo aos troncos e talos, indo então surpreendê-los no melhor da festa, agasalhando-os no papo, antes que lhes aconteça maior desgraça.

Quem a vê entretida nestas batidas de caça, saltitando com uma vivacidade incrível, esgueirando-se aqui, desaparecendo ali, surgindo acolá, com a ligeireza de camundongo, acha logo que lhe vai a matar o nome específico de *musculus,* que quer dizer *ratinho*. Dá-nos realmente a idéia dum ratinho bisbilhoteiro e confiante, idéia que ainda mais se acentua pela cor de sua plumagem parda.

Na Argentina chamam-lhe *ratonera, ratona,* e em Portugal dão-lhe nome muito gracioso de *encondrigueira*.

Fig. 34. *Cambaxirra* (Troglodytes musculus)

Entre nós é chamada *cambaxirra*, aqui no sul, *corruíra*, no Norte, mas ainda se registam outros nomes como *camachilra, carriça, garriça, garrixa,* e *garrixo* como se diz no Rio Grande do Sul, onde também é chamada *corruíra*. No nordeste é conhecida pelo nome de *rouxinol*.

Os ameríndios, que falavam o nhengatu, designaram esse passarinho sob o nome de *cutipuru-i* e os guaranis apelidavam-no *masacaraguai*.

Parece dispensável descrever a *cambaxirra*, de todos tão familiar. Entretanto, para não sair da norma aqui seguida, direi apenas que mede pouco mais de 11 cm, dos quais quase 5 de cauda. É parda acinzentada na parte superior e parda amarelada na inferior. As asas e a cauda são transversalmente riscadas por linhas pretas finas. Bico um tanto longo e algo curvo, negro na mandíbula superior e cor de chumbo na inferior. Macho e fêmea confundem-se.[114].

O ninho é sempre colocado em buraco de muro, numa cavidade qualquer, um tronco por exemplo, sob o telhado, numa caixa, etc.

Não se esmera muito na construção de tal obra, que não tem uma forma regular, mas quase sempre é semi-esférico, ajeitando-o às condições do local. Geralmente é amplo, esparramado, composto de raízes finas, crinas e penas.

Parece que da confecção do ninho somente o macho se ocupa, segundo um informe de J. Tremoleres[115]. Há quem afirme o contrário, mas julgo erro de observação.

A carricinha européia, prima irmã da nossa *cambaxirra*, também assim procede. Os machos solteiros, em procura de noiva que os queiram, requintam-se em amabilidades e constroem vários ninhos, à escolha das suspiradas esposas.

Boenigk, citado por Brehm, observou um que construiu quase inteiramente quatro ninhos, sem que lhe aparecesse a sonhada companheira.

Parece que a conquista de esposa no domínio dos trogloditídeos é tarefa pesada, ao invés do que se dá na sociedade humana, onde na conquista de um marido se empenha a família inteira, numa espécie de caça à raposa.

A *cambaxirra*, entre nós, parece não usar os processos acima referidos, nem ter, como também vejo citado, ninhos suplementares.

É possível que os rigores dos climas frios levem aquela avezinha a construir refúgios onde se resguarde, à noite, da fúria do inverno avicida.

Os ovos são de cor vermelha clara, inteiramente salpicados de vermelho mais carregado. Forma arredondada com o tamanho de 17 × 13 mm. Posturas de 3 a 4 ovos[116]. Põe três desde junho a abril. A incubação dura 12 a 13 dias e dentro de 18 dias, após nascidos, os filhotes já abandonam o ninho.

A alimentação consta quase exclusivamente de insetos e aracnídeos e uma ou outra sementinha, talvez quando a caça se torna mais arisca. Na Europa, pelo inverno, informa Brehm, também come grãos.

João de Paiva Carvalho[117], estudando o conteúdo estomacal de mais de 20 indivíduos, dá-nos os informes e comentários seguintes:

"Examinando vinte e poucos conteúdos gástricos de *Troglodytes musculus,* encontramos o seguinte material de possível identificação: aranhas caseiras (Fam. *Folcidae,* Gen. *Blechroscelis),* 8; psocídeos da fam. *Atropidae,* que vivem nas árvores, 12; pirrocorídeos e pentatomídeos não classificados, 14; cicadelídeos, 6; membracídeos, 7; afídeos (provavelmente *Aphis rosae),* 13; pinças de forficulídeos, pouco distinguíveis, 16; grãos, bagas e sementes diversas, 32.

"Conclui, portanto, que a alimentação insetívora (63 exemplares) predominou. O contingente granívoro (32 exemplares) entrou na seguinte proporção: fragmentos de milho (quirera), 9 grãos de arroz, 6, e bagas e sementes diversas, 17.

"Não se pode fazer uma idéia perfeita da alimentação das aves citadas, uma vez que, em quase todos os estômagos, figuravam massas verdes e amareladas, contendo grânulos ou nódulos escuros, que julgamos ter pertencido a lagartas (provavelmente pequenos geometrídeos, mede-palmos e restos abdominais de microlepidópteros).

"Observando um ninho com filhotes recém-nascidos, constatamos que os pais saíram e regressaram ao ninho 12 vezes, no espaço de 28 minutos, podendo-se calcular, em média 20 vezes por hora, mas quase nunca voltaram sem trazer no bico, ao menos, um inseto ou larva qualquer. Trabalhando ativamente durante cerca de 12 horas, teria o casal trazido ao ninho, perto de 240 larvas e insetos diversos para distribuí-los aos seus 3 filhotes, sem contar com as que ele, sem dúvida, ingerira para se alimentar.

"Claro que, à medida que os passarinhos vão crescendo, maiores se tornam as suas necessidades alimentícias, de maneira que podemos considerar, em média, um consumo diário de 250 larvas e insetos que entram na alimentação de cada ninho de *corruíra,* que cria 3 filhotes.

"Por sua vez, a ave adulta necessita de cerca de 18 insetos (formigas, cupins, besouros, larvas e ovos de insetos) para encher a sua cavidade estomacal e, considerando que um pássaro ingere, por dia, cerca de seis vezes o volume do conteúdo gástrico repleto, pode concluir-se, sem exagero, que cada *corruíra* dará cabo de 100 formas nocivas, entre larvas e adultos.

"Portanto, o *déficit* diário ocasionado na fauna entomológica nociva, por um ninho de *corruíra* em que, além do macho e da fêmea, existem 3 filhotes geralmente esfomeados e insaciáveis, é de cerca de 450 exemplares diversos.

"As observações que efetuamos em novembro de 1931, revelaram-nos a existência de 15 ninhos de *corruíra,* com 33 filhotes ao todo, cobrindo uma área pouco inferior a 30.000 m². Existiam 7 ninhos de 3, 4 de 2 e 4 de um único filhote, população que sofreu sensível redução ao cabo de duas semanas, em virtude de um forte temporal.

"Durante 15 dias, o cálculo alimentar de insetos e larvas que fizemos, para satisfazer às necessidades das 63 bocas que observamos cuidadosamente, foi além de 72.000. Pode-se, portanto, computar em cerca de 70.000 o número de insetos daninhos destruídos por alqueire de terra, onde houver corruíras mantidas sob proteção".

Pai e mãe revezam-se na faina de alimentar os filhotes, sempre pedinchantes. Por muito que lhes tragam, estão sempre pedindo mais comida. Mãe de boas entranhas, a *carriça* nem de leve se molesta em ter posto no mundo tão esfomeadas criaturas. Observei muitas vezes o desempenho de tal tarefa. Dava-me sempre idéia de que o passarito, quando trazia o cibo nutriente, constituído de um inseto bem alentado, pensava lá consigo: "desta vez vão ficar fartos e contentes", mas qual nada, mal ingeriam o pitéu, já estavam reclamando outro.

Os cuidados que devotam aos filhos estendem-se a todos os demais filhotes de passarinhos e basta ouvir algum clamando por socorro, para logo acudi-lo, oferecendo ao inimigo da infância aviculária a intrepidez ilusória de sua força. Além do lado utilitário, o sentimental e estético.

Afora a graça da sua figurinha, temos ainda de louvar-lhes as cantigas que sabe entoar, especialmente pela manhã. Não se trata verdadeiramente duma peça musical, é antes um recitativo musicado, uma espécie de modinha brasileira. Correndo aos saltinhos, por um muro fora, ela pára aqui e ali, e declama, com voz límpida, o seu romancete sentimental, batendo, por vezes, as asas, como devem fazer os anjos, para divertir as onze mil virgens lá nas paragens celestiais.

Parece que falei demais sobre um passarinho tão pequeno e vulgar, mas é que quero muito a esta avezinha. A simpatia que devoto às *cambaxirras* vem talvez dumas velhas contas que eu tenha a ajustar com os pássaros, ou melhor, dumas contas que eles têm a ajustar comigo, pois eu é que guardo em meu poder um saldo devedor.

Desde certo período da infância até meados da minha adolescência, fui um desalmado amador de pássaros, se é justo assim denominar aqueles que tolhem a natural liberdade das avezinhas em uma reclusão por vezes cruel. Assim, para dar mostras do meu amadorismo, desmandava-me em artifícios para tirar a liberdade das aves, armando arapucas em cada canto da horta e do pomar paterno, envisgando varas, pendurando alçapões nos ramos das árvores e espalhando outras esparrelas no terreiro. Como troféus de tantas batalhas ganhas à natural esperteza dos passarinhos, penduravam-se, na longa varanda da minha casa, gaiolas de feitios vários e tecidos diversos, onde os infelizes prisioneiros chilreavam baixinho as tristezas da sua vida de reclusos. O grosso da coleção era constituído de coleiros pardinhos, coleiros virados, canários da terra e bicos de lacre. O mais eram "peças raras", diante das quais se boquiabriam de admiração outros garotos amadores, menos afortunados que eu em apanhar pássaros.

Entre as maravilhas da coleção figurava um sabiá egresso da gaiola do vendeiro, uma cigarra, que desmentia sua designação em obstinada mudez, e uma araponga adquirida na Praça do Mercado, sob protestos solenes de meu pai, que não via com bons olhos a minha galeria ornitológica. Homem severo, mas de extrema bondade, meu pai, condoído, decerto, por uma aglomeração de passarinhos desproporcionada ao âmbito dos toscos viveiros, sorrateiramente abria, de quando em quando, uma portinhola da gaiola e, como quem desata a torneira dum barril cheio, era uma enxurrada tumultuosa de asas sedentas de liberdade.

Não eram, pois, modelares meus métodos de trato e criação de pássaros e, se não lhes faltava alpiste nos comedouros e nem se acumulavam dejetos no fundo das gaiolas, havia uma superpopulação inconveniente e anti-higiênica.

Além destas graves faltas não deixei de me afastar de certas práticas infandas, correntes entre os passarinheiros daqueles tempos. Assim se o acaso levava uma *cambaxirra* a cair na arapuca, o que, aliás, era uma raridade que nunca vi acontecer, esta avezinha devia ser sacrificada, pois "excomungava" aquele aparelho de caça.

Como se vê, devo aos pássaros uma reparação e não sei como melhor quitar-me senão pregando em favor deles e deixando aqui e ali, por essas páginas, alguns conselhos úteis à manutenção das aves em gaiola.

Melhor seria, decerto, aconselhar a todos que se abstivessem de aprisionar criaturas que nasceram livres e que a natureza talhou para a amplidão e para o vôo. Quem ama as aves deveria gozar em vê-las gazis e livres no quadro natural de que são ornamentos e onde se exibem em toda a graça.

Mas o amor tem destes contrassensos, e assim os amadores de aves são precisamente aqueles que, paradoxalmente, enclausuram o objeto de seu amor entre as quatro paredes de arame de uma gaiola.

Não deixemos, entretanto, de reconhecer que isso não constitui, para certas espécies, verdadeira desgraça, pois se dão maravilhosamente no cativeiro, preferindo, depois de habituadas, o pouso certo do seu tugúrio aramado, onde o trato é suave e o alimento certo, à vida boêmia do espaço, tão cheia de perigos e imprevistos.

Deve, de começo, sofrer muito a avezinha engaiolada, porque a perda eterna da liberdade é inconcebível, mas em troca desta perda, prodigaliza o carcereiro tantos cuidados, que lhe adoça a amargura da sujeição.

Depois vem o hábito, que é uma segunda natureza, e já não sofre o cativo, antes talvez se regozije em experimentar o doce cativeiro.

Aí, pois, fica a confissão pública do meu crime, que ainda hoje, passados tantos anos, não posso esquecer. Que me perdoe a minha tímida irmãzinha, a *cambaxirra*.

Ajustadas assim as contas com os pássaros, aos quais fiz tanto mal, numa época em que geralmente não se prima pela bondade, porque ainda estamos repetindo, no evolver ontogênico, os instintos atávicos de remotos e bárbaros parentes, reconquistarei as boas graças das aves que são, incontestavelmente, as mais amáveis criaturas deste mundo.

LENDA

Há, entre os índios caxinauás, certo conto, que é uma espécie das nossas histórias da carochinha. Quem o divulgou foi Capistrano de Abreu.

Um garoto, muito novinho e pequenino, brincava diante de sua casa, quando a mãe o chamou para comer.

— Não; não quero comida.

Como a mãe insistisse, outra vez replicou:

— Não tenho fome, mamãe.

A mãe, julgando que o garoto não aceitava o alimento por motivo do brinquedo, quis meter-lhe um susto e disse:

— Meu filho, se tu não queres comer por causa da brincadeira, a cambaxirra vai te pegar.

A criança amedrontou-se e começou a festejar o seu cãozinho, e este, vendo uma cambaxirra, pôs-se a ladrar. Depois dormiu. Então a cambaxirra veio até perto da criança, tomou-a nas costas e carregou-a.

Despertou o cão, pondo-se a ladrar. Veio a mãe correndo e viu que a cambaxirra lhe carregava o filho, que se debatia e chorava.

A avezinha disse então ao infante:

— Não tenhas medo e não chores; que eu te transformarei em cambaxirra e te levarei para o céu.

IRAPURU (*Leucolepis arada arada*) — Emília Snethlage assim descreve este *uirapuru*, um dos mais famigerados, entre os da sua igualha: "Parte superior parda, um pouco avermelhada, cabeça vermelha, lados do pescoço pretos pintados de branco, cauda parda escura, listrada de enegrecido; garganta e peito vermelho vivo; abdome pardo acinzentado, lavado de vermelho nos flancos e nas coxas, coberteiras da cauda inferiores listradas de amarelado. Tamanho: 12,3 cm."

Nada se sabe a respeito da vida deste passarinho, e nem dos demais do gênero *Leucolepis,* cinco ao todo, e exclusivos da Amazônia, aos quais cabe igualmente o nome de *uirapuru* ou *músico*. Como já notulamos, o nome *uirapuru* ou *irapuru* não identifica tal ou qual espécie.

O botânico A. J. Sampaio, em uma excursão científica, teve a felicidade de ouvir esse

Fig. 35. *Irapuru* (Leucolepis modulator)

irapuru na mata da Cachoeira do Breu[118], mas guardou silêncio sobre o mérito da lírica cantata, o que me leva a supor que não é lá para que digamos grande coisa.

Informa apenas que os cachoeiristas lhe afirmaram ser ali muito freqüente tal pássaro e que, quem o caça, guarda-o seco, pois o bichinho serve a toda espécie de mandingas e daí decorre o nome de *mandingueiro,* como também é designado.

Segundo outros entendidos na matéria, a ave assim apenas mumificada pode ter algumas virtudes, porém, para atingir o máximo de eficiência cabalística, é preciso ser devidamente preparada.

A maneira de preparar o *irapuru* é assim descrita por Francisco Peres de Lima.[119].

"Conseguindo-se matar o irapuru na ocasião em que ele está cantando, e deixando-se o seu corpo secar por espaço de seis dias, no local em que ele é morto, obtêm-se coisas extraordinárias. Basta que se joguem os ossos dentro d'água, retirando-se aquele que boiar, para daí ser preparado pelas feiticeiras, com os fins que se tiver em mira. Serve para conquistas amorosas, para negócios e magias outras".

Esse modo de tratar a ave para magicâncias faz lembrar o ritual idêntico com que se prepara certo osso do *anhuma,* a que também o povo crendeiro empresta virtudes espantosas.

Tal cerimônia, chamada "fazer mocó", dá assim a entender que é o mesmo que fabricar breve, pois *mocó*, na Amazônia, é um amuleto, geralmente um osso miraculoso, metido dentro dum saquitel, que se traz atado ao pescoço. Livra de todos os males, menos o de ser tolo.

Para se "temperar" o *irapuru,* conforme o ritual da pajelança, afora outros condimentos, exige-se matéria tintórea do carajuru, resina de cunuaru e outros ingredientes que rimem com irapuru...

Quando o possuidor duma dessas prendas destinadas a dar sorte, é perseguido pelo mais evidente dos azares, o pajé explica que tudo decorre da falta do "preparo" conveniente.

CORRUÍRA *(Cistothorus platensis polyglottus)* — Distingue-se bem da cambaxirra já descrita, por ser, especialmente na parte dorsal, toda riscada por estrias pretas sobre fundo pardo claro, dando ao conjunto um tom aperdizado. O bico tem cor córnea. Mede 12 cm.

Os seus hábitos são idênticos, mas o canto é muito mais digno de nota que o da cambaxirra vulgar *(T. musculus)*.

O Príncipe de Wied já informava que "era um dos melhores pássaros cantores do Brasil".

Figurar o canto por combinação de letras do nosso alfabeto constitui uma tarefa quase inútil. Wetmore assim descreve a voz do referido passarinho: *tu-tu-tu-tee-tee-tee ter-ter-ter treee-ee-ee-ee.*

Transcrevo sem medo de protestos da ave, porque, como é notório, as corruíras são analfabetas, graças a Deus.

É muito ampla a distribuição da espécie típica e desta subespécie que ocorre na Argentina, na Guatemala, no México, no Paraguai, na Bolívia, no Rio Grande do Sul, no Paraná, em São Paulo e Minas Gerais.

CORRUÍRA-AÇU *(Thryothorus longirostris)* — É uma corruíra taludinha, 13,5 cm, com bico mais longo, garganta branca e uma estria da mesma cor por cima dos olhos, que muito bem a distingue. As asas e a cauda são riscadas de negro.

Do seu ninho diz Euler que o encontrou em princípios de agosto numa capoeira, próxima a um córrego, ambiente que sempre lhe apraz. Estava suspenso dum arbusto, a um metro de altura, e consistia numa tijelinha oblonga, funda, aberta em cima e presa na forquilha horizontal dum galho. Raízes e talos entreteciam a construção, que antes da postura foi destruída, e daí nada apurando o observador a respeito de ovos.

Outras espécies do mesmo gênero, todas da mata, acham-se distribuídas pelo Brasil. Entre elas encontra-se *maria-é-dia (T. leucotis rufiventris),* também bicuda e com peito claro. Olivério Pinto[120] fez uma observação interessante a respeito desta subespécie, escrevendo: "A coloração ferrugínea do ventre varia de intensidade conforme o indivíduo. O peito, sempre mais claro, ora é isento de tons ruivos e contrasta vivamente com o abdome, ora é banhado de ferrugem e faz transição insensível com o último. O mesmo se observa nos exemplares de Minas Gerais e São Paulo."

GARRINCHÃO *(Heleodytes turdinus turdinus)* — Parece ser o maior dos trogloditídeos, pois mede 21 cm. Parte superior do corpo parda acinzentada e parte inferior branca; o abdome é lavado de amarelo ocre. Encontra-se no Espírito Santo, Bahia, Goiás e Maranhão.

Nas margens do Rio Gongogi (Bahia), Olivério Pinto encontrou esta ave em abundância e ouviu-lhe a cantoria pela orla da mata. É espécie rara nas coleções zoológicas e sua distribuição geográfica não está bem determinada. Há na Amazônia uma espécie muito semelhante a esta, que é *Heleodytes turdinus hypostictus.*

Também é chamada garrinchão outra forma alentada: *Thryothorus genibarbis griseus* (fig. 36).

Fig. 36. Garrinchão (Thryothorus genibarbis griseus)

CAPÍTULO XII

MIMÍDEOS

Sabiá-do-campo, sabiá-da-praia, calhandra, japacanim.

A família dos mimídeos apresenta somente oito espécies, em grande parte muito parecidas com os sabiás verdadeiros do gênero *Turdus,* e, daí, o nome vulgar de sabiá que também possuem.

A semelhança não é somente de colorido e forma, mas até de certos hábitos e, ainda por cima de tudo, os ovos de algumas espécies confundem-se.

Possuem corpo um tanto longo, asas curtas, arredondadas, que vão pouco além do nascimento da cauda, que é em escaleira e quase sempre escura. O bico é longo, algo curvo e, de frequente, uncinado. Tarsos altos, fortes, escutelados na parte dianteira.

Gostam de frequentar os campos onde encontrem árvores e arbustos, vindo até as fazendas, sítios, chácaras e jardins, para próximo do homem, enfim.

Alimentam-se muito especialmente de insetos, mas pode dizer-se que são onívoros, pois comem frutas, sementes e até costumam, em certas regiões pecuárias, beliscar as carnes de reses em salga, os couros frescos. Algumas espécies apreciam o leite, com cuja nata se deliciam, observação essa feita na Argentina e Uruguai com a espécie que vive entre nós, o conhecido *sabiá-do-campo.*

Quanto à faculdade em imitar os demais pássaros e até o assovio humano, bem como as vozes dos outros animais, é fato notório.

A espécie norte-americana *Mimus polyglottos polyglottos,* é famosa na literatura universal pela extrema facilidade com que imita todas as vozes que ouve.

Wilson, a propósito desta espécie, escreve: "o melro poliglota (também chamado "moquer" pelos franceses) repete fielmente a intonação e a medida da canção que imita, porém exprime ainda com mais graça e sentimento. Nas florestas da sua pátria, nenhum pássaro pode rivalizar com ele; seu canto é variadíssimo.

O viajante crê, por vezes, ouvir grande número de pássaros reunidos num mesmo lugar, cantando, mas engana-se: o *moquer,* que é como se disséssemos o *burlão,* é o autor único destas cantigas variadas".

DESCRIÇÃO DAS ESPÉCIES

SABIÁ-DO-CAMPO *(Mimus saturninus frater)* — Dizem-se coisas maravilhosas do talento trovadoresco do *sabiá-do-campo,* designado, alhures, por *sabiá-do-sertão* e muito conhecido em Minas por *arrebita-rabo* e *galo-do-campo.*

Não só lhe admiram a voz, forte e sonora, senão também a faculdade de repentista e o seu notável poliglotismo. Se não conhece os sessenta dialetos aviários da sua parenta norte-americana, *Mimus polyglottos polyglottos,* sabe entender-se perfeitamente com os passarinhos sul-americanos, aos quais imita com absoluta perfeição.

Apresentemos, antes do mais, o ilustre trovador sertanejo, pois somente o macho sabe cantar, como é lei entre as aves.

Em vinte e cinco centímetros de comprimento e sem desperdícios de coloridos, esta ave consegue reunir uma bem apreciável elegância. A parte superior do corpo é bruna-cinzenta e a inferior branca-cinzenta, jaspeada de castanho na região das coxas; asas de cor plúmbea; as penas da cauda negras com extremidades brancas. As penas do lado da barriga são brancas estriadas. Uma estria alva, que lhe corre por cima dos olhos, empresta-lhe um ar de quem confia, desconfiando sempre.

A fêmea é igual ao macho, mas falta-lhe o jaspeado castanho nas coxas.

Os jovens são de coloração branca na parte inferior do corpo com estrias escuras no peito, bem em cima.

Do seu canto ainda não se fez entre nós o elogio merecido.

Rod. Ihering chega a ponto de escrever: "Não é propriamente um cantor, mas, como diz muito bem o indígena, no nome que lhe deu, apenas faz barulho, *(poca)*." *Poca* significa barulho, sem dúvida, mas talvez a intenção do indígena fosse aludir ao ruído do canto. Não tinha uma ideia pejorativa e nem tão refinadas ouças possuía o nosso bugre para achar desprezível e apenas bulhento o canto do *sabiá-do-campo*.

O *sabiá-do-campo* é um cantor dos mais aprazíveis que possuímos e pode ser considerado uma "estrela" da companhia lírica dos pássaros.

Na Argentina dão, além do nome de *calandria*, o de "ruisseñor argentino", a *Mimus saturninus modulator*, o que decerto não será só porque faz barulho.

Há ainda um outro ponto sobre o qual tenho dúvidas. A designação *poca* seria dada, de fato, a esta espécie? Veja-se o que deixei dito à pág. 201.

Teodoro Alvares[121] referindo-se ao canto da ave de que estou tratando, escreve: "A *calandria* canta, em pleno dia, ante a natureza inteiramente desperta. Pousada no cimo de uma árvore, ou no topo de humilde rancho, ou sobre qualquer local elevado, entoa seus variados cânticos, deleitando quem escuta. Do sítio que elege para cantar, eleva-se verticalmente, sustentando uma nota ou um trino, gira pelo espaço e volve ao pouso; imita o canto de muitas aves."

Acho certa analogia entre os hábitos deste sabiá e o da calhandra ou cotovia da Europa[122].

Julgo que, por esse motivo, os europeus, na Argentina, dessem à referida ave o nome de *calandria,* designação, aliás, que se encontra mudada em *calandra,* entre os nomes populares da aludida ave no *Catálogo das Aves do Brasil,* de H. e R. von Ihering.

Calhandra registra R. Ihering em seu excelente Dicionário dos Animais do Brasil.

H. von Ihering certamente ouviu, em região fronteiriça com o Uruguai e a Argentina, a denominação deturpada de *calandra,* que registrou, embora no Rio Grande seja vulgar o nome popular de *sabiá-do-campo,* ao menos em Porto Alegre, São José do Norte e Poço das Antas, segundo Rodolfo Gliesch,[124].

Seja como for, não deixa de cantar, por isso, o elegante sabiá.

Canta, não somente no campo, como na gaiola, mas não resiste ao cativeiro, senão quando capturado jovem, mal saído do ninho. Os machos, quando apanhados já adultos, não suportam a tortura da prisão e em breve morrem. Quando se logra encontrar um ninho com filhotes meio emplumados, consegue-se o ideal. Alimentam-se facilmente com purê de batatas, ovo cozido e triguilho.

Após um ano de gaiola, começam a cantar e mostram então brilhante talento imitador *(Mimus,* o nome do gênero a que pertence essa ave, significa imitador). Aprendem trechos do canto de outras aves, pedaços de músicas assoviadas pelo homem.

Na vida livre, o *sabiá-do-campo* mostra-se, como a calhandra européia, amigo do lavrador, já freqüentando os campos, caçando pelo chão, já procurando viver próximo ao homem, alegrando-o com o seu canto amplo e cheio de harmonias.

Aninha-se em pequenos arbustos, a pouca altura do solo. Não se esmera muito em fabricar o ninho, que é uma taça feita de ramos secos com o interior forrado de raízes.

A postura consta de 3 a 5 ovos, tamanho que varia muito, indo de $26½ \times 20$ a 30×22.

O formato é ovalado e, por vezes, de um oval barrigudo, no dizer popular. Fundo branco, levemente tingido de verde, com salpicos e manchas marrons, que vão até a cor ferrugínea.

José Caetano Sobrinho, em nota sobre ovos da sua coleção, diz que a postura normal é de três ovos e que, quando se encontram 6, é porque, por vezes, duas fêmeas ocupam o mesmo ninho.

O saudoso zoologista viveu muito na intimidade das aves, que decerto lhe confiaram pequenos segredos, destes que só os de casa conhecem. Assim, a gente cá de fora ignora esta medida de economia doméstica dos sabiás-do-campo. Divulgo em todo o caso, o mexerico, mas vou logo declarando quem mo contou.

Afora as prendas incontestáveis de cantor, o pássaro de que vimos tratando tem outros merecimentos de ordem prática. É um insetívoro de borla e capelo. Repetidos exames do conteúdo estomacal, feitos na Argentina, têm revelado a invariável presença de enorme quantidade de insetos, entre os quais coleópteros pequenos, dípteros, larvas de coleópteros, de lepidópteros, restos de himenópteros, ortópteros etc., e algumas sementes de plantas silvestres.

Nada mais falta para recomendar tão útil e amável pássaro à admiração e respeito de todos.

Essa espécie acha-se distribuída em Mato Grosso, Minas, Rio Grande do Sul, Paraguai, Argentina e Bolívia.

Ocorrem, entretanto, as seguintes sub-espécies: *Mimus saturninus saturninus,* Amazônia; *M. s. modulator,* Rio Grande do Sul; *M. s. arenaceus,* Bahia, ali conhecido sob o nome de *sabiá-da-praia.*

M. s. frater e *M. s. arenaceus* confundem-se sobremaneira, mas essa última subespécie carece dos tons fulvos ou cor de creme da outra e tem o bico mais longo 21½ a 24 mm, enquanto o daquela mede 18% a 20 mm, segundo informe de Olivério Pinto.

SABIÁ-DA-PRAIA *(Mimus gilvus antelius)* — Vai-lhe realmente bem o nome, pois ocorre pelo litoral brasileiro, entre Rio de Janeiro e Bahia. Aqui no Rio de Janeiro é bem comum, sendo talvez mais conhecido por *sabiá-da-restinga,* escasseando um tanto em São Paulo.

Parece-se bastante com *Mimus saturninus frater,* sendo um tanto menor.

Há quem lhe repute o canto superior ao do seu sósia, e julgo que, por motivo de tão estranha parecença, se hajam originado algumas confusões.

O certo é que, quer esse pássaro, quer o anteriormente descrito, nem sempre apresentam em alto grau as virtuosidades de cantor.

O problema é delicado e creio que somente passarinheiros inteligentes poderão elucidá-lo.

É bem possível que influa no canto destas aves a época em que foi apanhada, e talvez não seja estranho ao caso a vizinhança de outros pássaros, dado a faculdade, que possuem, de imitar.

Gostam de andar pelo chão mariscando, geralmente aos casais, entremeando os seus saltitos, lépidos e elegantes, com espiadelas denunciadoras de espírito atento às surpresas naturais de quem se aventura por estradas suspeitas. Mas ainda assim demoram longo tempo, esquadrinhando aqui e ali a bicharia errante e desprevenida que lhes fornece substancial alimento.

Pode-se mesmo afirmar que vivem pelo solo, especialmente entre moitas, de plantas baixas, arbustivas e subarbustivas, onde se ocultam e, naturalmente, localizam o ninho.

Deste não há, de fato, notícia exata, embora Nehkorn e Burmeister façam referências aos ovos, que dizem medir 25 × 18 e serem esverdinhados com pontuações ferrugíneas.

Quando lhe vem o desejo de cantar, então o macho procura a grimpa de um arvoredo e, de lá, com a cabecinha esperta e empinada, numa postura muito graciosa, como o Príncipe de Wied surpreendeu, entoa a sua canção, uma das melhores, segundo a afirmativa do real ouvinte.

Há ainda no gênero *Mimus* uma espécie até hoje só encontrada em Mato Grosso e Rio Grande do Sul, mas muito vulgar na Argentina, Paraguai e Bolívia: é *M. triurus* e que bem se distingue pela cauda quase toda branca. É excelente cantora e com muito agrado vem até às proximidades das habitações humanas.

Tratando desta espécie, A. Castellanos[124] diz que há em seu repertório todas as notas das aves de seu *habitat,* e acrescenta que, ao executar harpejos, toma posturas caprichosas, como "aéreas danzarinas de bailes clásicos". Que pena que esse sabiá tão "grã-fino" viva metido em Mato Grosso!

Na Argentina, onde esta ave tem sido motivo de muitas observações, verificou-se que o *chopim (Molothrus)* a persegue de maneira atroz. Geralmente a segunda postura da ave é toda sacrificada em favor da do sagacíssimo parasito.

José A. Pereira[125] apreciou uma cena que merece descrição. Por uma tarde abrasada de janeiro, em que as aves andavam de asas entreabertas e bico aberto, viu aquele atilado naturalista a fêmea do sabiá *(Mimus triurus)* seguida dum filhote de *chopim,* reclamando vorazmente comida. Achegou-se a ave para um comedouro de pintos e começou a enfiar alimento pelo bico do filho adotivo. Mal cessava a tarefa, já o esfomeado, começava as lamúrias do peditório, perseguindo-a, por toda a parte. Azucrinada de tanta choradeira e vendo que nada saciava o glutão, tomou uma resolução heróica. Pegou dum seixo que estava no solo e deu-o ao eterno reclamador, como quem diz: "toma, danado, e vê se te calas". Efetivamente, informa o observador, após receber a dura iguaria, o passarinho ficou satisfeito e calado, indo mãe e filho gozar a sombra do arvoredo. Dá-nos até, idéia das crianças choramingas, às quais se põe na boca uma chupeta. Uma mama por hipótese, e o outro, por hipótese, digere.

JAPACANIM *(Donacobius atricapillus)* — Apesar de ser ave de larga distribuição e, naturalmente, bem conhecida pelo povo, pois possui muitos nomes vulgares, raras informações se lhe registram a respeito da vida. O pouco que se sabe deve-se a Goeldi, o qual a encontrou em Minas e no Estado do Rio, regiões, aliás, que não figuram na distribuição geográfica da espécie, segundo o *Catálogo das Aves do Brasil,* de R. e H. Ihering.

É ave um tanto maior que um sabiá (26 cm), porém mais esbelta e ainda tem a sorte, sem par, de ser bonita.

A parte superior é dum pardo sombra, cor essa que se acentua na cabeça, cujo vértice e lados são negros; a parte inferior é amarela ocrácea, com listras pretas nos flancos; ponta das retrizes e espelhos brancos. Na comissura da mandíbula inferior há uma graciosa peladura amarelada, que vem ao pescoço de ambos os lados.[126]

Pelo seu modo de vida, Goeldi encontra parecença entre ela e a *toutinegra-dos-canaviais,* da fauna européia.

"Como esta, escreve o citado autor, e os outros cantores dos juncais, que tantas vezes encontrei na Alemanha e na Suíça, trepa e desce pelo caniçal daquelas localidades, de um lado e do outro, qual marujo pela enxárcia do navio".

Realmente, a espécie é encontradiça nos banhados e pelas margens dos rios onde cresce o piri *(Cyperus giganteus)* e a taboa *(Typha domimguensis)* e por isso já vi registrado o nome de *japacanim-do-brejo,* como se houvesse outro que não o fosse. Nesse meio encontra tudo que precisa para viver, abrigo e uma dispensa farta, onde pululam larvas de variados insetos e seus adultos, moluscos pequenos, um mundo de caças apetitosas.

Num recanto mais enxuto, oculto entre moitas de taboa, constrói o ninho. Por esse hábito, julgo que o nome de *sabiá-do-piri,* que Goeldi registra em referência a *Mimus lividus* (= *Mimus glivus antelius)* talvez pertença a esta espécie, que vive preferentemente nos pirisais.

Macho e fêmea despertam cedo e juntinhos fazem excursões movimentadas, por entre os caniços, naturalmente apanhando os bichinhos, que também gostam de madrugar. Nas horas vagas dançam, graciosamente, virando e revirando a cauda, horizontalmente para a esquerda, para a direita, soltando um *t'rr, t'rr,* cadenciado.

Embora vivendo à beira do rio e nas proximidades dos charcos, onde rouquejam os sapos e coaxam as rãs, o *sabiá-guaçu,* como também é chamado, não conseguiu estragar a sua bela garganta, como aconteceu *a Acrocephalus arundinaceus,* da fauna européia, de hábitos iguais aos seus, mas cujo grito lembra perfeitamente o coaxar das rãs.[129].

Japacanim sabe cantar coisas admiráveis, com voz sonora, alegrando as ribas tranqüilas dos juncais, fazendo músicas de câmera para a delícia dos sapos, que são animais de indiscutível gosto musical. Não julgue o leitor que estou poetizando, graciosamente, a vida dos sapos. Já tive ensejo de contar a história curiosa destes úteis habitantes dos charcos[128].

Além dos nomes citados, este pássaro vivaz, inquieto e bonito, possui outros como casaca-de-couro, viola, sabiá-do-brejo, pintassilgo-do-brejo, batuquira, assobia-cachorro, pássaro-angu e angu, simplesmente[129].

Fig. 37. Japacanim
(Donacobius atricapillus)

CAPÍTULO XIII

PLOCEÍDEOS

PARDAL *(Passer domesticus domesticus)* — O *pardal,* pássaro exótico da Ásia, foi uma calamidade de pena e bico, que o inolvidável prefeito Pereira Passos encomendou a um amigo de Paris, no evidente intuito de alindar a urbe brasileira.

Os *pardais* e as *pardocas,* mal se viram neste ambiente propício e acolhedor trataram de cumprir o mais agradável dos preceitos bíblicos: crescei e multiplicai-vos.

Como já vinham crescidinhos, trataram somente da multiplicação, de forma que em breve lhes pareceu pequeno o âmbito desta larga terra e dela começaram a expulsar seus irmãos de penas. Hoje vivem em nosso meio, como se pertencessem à fauna americana.

Moveram uma guerra sem tréguas à arqui-graciosa *cambaxirra* e ao confiante *tico-tico,* duas simpáticas entidades do mundo alado, que pareciam enviados diplomáticos das aves para entabular com os homens um tratado de paz. Familiares e confiados nos propósitos pacíficos de sua missão, o *tico-tico* não se afastava dos arredores das habitações humanas, entoando loas, e a *carriça,* saltitante, e bicuda, vinha, numa expansão de confiança, colocar seus ninhos no beiral dos telhados.

O forasteiro, como um conquistador ousado, começou a guerra sem tréguas contra o íncola desprevenido. Reproduziram-se as mesmas cenas da conquista da terra brasileira pelo estrangeiro. O indígena espavorido, massacrado, caminha sempre na direção do oeste, refugiando-se no "hinterland".

Quase não há mais *cambaxirras* nas cidades litorais e rareiam cada vez mais os *tico-ticos.* Esse povo fraco e indefeso não resistiu às brutezas do advena, mas outras espécies oferecem uma heróica resistência.

O *sanhaço,* por exemplo, é dum jacobinismo feroz. Não lhe passa ao alcance do bico *um pardal,* sem que receba uma tunda patriótica.

Já assisti a um embate entre estes jacobinos e uma avalanche de *pardais* recalcitrantes, que foram desbaratados.

Recordaria essa cena a noite histórica das garrafadas, se a pendência não tivesse sido em pleno sol. Porém o estratagema mais curioso desta campanha entre o indígena, senhor da terra, e o invasor ousado, oferece-nos o *chopim.*

Este maroto, que é pássaro bisnau, sempre teve o sestro de não cuidar da prole. A fêmea do *chopim* ganhou o velho hábito de por ovos nos ninhos do *tico-tico.* Simplório e muito cheio de denguices pelo progênie, o *tico-tico* esbofa-se a levar o cibo ao intruso, que come tabelioamente.

Pois bem, apesar de velhaco e tunante, o *chopim* é dum patriotismo a toda prova e, para não prejudicar os patrícios, doravante faz, regularmente, a postura no ninho do *pardal,* que aguenta com a tarefa de alimentar a voracidade incrível de seus filhos.

Este episódio faz-me lembrar um caloteiro de fígados jacobinos, que preferia sempre, para fintar, as tabernas portuguesas, porque assim, dizia ele, exercia um ato de meritório patriotismo.

Mas não é somente a capital que está inçada de *pardais.* Muitos

Fig. 38. Casal de pardais (Passer domesticas) Macho ao alto.

estados também o estão. Rio Grande do Sul tem quase todos os municípios invadidos. Dizem que certo negociante português foi o introdutor do *pardal* naquele estado, tendo-o importado de Portugal.

Apreciando a maneira por que se está processando a invasão, que caminha do sul para o norte, verifica-se que uma grande parte dos municípios receberam também esses indesejáveis, através das fronteiras com a Argentina. Sabe-se que este país vizinho e amigo abriga, desde 1872, o *gorrion,* como é chamado lá.

Há quem ainda deseje reunir dados mais seguros sobre a nocividade dos pardais, antes de lhes decretar o morticínio, porque prestam serviços à lavoura, uma vez que alimentam os filhos com insetos.

É certo que, na época da alimentação dos filhotes, caçam insetos, mas, como vivem nas cidades, arrabaldes e subúrbios, pouco apreciáveis serviços prestarão.

O tico-tico e a *cambaxirra* não caçam insetos apenas numa época, mas durante todo o ano. A presença do *pardal* implica a ausência dos outros pássaros, mais úteis de que ele, mesmo que se apurasse algo de préstimo.

Ainda que chegássemos a avaliar benefícios em certa quadra anual, insignificantes seriam ante os malefícios que desenvolvem durante toda a existência. Quem tentar uma hortazinha aqui, em certos lugares do nosso subúrbio mais próximos às estações das estradas-de-ferro, terá de se avir com os pardais. Mal se lançam sementes à terra, logo eles compreendem o ato e a intenção. Então não há espantalho, armadilha ou vigilância que valha. Teimosos e inteligentes aproveitam-se sempre dum esmorecimento dos sentinelas para lograr o intento. Dado que certos cuidados possam, ainda assim, desviar-lhes do bico a semente confiada ao solo, do papo não escapa o grão na época da formação das espigas, espiguetas e panículas.

Poderia citar fatos inúmeros observados por mim e até comigo passados, mas *testis unus, testis nullus.* Prefiro invocar testemunhas, juntar provas.

Certa vez enviei a um amigo, o jornalista Nóbrega da Cunha — um espírito sempre atento às coisas da natureza — boa porção de sementes dum sorgo de que se diziam prodígios. Era uma experiência curiosa para divulgação documentada. Nóbrega operou como lavrador provecto e contava-me quase sempre os progressos da plantação, que era feita em sua chácara em Jacarepaguá. Brotou, cresceu e desenvolveu-se o sorgo e, quando chegou à idade adulta, preparou-se para os mistérios da reprodução. Tudo foi como se nesse mundo não houvesse outro propósito que o de proteger aquelas plantas. Terras razoáveis, chuvas na regra, tempo propício enfim. Os colmos, na alegria vegetal daquela quadra, lançaram as suas espiguetas com esperança de quem vai pela vida afora multiplicando-se até o infinito do tempo.

Sonho irrealizável, porque por ali andavam os *pardais* atentos, louvando, lá entre eles, a bondade cristã daquele bom amigo dos pássaros, que mandara vir da América do Norte umas sementes que. prometiam doçuras ainda não prelibadas por bicos de *pardais* cariocas. E assim foi. Mal os grãos estavam na conta, caíram em cima da cultura. O resultado da experiência foi contada em "O Campo" e documentada com fotografias[130]. Chegou Nóbrega à conclusão de que os *pardais* devoraram 95% dos grãos obtidos, e que igual sorte teriam outras plantas graníferas que por terras do Distrito Federal tivessem a imprudência de pendoar.

De tal casta de pássaros nada se logrará de útil. Há até experiências de sobra, todas unânimes em lhes exalçar a nocividade.

Num estudo realizado na Argentina, apurou-se ainda que os próprios insetos caçados pelos *pardais,* na época da alimentação dos filhotes, não são os que mais convinham se imolassem no interesse da lavoura. Certas lagartas prejudiciais, gafanhotos, formigas, coleobrocas, o *pardal* não caça, procurando outras não muito prejudiciais, ou perfeitamente inócuas, quando não úteis.

Sei, por observação, que é um grande consumidor de aranhas, na época da procriação. Entre outras observações eis a seguinte:

Certo dia estando em um *bar,* fronteiro à estação da Penha (E. F. Leopoldina), aguardando um ônibus que me levaria à Escola Venceslau Brás, vi entrar portas a dentro, em vôo rápido, uma *pardoca,* que pousou tranqüilamente, no fio elétrico que pendia do teto sustentando a lâmpada. Inspecionou os recantos do teto e dirigindo-se certeiramente a determinado sítio caçou uma aranhazinha. Voltou ao fio, com a presa no bico, visou à porta e, num vôo seguro, lá se foi com a petisqueira. Entre a entrada e a saída não decorreu

PRANCHA 9

FAMÍLIA TIRANIDAE

Bem-te-vi (*Pitangus s. sulphuratus*) - Lecre (*Onychorhynchus coronatus coronatus*) - Maria-é-dia (*Eaenia flavogaster flavogaster*) - Verão (*Pyrocephalus rubinus rubinus*) - Papa-piri (*Tachuris rubrigastra*)

PRANCHA 10

FAMÍLIA OXIRUNCIDAE

Araponguinha (*Oxyruncus cristatus*)

FAMÍLIA HIRUNDINIDAE

Andorinha (*Atticora fasciata*) – Andorinha-grande (*Progne chalybea domestica*) – Andorinha-do-campo (Phaeoprogne tapera tapera)

PRANCHA 11

HIRUNDINIDAE TURDIDAE

Sabiá-laranjeira (*Turdus r. rufiventris*) – Sabiapóca (*Turdus amaurochalinus*) – Sabiá-da-mata (*Turdus f. fumigatus*) – Andorinha-doméstica-grande (*Progne chalybea domestica*) – Andorinha-de-bando (*Hirundo rustica erythrogaster*)

PRANCHA 12

FAMÍLIA CORVIDAE

Quem-quem (*Cyanocorax cyanopogon*) – Gralha-azul (*Cyanocorax coeruleus*) – Gralha-do-mato (*Cyanocorax c. chrysops*) – Gralha-do-campo (*Uroleuca cristatella*)

PRANCHA 13

FAMÍLIA TROGLODITIDAE

Irapuru (*Leucolepis arada arada*) – Corruíra (*Cistothorus platensis polyglottus*) – Maria-é-dia (*Thryothorus leucotis rufiventris*) – Cambaxirra (*Troglodytes musculus*)

PRANCHA 14

FAMÍLIA MIMIDAE

Sabiá-da-praia (*Mimus gilvus antelius*) – Sabiá-do-campo (*Mimus saturninus frater*) – Japacanim (*Donacobius atricapillus*)

FAMÍLIA PLOCEIDAE

Bico-de-lacre (*Estrilda cinerea*) – Pardal (*Passer domesticus domesticus*)

PRANCHA 15

FAMÍLIA TRAUPIDAE

Gaturamo-verde (*Chlorophonia cyanea cyanea*) – Sete-cores (*Tangará c. chilensis*) – Saíra-militar (*Tangará c. cyanocephala*) – Sanhaço-frade (*Stephanophorus diadematus*)

PRANCHA 16

FAMÍLIA SILVIIDAE

Balança-rabo-de-máscara (*Polioptila dumicola*)

FAMÍLIA CICLARIDAE

Gente-de-fora-aí-vem (*Cyclarhis guyanensis cearensis*)

FAMÍLIA MOTACILIDAE

Sombrio (*Anthus lutescens*)

sequer um minuto. O empregado, a quem me dirigi, estranhando o caso, disse-me que assim acontecia várias vezes ao dia.

Exclusivista, valente, o *pardal* arredou os nossos pássaros, entre os quais as próprias andorinhas, de cujos ninhos se apropria, como o faz também com outra ave utilíssima, o *joão-de-barro*.

O seu atrevimento vai a ponto de arrastar as asas à esposa do *tico-tico* e à *cambaxirra*.

Em referência à fêmea do *tico-tico,* há observações fidedignas, mas quanto à *cambaxirra* julgo ser suposição infundada.

Entretanto, no mundo das pilhérias há estas quadrinhas populares:

Pergunta um moço ledor
De ciências naturais:
Por que brincam cambaxirras,
Descuidosas, com pardais?

Diz-lhe um velho:
Pois não sabe?
Isso prova ainda uma vez
Que a cambaxirra é crioula
E o pardal, português.

O *pardal,* ante este libelo e diante das queixas universais, deve ser exterminado. Na Europa ainda há certa benevolência para com essa ave, mas na América do Norte está irremissivelmente condenada. Só no Estado de Ohio existiam 40 milhões de *pardais,* e em Illinois, meteram no papo, em determinado ano, um vigésimo da safra de trigo, de aveia, segundo informa G. Guenaux, em sua *Zoologia Agrícola.*

Em resumo podemos assim apontar-lhe os defeitos:
- Regime decisivamente granívoro, atacando sementeiras e as plantas graníferas.
- Escorraçador de pássaros úteis e sabidamente insetívoros, como a *cambaxirra, andorinha, joão-de-barro, tico-tico,* etc.
- Prolífico, já pela postura, 5 a 6 ovos, já por incubar três vezes ao ano, no mínimo, mas que pode ir até 3 posturas.

- Resistência enorme ao meio ambiente; o frio, que mata os outros pássaros, não prejudica o *pardal*.
- Não sofre fome, porque, não existindo grãos, ataca as frutas[131] e até insetos.

Quanto à maneira de destruir os *pardais,* eis o que não é fácil, pois, uma vez perseguidos, sabem tomar precauções. Envenená-los é muito bárbaro e ainda oferece o inconveniente de sofrerem igual castigo aves inocentes. A destruição dos ovos e ninhos não será difícil, pois os *pardais* aninham-se no beiral dos telhados e em lugares accessíveis. Há armadilhas especiais, que conseguem aprisionar vivas muitas espécies de pássaros granívoros, escolhendo-se entre eles os *pardais,* para serem sacrificados, e soltando-se os demais.

Repugna, realmente, matar um passarinho, embora seja ele prejudicial aos nossos interesses, mas assim é preciso.

Em referência à beleza não há que elogiar. R. Gliesch, assim o descreve:

"Seu tamanho é o mesmo do *tico-tico,* 15 a 16 cm de comprimento, medido da ponta do bico à ponta da cauda, sendo seu peso de 26 a 30 gr. Sua penugem varia, porém, bastante da do *tico-tico.* Já por sua figura mais robusta, pela falta do topete e seus movimentos, diferencia-se bem o *pardal* do nosso *tico-tico.* A cabeça do macho é, no vértice, cinzento-escura, com um vestígio de azul; dos lados, cinzento-clara; acima do olho, até à nuca, estende-se uma larga estria castanha; é característica uma pequena mancha branca atrás do olho. O dorso é castanho-ferrugem, com largas estrias longitudinais pretas, o baixo dorso é da cor do vértice, cinzento escuro. Os remígios das asas são castanhos denegridos, tingidos pelo lado exterior de castanho ferrugem; a linha inferior das pequenas coberturas das asas tem as pontas, brancas formando-se assim sobre as asas uma fita branca bem visível. O lado inferior do pardal é branco-acinzentado. No peito, porém, tem o macho uma larga mancha preta em forma de escudo, que se estende para cima, até o bico, que é preto. Por esta mancha preta do peito reconhece-se logo o pardal macho. A fêmea é mais delgada e de cores menos vivas; falta-lhe o escudo preto do peito. Segundo Butler, a asa é sempre mais curta que a do macho (cerca de 1 cm). O macho jovem é semelhante à fêmea".

Se compararmos ainda uma vez o *tico-tico* com o *pardal,* notaremos que a cor fundamental do *tico-tico* é castanho chifre.

O pardal europeu não faz o ninho, como o *tico-tico,* nas macegas e capões, mas, de preferência, debaixo das telhas, em buracos de muros, por cima dos capitéis de colunas, etc. Na falta desses meios, o *pardal* constrói o ninho nos bosques dos jardins ou no alto das árvores. O tamanho do ninho é enorme em relação à pequena ave. O exterior é muito tosco, sendo o interior macio, tapetado com plumas ou cabelos.[132].

Os ovos, em número de 5 a 6 de cada postura, são de cor muito variável. Geralmente é castanho-clara, branco-esverdeada ou azulada, com numerosos pontos denegridos nas pontas, medindo 20 × 24 mm. Há, regularmente, três posturas por ano, elevando-se em condições favoráveis até cinco. Quando por qualquer razão, os ovos são destruídos, a fêmea faz imediatamente nova postura. A faculdade de reprodução do *pardal* é enorme. *Rey* retirou, diariamente, do ninho de diversas fêmeas, um ovo e conseguiu uma colheita de 49 ovos.[133]. Ambos os pais chocam, porém a fêmea mais do que o macho. Depois de quinze dias, os filhos nus saem dos ovos, sendo alimentados com insetos e suas larvas; quinze dias depois, podem eles voar. O *pardal* é monógamo; mostra, porém, pouca afeição à sua fêmea, pois, quando esta morre, arranja logo uma substituta.

Por experiência, matou Clark, do dia 25 de março até 1º de junho, as fêmeas de um casal de pardais, e, em princípios de junho, o macho tinha a quinta fêmea.

Apesar da quantidade de *pardais* existentes no Rio, ainda não observei nenhum caso de albinismo, mas a tal respeito ouvi referências.

A título de informação, cito uma espécie branca, do mesmo gênero, *(Passer simplex saharoé),* muito procurada pelos naturalistas e que habita todo o Saara, da Argélia à Tripolitânia, sempre nas regiões onde existe água, segundo Bul. do Mus. Nat. d'Hist. Naturelle, nº 5, 1926.

BICO-DE-LACRE *(Estrilda cinerea)* — Gracioso passarinho africano, trazido para o Brasil durante o reinado de Pedro I, segundo vagas referências.

Hoje, o *bico-de-lacre* encontra-se entre nós em estado silvestre, perfeitamente naturalizado, vivendo em companhia dos autóctones, sem preocupações raciais.

Trata-se de um pássaro pequeno, com cerca de 11 cm, de cor pardilha, um pouco mais clara no ventre, porém, como as penas trazem fímbrias mais escuras, dão ao conjunto da plumagem um aspecto ondulado. O bico é vermelho cor de coral.

Fig. 39. Bico-de-lacre (Strilda cinerea)

Aparecem em bandos pequenos e em companhia de coleiros, na época da frutificação das gramíneas.

Do ninho, entre nós, tenho apenas uma notícia que pessoalmente me forneceu o Prof. J. Moojen. Estava localizado em uma laranjeira e fora construído com inflorescências de capim-gordura, sendo que os lados das flores se voltavam para o interior.

O ninho encontrado, de forma esférica, continha, na ocasião, 6 filhotes. Exalava um cheiro desagradável, pelo acúmulo de fezes, que revestiam a construção.

Notou o observador uma espécie de sobre-ninho, vazio forrado com penas de galinha.

As observações acerca do comportamento do *bico-de-lacre* entre nós apresentam muito interesse, para sabermos, como em meio diferente do seu *habitat,* soube a avezinha valer-se dos recursos naturais que encontrou para deles tirar partido, adaptando-se às condições mesológicas da sua nova pátria.

O comportamento da espécie, quando em cativeiro, é muito conhecido e apreciável. O casal vive em grande harmonia e faz questão de dormir muito agarradinho um ao outro.

Macho e fêmea são perfeitamente iguais. Não é difícil, entretanto, extremá-los quando em gaiola, pois um deles se mostra eternamente pacífico e gentil, enquanto o outro, por vezes, patenteia impertinência, arrufando-se, não permitindo que seu par coma junto, nem se aproxime. Estes arrufos, que são passageiros, devem partir da fêmea. Até aqui se aplica o *varium et mutabile semper femina,* com que Mercúrio, na *Eneida,* adverte Enéias.

Afirma-se que, quando morre um dos cônjuges, o outro não resiste à viuvez.

Possuí, no entanto, um casal durante algum tempo, morrendo o macho ou a fêmea (não posso afirmar qual deles), mas o sobrevivente suportou heroicamente o revés e alcançou uma velhice que reputo matusalênica. Contando o tempo desde que o recebi de presente até a morte, decorreram 18 anos. Não sei quanto já vivera antes de me ser dado. Ora, Brehm diz que resistem 8 anos, e assim, sendo, o a que me refiro era um macróbio respeitável. Ao fim da vida, já não subia mais para o poleiro, nem entoava os seus *pi-ti-tu-i, pi-ti-tu-i*. Em redor do bico cresceram-lhe cerdas, dando-lhe o aspecto de um velho africano minúsculo e barbudinho.

E assim, expirou, caquético e senil, ao fim de uma vida tranqüila.

CAPÍTULO XIV

TURDÍDEOS

Sabiá-laranjeira, sabiá-cinzento, sabiá-poca, sabiá-branco, sabiá-coleira, sabiá-da-capoeira, sabiá-da-mata, sabiá-preto.

A família dos turdídeos compõe-se exclusivamente dos sabiás, conhecidos sob esse nome no Brasil inteiro, exceto na Amazônia, onde lhes chamam *caraxué*[134].

São aves de tamanho médio, olhos grandes, bico longo, forte, algo encurvado e com cerdas basais raras ou ausentes.

O colorido geral é pardo e pardo-avermelhado, exceto na única espécie do gênero *Platycichla,* a *sabiá-una,* em cujo macho predomina a cor negra.

Tarso-metatarso com tegumento liso, quer dizer, as escamas do tarso fundem-se.

Comporta quatro gêneros, com um total de quatorze espécies.

O regime alimentar pode ser considerado onívoro.

Vivem, de ordinário, no campo, nas capoeiras e bem assim na mata.

DESCRIÇÃO DAS ESPÉCIES

SABIÁ-LARANJEIRA *(Turdus r. rufiventris)* — Teve esse pássaro uma verdadeira consagração literária nos versos inesquecíveis de Gonçalves Dias.

Minha terra tem palmeiras
Onde canta o sabiá (...)

São os dois versos mais conhecidos no Brasil. Embora o patriota não chegue a ler de fio a pavio a bela poesia do grande maranhanse, ao menos os dois primeiros versinhos ele os sabe.

Na realidade o *sabiá-laranjeira* é um apreciável artista, e seu canto forte dá "cor local" à mata brasileira. Pode não ser, como não é, uma melodia patética, uma protofonia de ópera, mas seu motivo simplório tem o encanto das coisas ingênuas e primitivas. Não procura complicações musicais, mas nem por isso deixa de nos enternecer, a nós outros, os filhos da terra das palmeiras e dos sabiás.

Goeldi não lhe achou graça ao canto e troçou da pose da ave, da postura algo senhoril que toma, quando vai executar a sua canção, aquele *furi — furi furi,* de sílabas simples, sem dúvida, mas que tem o sabor das frutas do mato.

Spix, entretanto, achou-lhe o canto semelhante ao do rouxinol, como o diz no seu latim: "cantu melódico ut philomela europaea insignis".

Confesso que não compreendo o nosso campo e matas sem aquela voz tão característica. Tenho-a na conta de uma peça insubstituível, indispensável à vida da paisagem.

É ave de regular tamanho: 24 a 25 cm, com a parte superior dum pardo-acinzentado escuro, rêmiges e cauda ainda mais escuras, garganta cinzenta muito estriada de escuro, parte anterior do peito cinzenta e parte posterior, ventre e uropígio de cor ferruginosa[138]. Dessa cor avermelhada lhe vem o nome de *sabiá-piranga*.

Os olhos grandes, são negros com orla de amarelo ouro, bico amarelo-escuro e pés plúmbeos.

A fêmea é um pouco mais volumosa que o macho, mas não tem o garbo deste. É mais escura com as estrias do pescoço inferior não só mais juntas, como de carregada cor. No macho, essa região é alvacenta.

A auréola em derredor dos olhos é dum amarelo claro, e o bico é reto, não apresentando o encurvado que é comum nas demais espécies do gênero. Os jovens mal se diferenciam dos adultos, notando-se, apenas, algumas manchas no dorso e no peito.

É pássaro muito encontradiço. Vive nas árvores dos pomares e vai de contínuo ao chão, saltitando com desembaraço, empinando a cauda e sacudindo as asas. Sabe procurar insetos no chão, entre o folhedo, e tem um tino admirável em descobrir minhocas, iguaria que engole com visível prazer. Não ficam por aqui as suas predileções alimentares, pois não raro ataca uma ou outra frutinha da horta, especialmente figos bem maduros e morangos vermelhinhos. Não chega a causar estragos propriamente ditos. Cobra-se, embora parcamente, do serviço que faz, destruindo os insetos nocivos. Nem todos, porém, assim o entendem e, por vezes, até julgam-na prejudicial, lançando mão da espingarda: pretexto talvez para lhe comer a carne.

Nidifica em arbustos isolados, especialmente laranjeira, donde lhe vem o nome de *sabiá-laranjeira* e *sabiá-laranja*.

Euler encontrou um ninho em uma mangueira, a 10 metros do solo, mas, em geral, não o coloca em tais alturas. Ao contrário, quase sempre entre 3 a 4 metros, quando não o constrói nas sebes vivas, ao alcance do nosso braço.

O ninho, que é de uma solidez absoluta, não se pode dizer que seja mal feito. Trata-se de uma ampla tigela, tecida de ramúsculos com argamassa de barro na base, e de fibras e raízes igualmente tomadas de barro nas paredes laterais. Externamente há musgos verdes, que servem para dissimulá-lo entre a folhagem, e dentro, no fundo, há um acolchoado de raízes finas e macias, sem barro.

A postura é de 3 a 4 ovos, em geral 3. O ovo, algo bojudo, com ponta alongada, mede 28-29 × 20-21, e mostra o campo dum azul-esverdeado com manchas e pintas ferrugíneas, denteadas.

Época de postura: setembro a novembro.

Goeldi diz que se encontram ainda ovos em janeiro e por isso crê que a ave faça duas a três posturas num ano.

A *sabiá* é mãe amorável e desvelada. Seus filhotes são espantadiços de tal modo, que, mal se chega próximo ao ninho, logo se tomam dum terror pânico, jogando-se para fora deles. Nesses transes, os pais mostram-se alucinados, fazem coro aos gritos dos filhotes, desenrolando-se uma cena pungente.

Em geral os casais andam juntos e, durante o período da incubação, o macho fica pelas imediações do ninho, distraindo a companheira com suas longas cantigas.

Em cativeiro, onde o *sabiá* resiste muito e canta admiravelmente, alimenta-se com frutas, angu de milho, e até "comida de panela". É indispensável ministrar-lhe na ração algum alimento vivo, insetos, "ovos de formigas", larvas, etc. Os filhotes criam-se bem com papas de leite e farinha de milho. Quando come, sacode para os lados os alimentos, sujando os arredores da gaiola. Quer por esse hábito, quer porque gosta de fazer seus vôos em curva, como é de seu natural em liberdade, deve, sempre que possível, ser alojado em amplo viveiro de 3 metros de largo, no mínimo. Distribuição geográfica: Goiás, Mato Grosso, Minas, Bahia, Espírito Santo, Rio de Janeiro, São Paulo, Argentina, Uruguai, Paraguai e Bolívia.

No Paraguai, esse sabiá tem o nome de *corochiré-puytá*.

SABIÁ-BRANCO *(Turdus l. leucomelas)* — Tem a parte superior cinzenta olivácea, mas a cabeça é mais acinzentada; a garganta é branca, com estrias pardilhas; todo o restante da região inferior é dum cinzento olivácea desmaiado e esbranquiçado no meio do peito. As coberteiras das asas são amareladas. Tamanho do *sabiá-laranjeira*.

Este *sabiá* tem larga distribuição pelo Brasil e apresenta formas intermédias, cujos caracteres variam em função das diversas zonas da sua área geográfica.

Goeldi diz que lhe dão o nome de *sabiá-poca*. Poca é, segundo Rodolfo Garcia, o gerúndio de *poc* = estalar, naturalmente em referência ao canto, que deve ser de estalo.

Consultei vários passarinheiros sobre qual seria o *sabiá-poca* verdadeiro, já que a designação é bem vulgar e aplicada a espécies diversas. Todos se contradisseram e de tal maneira, que até o próprio *sabiá-laranjeira* me foi apresentado como *sabiá-poca,* ou *coca,* como tenho ouvido chamar.

É relativamente pouco arisco e não raro freqüenta hortas e, sobretudo, pomares, passeando pelo solo, à cata de frutas tombadas e insetos. Não raro, uma vez que escasseie o fruto caído de maduro, pelo qual tem especial predileção, vai mesmo ao fruto pendente, bica os figos, arromba a casca dum mamão bem maduro, e lá dentro chafurda o longo bico, afunda-o na polpa fresca e lambuza toda a sua carinha de ave gulosa. Não se farta logo da primeira vez, mas não gosta de se demorar sujo de polpa. Voa para a primeira árvore próxima, limpa-se e volta ao delicioso prazer de encher o papo.

É cantor de boa escola e, quando a vidinha lhe corre bem, com um olho muito esperto para os frutos e o outro namorando a jovem companheira, encarapita-se numa grimpa e, embocando a sua flauta, atira para o anfiteatro amplo da mata ou da campina a sua canção límpida. É um ditirambo, um elogio rimado às delícias da vida, ao amor e aos frutos capitosos, mas com uma pontinha de romantismo, sentimentalismo de poeta.

O nosso caboclo, sempre encharcado nas tristezas da raça, encontra no canto do *sabiá-branco* ou *sabiá-cinzento,* como por vezes é chamado, motivos tristes e saudosos acentos, traduzindo-lhe o canto assim: "Eu plantei, não nasceu, apodreceu, frio, frio".

Antônio C. Guimarães Júnior surpreendeu-o a construir o ninho em começos de setembro, e informa que o estabelece em locais de pouca altura, nas restingas do mato que beira os córregos, nas saliências dos barrancos, debaixo das pontes, nas frescas moitas de bananeiras e até nos arbustos do pomar. O ninho assemelha-se ao do *sabiá-laranjeira* e contém de 3 a 4 ovos, alongados, cor verde-clara, com pintas morrentes, mas formando coroa ferrugínea na ponta romba, coroa nem sempre constante.

Enquanto a fêmea se acha agarrada ao choco, o macho vive pelas imediações do ninho e, para amenizar a monotonia da grandiosa tarefa, vai fazendo as suas variações de flauta.

Espécie muito parecida com a acima descrita é o *sabiá-da-lapa (Turdus albicolis crotopezus),* de hábitos idênticos ao *sabiá-laranjeira.*

Há outro sabiá branco, talvez mais conhecido por caraxué, do Brasil este septentrional. É o *Turdus leucomeks albiventer,* que recentemente foi minuciosamente estudado por Cory de Carvalho, (Bol. de Mus. Goeldi, março de 1957), de que transcrevemos as seguintes informações:

A subespécie tratada, o sabiá branco ou caraxué (*Turdus leucomelas albiventer* Spix), habita, segundo Pinto (1944-374), o sul do baixo Amazonas, ilhas de sua foz, desde o leste do Tapajós, por todo o nordeste, até o recôncavo baiano. No parque do museu e numa capoeira alta, próxima à Vila Urumajó, no leste Bragantino, é a presente raça representante mais encontradiço da família. Vivem eles nas regiões de parques, pomares e matas de crescimento secundário, mesmo nas proximidades das habitações, onde podem até freqüentar hortas e roçados. No primeiro local citado, é ave exclusiva do gênero.

Apesar de arisca, apresenta-se aos nossos olhos com sua atitude esquiva, olhar agudo e pose característica; no solo, sua locomoção é saltígrada de preferência, parando vez por outra em quase imobilidade para bisbilhotar o ambiente à cata de alimento. Possui cor pouco brilhante como seus aparentados, porém é facilmente reconhecida pelo canto e altivez de porte. O mento é esbranquiçado, raiado de enegrecido em ângulo; dorso, asas e cauda castanha-azeitonada (cor 131-190); cabeça acinzentada, com íris castanho-puro; flancos e peito pardo-cinzento; coberteiras inferiores da cauda esbranquiçados. Os sexos são idênticos em cor.

Turdus l. albiventer vive isolada ou aos casais, sendo raro notarmos 3 ou 4 indivíduos no mesmo pouso; cantam em árvores copadas ou em ramos altos, de preferência pela manhã cedo e no ocaso do sol, embora possamos ouvi-la em horas diversas. São mais ativas em épocas de procriação quando as encontramos à cata de material para o ninho, alimento animal e perseguições. Possuem um território com aproximadamente 40 ou 50 metros quadrados, que é defendido durante a nidificação dos indivíduos intraespecíficos, não dando importância aos de outras espécies.

Os ninhos conhecidos até o presente na família Turdidae apresentam sempre uma sólida construção, devido à maior ou menor quantidade de argila usada em seu fabrico, o que poderíamos dizer, identifica seu autor, aliado ao material comum aos ninhos das outras aves, raízes extraídas do solo com o bico, caulículos e uma infinidade de fragmentos vários, dando forma ao ninho com material tão heterogêneo. Há uma peculiaridade que em certo ponto ressalta a presente subespécie de seus coirmãos: a quase ausência de argila-terrosa, o que também Pinto (ob. cit.) já notara nos ninhos da coleção, dizendo em quota variável, o que confirmamos com o material atualmente trabalhado.

SABIÁ-PARDO *(Turdus amaurochalinus)* — Uniformemente oliváceo na parte superior e cinzento na parte inferior, com a garganta branca com estrias longitudinais escuras; peito cor de cinza suja. Coberteiras das asas amarelas. Bico amarelo e patas cor de avelã.

Mede mais ou menos 22½ cm.

Os jovens têm as penas da cabeça, dorso e coberteiras das asas com ápice amarelo, porém em todo o peito, até o ventre, as penas têm ápice castanho, o que lhes dá um aspecto muito particular, pois esse conjunto se apresenta como se fosse um barreado transversal.

Tem hábitos parecidos aos do *sabiá-laranjeira,* ninho semelhante e ovos idênticos, embora menores.

No cativeiro, entretanto, mostra-se intratável, agredindo os colegas, a ponto de não poder viver junto. Na Argentina, tem-se notado que fazem criações tardias, e A. Castellanos[135] verificou que estas posturas de época avançada são constituídas por ovos do *chapim.*

O canto do *sabiá-pardo,* em alguns lugares chamado *sabiá-branco,* é algo semelhante ao do *sabiá-laranjeira,* mas positivamente inferior, mais assoviado, monótono, triste.

É preciso notar que o nome de sabiá-branco é dado ainda a *Turdus leucomelas albiventer* e a *T. albicolis,* aliás sabiá-coleira, e ainda a *T. crotopeza,* outrossim sabiá-da-lapa.

Distribuição geográfica: Maranhão, Bahia, Goiás, Minas, São Paulo; Paraguai, Argentina Patagônia e Chile. No Paraguai leva o nome de *carochiré-moroti.*

SABIÁ-COLEIRA *(Turdus-albicolis)* — Regula o tamanho do *sabiá-laranjeira,* com a cabeça, nuca, dorso, coberteira das asas e cauda de cor parda-esverdeada; garganta, na parte anterior, escura; na posterior, levando uma fita branca, formando gola; peito azeitonado; ventre e olhos escuros; bico amarelado escuro; pés plúmbeos. Parece-se um pouco com o *sabiá-da-lapa,* mas distingue-se bem dele pela gola branca, que lhe valeu o nome científico de *albicollis.*

Vive internado nos recessos das florestas, sendo arisco de tal forma, que não vem jamais aos povoados. Nas matas do Estado do Rio, onde é menos encontradiço que os seus parentes dessa região, é chamado *sabiá-da-mata* e *sabiá-branco.* Alimenta-se de frutos silvestres e insetos. Procura muito as sementes da "canela branca", uma magnoliácea.

O ninho é igual ao do *sabiá-laranjeira,* menor um tanto e algo mais descuidado. Os ovos, segundo Euler, medem 27 × 20 mm, apresentam o formato mais arredondado que os do *sabiá-laranjeira* e são de cor verde-mar com manchas vermelho-escuras. Euler dá a essa ave o nome popular de *sabiá-poca.*

SABIÁ-DA-CAPOEIRA *(Turdus f. fumigatus)* — Vive exclusivamente na mata, sendo, por isso, também chamado *sabiá-da-mata* e ainda *sabiá-verdadeiro.* Ocorre desde o Rio de Janeiro até o Amazonas, onde é chamado *caraxué-da-mata,* e goza de alto prestígio como trovador de líricas cantatas. De tal mérito não podemos desdenhar, mas o certo é que está longe do inspirado *sabiá-preto.*

Mede 23½ cm, e tem a parte superior do corpo parda-avermelhada, um pouco olivácea, garganta esbranquiçada, raiada de preto, parte inferior ferrugínea viva, um tanto mais desmaiada no meio do abdome.

Os ornitologistas reconhecem subespécies do extremo norte, como *T. fumigatus hauxwelli,* que vive no alto Amazonas.

Sobre o ninho do *sabiá-da-capoeira* só o Príncipe de Wied nos dá uma informação, assim resumida por Euler:

"O Príncipe de Wied achou seu ninho em árvores copadas, nas forquilhas, ou sobre um galho grosso. É, segundo o seu dizer, em tudo semelhante ao de *T. merula,* da Europa, feito com pequenas raízes e mesmo alguns talos verdes, bastante espaçoso e acolchoado com raízes finas e raminhos secos. Era dezembro, continha 3 ovos alongados de linda cor verde, cobertos de manchas cor de couro, principalmente na ponta grossa".

SABIÁ-PRETO *(Platycichla f. flavipes)* - É, sem dúvida, entre os *sabiás,* o mais excelso cantor. Goeldi diz que seu canto lembra vivamente o do melro e do tordo europeus, que, se assim é, merecem realmente a fama que desfrutam.

Conheço muito o canto do *sabiá-una,* como também é chamado, e tenho-o na mais alta estima. Não é a lira de Orfeu, mas a flauta canora de Mársias. Como daquele instrumento do virtuoso sátiro frígio, defluem da garganta do *sabiá-una* melodias vivas, "allegros" e "amorosos", que só um grande artista sabe interpretar.

O pássaro mede 21 a 22 cm.

Predomina na sua plumagem a cor negra, exceto o dorso, que é cinzento plúmbeo; o ventre é cinza escuro e o baixo ventre, esbranquiçado.

Bico, com a mandíbula superior amarelada, íris pardo escuro, orla amarela em redor dos olhos, tarsos amarelo ouro. Na plumagem da fêmea predomina a cor parda.

Do ninho nada se sabia, mas Pinto da Fonseca[136] descobriu-o e descreve-o da seguinte forma: "A base com pouca solidez, como em geral, o ninho consiste numa aglomeração de diversos talos e raminhos de plantas flexíveis, vendo-se que foram arrancados com alguma terra (exclusive barro). As paredes externas são feitas com raízes, fibras, etc. também notando-se algum musgo. A parte interna é rasa e acolchoada com diversas raizinhas lisas. Em geral o ninho não mostra muito cuidado na sua construção".

Os ovos, em número de 2, têm campo branco e por todo ele se espalham manchinhas e pintas ferruginosas, que se adensam no pólo rombo. Medem 31 × 21 mm e têm forma oval.

Ao invés da maioria dos sabiás, habita a mata, mas quando chega o frio do inverno, emigra para os campos abertos e capoeiras, fugindo da frigidez da mata e quiçá também atraído pelos frutos da canela branca, uma magnoliácea campestre cujas bagas muito apreciam. A propósito desta migração, escreve Artur Neiva:

"Tanto em Santa Catarina, como na Ribeira de Iguape, anualmente, os *sabiás* descem a serra, quando o rigor do inverno os obriga a procurar clima mais ameno. Migrando em bandos, às vezes consideráveis, e que seguem todos os mesmos trilhos pela mata, a população aproveita a ocasião para também aqui fazer a mesma caçada, contra a qual na Europa os legisladores durante tanto tempo se insurgiram inutilmente. À semelhança dos métodos lá empregados, as míseras aves cantoras são cercadas e apanhadas por meio de longas redes estendidas entre as árvores e nas quais se emaranham, principalmente de manhã, e então são prontamente trucidadas por quem está de vigia".

O Dr. Neiva, que relatou minuciosamente a caçada como é praticada na Ilha Comprida, teve ocasião de verificar quanto é amplo o comércio desta caça. Os pássaros, depois de salgados, são negociados aos milhares, mesmo em Cananéia e Iguape.[137]

Distribuição geográfica: Do Rio Grande do Sul a São Paulo, Minas e Bahia; Paraguai e Venezuela.

Sobre a vida e costumes das quatorze espécies da família dos turdídeos, os nossos sabiás, só a meia dúzia pude fazer referências. Por aí se vê quão pouco se sabe sobre a nossa fauna.

Sem esforço, seria possível descrever quase todas as espécies; restariam entretanto, retratos incolores, uma vez que lhes desconhecemos os hábitos e nem sequer mereceram do povo um nome vulgar que os extreme da turba dos sabiás aqui do sul e dos *caraxués* do extremo norte.

CAPÍTULO XV

SILVIÍDEOS

A família dos silviídeos, de larga distribuição na Europa e, sobretudo, na Ásia, até a cujos limites setentrionais chega, é representada no Brasil por meia dúzia de espécies, todas do gênero *Polioptila*.

Enquanto na Europa o povo distingue e estima os representantes desta família, entre os quais há ilustres cantores, como a elegante toutinegra-de-cabeça-preta, no Brasil nem sequer se conhece um nome vulgar de qualquer representante deste grupo de pássaros.

Aludirei, no entanto, à *Polioptila dumicola,* pois é um lindo e minúsculo passarinho cinzento azulado na parte superior, com asas escuras, com algumas penas primárias marginadas de branco. Mede 11 cm, mas como a cauda é longa (quase metade de seu tamanho), pouco lhe resta de corpo propriamente dito.

Há, nos machos, graciosa mancha negra, que da base do bico se estende até em derredor dos olhos. A parte inferior é acinzentada, sendo branco o abdome. A plumagem é abundante, sedosa, como em geral se nota entre os silviídeos.

O ninho, mimoso, preso sempre na forquilha dum ramo, tem a forma esférica; é fundo e bem tecido com fibras algodonosas, penas, sendo ainda revestido de musgos.

Os ovos, em número de 4, são de cor azul celeste, com muitas pintinhas pardo-escuras, segundo A. Pereyra[138], e medem 16 × 12 mm.

Nehrkorn, citado por H. Ihering, diz que "todas as espécies de *Polioptila* têm o campo do ovo azul-claro ou branco-azulado, com manchas bem marcadas bruno-escuras". Isso concorda com o acima referido e quanto às medidas de ovos também regulam, pois, segundo aquele autor, os ovos de *P. dumicola* medem 15,5 × 11,5 mm.

Quanto aos hábitos, sabe-se que gostam de freqüentar as orlas das matas, os capoeirões, e nos campos, quando em visita, procuram as árvores copadas, os pequenos capões de vegetação mais densa.

São decididamente insetívoros e andam sempre aos casais, marinhando por quanto galhinho existe, num contínuo movimento, em busca de aranhas e insetos diversos, com que enchem o papo.

São aves utilíssimas e, entretanto, não muito abundantes.

Habitam o Rio Grande do Sul, Argentina, Paraguai, Uruguai e Bolívia.

Espécie mais freqüente e espalhada entre nós é *P. berlepschi,* parecida com a anterior, tendo, no entanto, toda a cabeça preta. Habita São Paulo, Goiás, Mato Grosso e Paraguai.

No norte, Amazonas, ocorrem duas espécies, algo semelhantes.

CAPÍTULO XVI

MOTACILÍDEOS

Sombrio, caminheiro, peruinho-do-campo, foguetinho.

Trata-se de uma família cosmopolita, rica em espécies, mas entre nós escassamente representada por um só gênero, com quatro espécies e algumas subespécies.

As próprias espécies são quase todas tão parecidas, que, só as observando de perto, manuseando-as nas coleções dos museus, podem os ornitologistas distingui-las; quanto às subespécies, nem eles mesmos, entre si, chegam a um acordo geral.

Os costumes e a nidificação apresentam-se quase idênticos. São todas aves do campo. Ao invés dos demais pássaros, que vivem de contínuo de ramo em ramo, os representantes dos motacilídeos não abandonam o solo, e só excepcionalmente alguém os pode observar pousados em uma cerca ou em um galho.

Devido à cor de sua plumagem, são pouco notados no campo, fato que igualmente se dá com a perdiz *(Nothura maculosa)*.

Vivem aos casais, e entre moitas, na época da incubação, fazem o ninho.

Nesta quadra da vida, principalmente, é costume ver o macho elevar-se no espaço em vôo alto, fazendo ouvir um canto límpido e cheio de alacridade. Faz-nos lembrar a cotovia, que Michelet retratou em páginas admiráveis. Voa, canta, e volta logo a pousar junto da companheira, que está incubando. Parece assim querer aligeirar-lhe as horas insípidas da incubação. Algumas vezes, a fêmea, como que para desentorpecer os membros cansados, sai também do ninho e corre por entre as moitas. Há, então, entre o casal um simulacro de luta, voltando ela, logo a seguir, para o ninho, ficando o esposo ali pelas imediações.

A vida das diversas espécies parece que pouco se desvia da mesma norma. Vivem sempre correndo, meio agachadas, por entre o capinzal, nos pastos onde pascem fleumáticos bovinos.

Não é ave arisca e, por isso, torna-se fácil presa dos caçadores.

Alimenta-se de vermes e pequenas sementes de gramíneas.

Pode dizer-se que o nome geral de *cotovia* serve para designar todas as espécies do gênero *Antlius,* único, aliás, que ocorre entre nós.

Foi o português que batizou tais aves, pelos hábitos idênticos aos da cotovia européia, *Alauda arvensis,* a verdadeira cotovia, e *Anthus arboreus,* uma parenta mais chegada da nossa, *Anthus lutescens* igualmente conhecida por *cotovia* e, ainda mais, também chamada *sombria,* nome que cabe à nossa espécie.

Registram-se, entretanto, outros nomes populares que extremam melhor as espécies, como veremos.

DESCRIÇÃO DAS ESPÉCIES

SOMBRIO *(Anthus lutescens lutescens)* — A descrição das espécies, para seu reconhecimento, é difícil, a não ser que se entre em minúcias dispensáveis devido à natureza deste trabalho. O *sombrio* é o menor dos motacilídeos que ocorrem entre nós, quase todos mais ou menos do tamanho de um tico-tico.

Distingue-se ele também pela cor amarela clara da parte inferior.

Aninha-se em moitas de capim, onde sabe esconder bem os ovos da ninhada numa como tigela funda, construída de talos e algumas penas.

Azara encontrou dois ovos, mas vejo sempre, em trabalhos argen-

Fig. 40. *Sombrio* (Anthus lutescens)

tinos, a citação constante de 3 a 4 ovos. Estes medem 19-20 × 14 mm.

A distribuição da espécie é vastíssima, indo da foz do Rio da Prata às margens do Orenoco e ao sopé da cordilheira andina, segundo Hellmayr.

É desta família a única que ocorre na Amazônia e na Bahia. Na Amazônia, dão-lhe o nome de *peruinho-do-campo*.

CAMINHEIRO *(Anthus hellmayri brasilianus)* — As penas do dorso são escuras, orladas de cor ferrugínea. O lado ventral é pardo-amarelento, com manchas escuras no peito. As retrizes exteriores são orladas de cor pardo-amarela (H. von Ihering). O ninho, feito entre as moitas, é fundo.

Ocorre no Pará, Minas, São Paulo, Paraná, Rio Grande do Sul e Paraguai. Em Minas é chamado *foguetinho*.

No Paraguai tem o nome popular de *chii,* onomatopéia muito perfeita do seu chilrear.

Há outra espécie com o nome de *caminheiro: Anthus nattereri,* muito parecida com a descrita, mas possui bico mais forte, unha posterior mais comprida, garganta e pescoço mais amarelados e penas da cauda mais ponteagudas.

O ninho de *A. nattereri* é menos fundo que o do outro *caminheiro,* e seus ovos, que medem 21-22 × 15, mostram o campo cinzento claro e numerosos salpicos pardo-acinzentados.

A. nattereri ocorre em São Paulo, Paraná, Rio Grande do Sul e Paraguai. No Rio Grande do Sul ocorre outra espécie, sem nome popular que a distinga. Trata-se de *A. correndera,* muito parecida com *A. lutescens.*

A distinção entre as duas consiste em que *A. correndera* traz no peito um amarelado mais pálido, sendo por sua vez mais amplas, e prolongando-se para os flancos, as manchas pretas daquela região. Esta espécie tem a unha do dedo polegar muito longa.

Seus ovos, de fundo branco amarelado, ostentam salpicos marrons, cinzentos, lilás, e quase sempre trazem traços capilares negros no pólo obtuso. São de forma oval obtusa e medem 19½-20 × 14-15½ mm.

Alimenta-se de gramíneas, formigas, lagartas, saltões.

CAPÍTULO XVII

CICLARÍDEOS

GENTE-DE-FORA-AÍ-VEM *(Cyclarhis gujanensis cearensis)* — Com tal nome é conhecido na Bahia este passarinho, verde azeitonado na parte superior e na parte inferior amarelo, exceto a garganta, que é clara.

A distinção desta subespécie reside, diz O. Pinto, na mancha negra da base da mandíbula, caráter que, com a restrição da lista superciliar ferrugínea, ao limite dos olhos, a distingue da espécie de *C. ochrocephala*. O tamanho regula entre 15 a 17 cm.

O povo interpreta as vozes do referido pássaro com as mais extravagantes fantasias auditivas e daí os inúmeros nomes por que é conhecido.

Ocorre no Nordeste. Segundo alguns informes, creio que é o *pitiguari* dos paraibanos e que vem até São Paulo.

Aqui no sul temos *Cyclarhis ochrocephala* bem conhecido, mas sem nome vulgar, ocorrendo no Espírito Santo, Minas, São Paulo, Paraná, Rio Grande do Sul.

Mede 17 cm. É verde oliváceo na parte superior, cabeça bruno-vermelho-escura, com a fronte e sobrolho castanhos, mas os lados da cabeça são de cor cinza-claro, onde se implantam dois olhinhos de íris vermelha.

A parte inferior é castanha rosada, exceto o peito e os flancos, que são amarelos.

Sempre esperto e atarefado no serviço de caçar insetos, vemo-lo percorrendo todos os ramos das árvores.

Quando os negócios de caça lhe correm bem, costuma divertir a esposa assoviando fortemente uma determinada cançoneta, de certo em castelhano, que aprendeu no Rio da Prata, pois aqui nossa gente nada compreende, enquanto os argentinos o ouvem perfeitamente dizer: Don Libório, Don Libório, ou Caballero, Caballero, ou ainda Juan chiviro.

Quando um canta aqui, logo outro responde acolá.

O casal vive numa harmonia perfeita e parece que deveras se amam muito.

Quando um bárbaro caçador abate um dos consortes, o outro facilmente pode também ser sacrificado, porque não se afasta do local onde caiu o companheiro, procurando-o, chamando-o, numa evidente ansiosidade.

Não se sabe ao certo onde costuma aninhar-se.

CAPÍTULO XVIII

VIREONÍDEOS

Juruviara, irapuru-verdadeiro.

Pequena e modesta família de pássaros, exclusivamente americana. Compõe-se de uma dúzia de espécies, quase que desconhecidas do povo, pois somente duas são apontadas sob designações vulgares.

São todas aves de pequeno porte, geralmente, com predominante colorido verde e amarelo. Possuem, no geral, pés fortes e bico terminado em gancho mais ou menos acentuado.

Andam, quase em maioria, nas matas a meia altura; poucos, mais raramente, vão às grimpas. Vêm, entretanto, aos povoados e encontram-se nas plantações, chácaras e jardins, porém jamais em campinas abertas e descampadas.

São exclusivamente insetívoros. Nem frutos, nem grãos lhes agradam.

DESCRIÇÃO DAS ESPÉCIES

JURUVIARA *(Vireo chivi chivi)* — É um passarito de 13 cm. pouco mais ou menos, esgalgadinho, verde-azeitonado, na parte inferior do corpo, exceto a cabeça, que é cinzenta-plúmbea. Nota-se uma fímbria branca no sobrolho, a modo de uma sobrancelha, que muito caracteriza a *juruviara*. A parte inferior do corpo, desde o pescoço, é branca, exceção do crisso, que é amarelo.

Vê-se constantemente pelos arvoredos, a meia altura, e pelas grimpas, caçando aranhas e insetos de que se alimenta. Não come frutas.

Entoa certa cantiga, com muito brio e sonoridade, podendo ser considerado um bom artista. O pendor musical não é incompatível com outras tendências artísticas e tanto assim que seu ninho se revela uma obra-prima.

Coloca-o quase invariavelmente numa forquilha e tece-o com folhas secas, finas, e fibras flexíveis, tudo isso primorosamente preso externamente com teias de aranha. Pela parte interna, há uma alfombra de crinas. As paredes e o fundo, a construção toda, enfim, é delgada, fina, não medindo mais de 1 cm de espessura.

Aí, nessa tênue bolsinha, é que depõe os três ovos de sua postura, os quais são alvíssimos com pintas negras, deslavadas, que de preferência se agrupam para o lado do pólo rombo. Os ovos, algo alongados, medem 21 × 15 mm.

Na época dos amores canta incessante e alegremente. Entre as notas das suas cantigas, destacam-se bem as duas sílabas *chi-vi,* que lhe valeram o batismo específico.

Existe pelo Brasil inteiro, vindo da Argentina e indo até a altura do Equador.

Fig. 42. *Ninho de um vireonídeo*   Fig. 41. *Bico de um vireonídeo*

Os ornitologistas encontram leves modificações nos indivíduos, que do Espírito Santo se estendem até o Amazonas, sendo considerados subespécie.

O gênero comporta mais três ou quatro espécies de curiosa distribuição geográfica, como por exemplo *V. grocilirostris,* que só foi vista na Ilha de Fernando de Noronha, e *V. virescens virescens,* que se encontra na América do Norte e na Amazônia.

215

IRAPURU VERDADEIRO *(Hylophilus ochraceiceps rubrifrons)* — O verdadeiro irapuru[139], no entender do povo de Belém, é este passarinho de cores discretas e apoucado porte.

Tem o tamanho duma cambaxirra e é verde-oliváceo escuro na parte superior, sendo que a cauda, a fronte e parte anterior do sobrolho são vermelhas; o lado inferior do corpo é cinzento, lavado de amarelo ocre na garganta e no peito.

Fig. 43 — *Irapuru verdadeiro* (Hylophilus rubrifrons)

A identificação zoológica está feita pela mais conspícua autoridade, a ornitologista Emilia Snethlage, que palmilhou o infinito vale amazônico e ouviu da boca maravilhada do povo, histórias "munkauseneanas" das virtudes do prodigioso passarinho.

Além dos aspectos mágicos, de que já tratamos ao falar de outros irapurus, acentuaremos aqui os amavios do seu canto, ao qual Humberto de Campos se refere neste assaz citado e magistral soneto:

>Dizem que o irapuru, quando desata
>A voz — Orfeu do seringal tranqüilo —
>O passaredo, rápido, a segui-lo
>Em derredor agrupa-se na mata.
>
>Quando o canto, veloz, muda em cascata,
>Tudo se queda, comovido, a ouvi-lo:
>O mais nobre sabiá susta a sonata,
>o canário menor cessa o pipilo.
>
>Eu próprio sei quanto esse canto é suave:
>O que, porém, me faz cismar bem fundo
>Não é, por si, o alto poder dessa ave:

O que mais no fenômeno me espanta,
É ainda existir um pássaro no mundo
Que se fique a escutar quando outro canta!...

O mais que se sabe do mirífico e sonoroso pássaro pertence ainda à histórias sobrenaturais. Vamos ouvir, pois, o depoimento dum personagem de romance, já que estamos nas regiões pródigas do devaneio, da fantasia, da superstição, esta filha muito maluca duma senhora muito sensata, que é a religião. Diz uma figura qualquer do romance *Os Igaraúnas,* de Raimundo Morais:

"Nós sabemos que o irapuru, depois da postura, choca alternativamente. Ora a fêmea, ora o macho. Sempre que um levanta do ninho, após o silêncio e o descanso sobre os ovos (dois no máximo), tem um desafogo de alegria e canta. Assim, durante o tempo do choco, a árvore onde está o ninho do cantor fica sendo um centro musical, atraindo animais de todas as conformidades. Vem bicho porção ouvir ele, melhor aos dois, porque tanto um como outro diz o que sente. Por isso, na maloca de várias tribos, quando o xerimbabo começa a sumir, emprestando perna de cotia, já se sabe: é irapuru no choco."

As tradições e a gramática andam assim, de mãos dadas, na espontaneidade da narrativa popular.

O naturalista Paul Le Coint, que bem conhece a região amazônica, pois *H. o. rubrifrons* tem seu *habitat* apenas no oriente da planície, diz que o canto deste famoso *irapuru,* o legítimo, tem de fato, sonoridade metálica, argentina, extraordinária. Ao ouvi-lo dentro da grande floresta, sentimo-nos realmente surpresos e, involuntariamente, suspensos, alheios ao que nos cerca, quedamo-nos a escutá-lo como que enleados na trama sutil daquela voz canora e bem-soante.

Mas não há belo sem senão. O naturalista citado afirma que, no final de contas, aquelas notas vibrantes e harmoniosas, que nos prometiam maravilhas musicais, se repetem, infindavelmente, como se estivéssemos a ouvir uma caixinha de música, muito medida, muito certa, mas sempre a mesma coisa.

Além do *irapuru* citado, tido e havido como o verdadeiro, muitos outros são ainda vulgarmente apontados, dentro desta mesma família e gênero.

Algumas espécies do gênero que ocorrem aqui no sul, não possuem nome popular.

Goeldi, em seu muito citado trabalho, refere-se a *Hylophilus poicilotis,* de plumagem semelhante às já descritas, mas que apresenta cor acanelada no alto da cabeça. Diz que vive na mata rala e nas moitas, na Serra dos Órgãos, sempre a média altura. O canto é fino e soa assim, segundo os ouvidos do naturalista referido: *ziziri-ziriziri,* toada fina, agradável e só percebível à pequena distância.

CAPÍTULO XIX

CEREBÍDEOS

Saí-azul, saís, cambacica, caga-sebo.

Das dez ou doze espécies que comporta esta família neotrópica, o povo distingue apenas algumas. Trata-se de aves de tamanho pequeno, quase que geralmente conhecidas sob o nome de *saí*, e de hábitos muito semelhantes aos dos traupídeos, dos quais se distinguem porque possuem bico fino e ponteagudo e, por vezes, longo e bem curvo.

A plumagem dos machos, na quase generalidade, ostenta cores preciosas e brilhantes, onde há verde, azul e amarelo maravilhosos.

Algumas espécies mostram cauda com moderada forquilha e todos possuem língua em pincel.

Vivem no campo, capões, capoeiras e especialmente na orla das florestas.

Apreciam com delícia os frutos, seu alimento predileto, mas igualmente dão caça a pequenos insetos.

Posso informar que tenho visto em gaiola, vivendo regularmente bem, certos *saís*, especialmente *Dacnis cayana*, que se alimenta de frutas: laranjas, bananas, mamão, goiaba, etc.

Jean Delacour, na "Revue d'Histoire Naturelle Appliquée", vol. IV, 1923, diz que os cerebídeos dos gêneros *Coereba, Cyanerpes, Chlorophanes, Dacnis,* quer dizer, todos os existentes entre nós, prestam-se bem a viver em cativeiro.

DESCRIÇÃO DAS ESPÉCIES

SAÍ-AZUL *(Dacnis cayana paraguayensis)* — Passarito gracioso, com pouco menos de 13 cm. O macho tem o alto dorso, cauda e garganta pretos, asas pretas com debrum azul. A fêmea é verde, mas a cabeça é azulada e a garganta cinzenta.

Visitam as fruteiras, cabriolando pelo alto dos ramos, varejando todos os recantos, espiando até para dentro das corolas, naturalmente em busca de pequenos insetos.

Apesar disso, são sabidamente frugívoros e chegam a causar pequenos estragos nos frutos, como os traupídeos (tanagrídeos), bicando aqui e ali.

O ninho do *sai-bicudo,* como também lhe chamam, é uma camarazinha que não mede mais de 6 cm de alto por 6 de largo. Entretanto, o pássaro constrói uma ampla cortina de barba de velho, que ocupa 47 cm de alto, e no meio desta massa vegetal é que coloca o ninho, pendurando tudo entre os galhos de uma árvore, como o desenho junto mostra.

O ovo, diz H. Ihering, "tem forma curta com ponta aguda arredondada, mais romba que a dos demais passarinhos. Mede 17×13 mm. O campo é branco-esverdeado, com numerosos pontos e manchinhas profundas, desbotadas, cinzentas, que formam na ponta obtusa uma coroa, e manchinhas e garatujas pretas superficiais. A ponta aguda é quase isenta de salpicos".

Esta *saíra* ocorre desde o Rio Grande do Sul até a América Central.

O gênero *Dacnis* contém ainda algumas espécies, que o povo conhece sob o nome de *saí*. Entre elas, *Dacnis lineata,* da Amazônia, que é muito linda. O macho tem a cor geral azul, mas os lados da cabeça, o alto dorso, as asas e a cauda são negras; a parte inferior é quase toda branca. A fêmea é pardilha.

Fig. 44. *Ninho de saí-azul*
(Dacnis cayana)

SAÍ *(Cyanerpes cyaneus)* — Elegantíssimo e lindo passarinho, de cor geral azul brilhante, sendo que o azul do vértice é esverdeado. As regiões dos olhos, alto dorso, asas, cauda, meio da barriga e crisso são pretos. Há ainda nas barbas interiores das rêmiges partes amarelas. Este o trajo do macho, pois a fêmea é verde-olivácea na parte superior e, na inferior, verde-acinzentada, exceto o meio do peito e do ventre, que são amarelos. Mede mais ou menos 12 cm.

Encontram-se essas lindas aves por quase todo o Brasil, sempre em pequenos grupos, de meia dúzia, ou pouco mais, de indivíduos.

Em certas regiões são mais freqüentes, como por exemplo na mata costeira do Espírito Santo, onde Goeldi sempre as encontrou. É encontradiça no Estado do Rio. Na Bahia, é chamada *sapitica*.

Sobre ninho e ovos, há vagas e contraditórias notícias.

Ainda neste gênero é conhecido outro saí, chamado *tem-tem* do Espírito Santo. Trata-se de *Cyanerpes c. coeruleus,* que é todo azul, exceto a garganta. As asas, a cauda e o meio da barriga, que são pretos. A fêmea, no entanto, é muito diferente e até vistosa, pois a parte superior é verde, tendo a fronte, os lados da cabeça e a garganta dum amarelo-ocre; o meio da barriga e o crisso são amarelos.

Notam-se ainda no verde do peito e dos flancos pintalgados brancos e azuis. Mede pouco mais de 10 cm. Nada se sabe sobre ninhos e ovos.

Ocorre na Amazônia e Mato Grosso.

Outro *saí,* este aqui do sul e não muito raro no Estado do Rio, é *Chlorophanes spiza.* O macho é verde-azulado rutilante, a cabeça é negra e a mandíbula amarela. A fêmea é verde na parte superior e amarelada na inferior. Mede 13 cm.

Na Amazônia, ocorre a espécie típica *Chlorophanes spiza spiza.*

Fig. 45. *Saí* (Cyanerpes Eyaneus)

Fig. 46. *Saí ou tem-tem* (Chlorophanes spiza)

CAMBACICA *(Coereba flaveola chloropyga)* — Tudo que até hoje se sabe deste interessante passarinho é o que nos contou Goeldi e que passo a transcrever:

"Avezita de plumagem dorsal acinzentada, estria branca por cima dos olhos, peito amarelo e barriga da mesma cor, de penas caudais de ponta branca, habita grande parte do Brasil, sendo bem conhecida nas chácaras dos arrabaldes do Rio de Janeiro sob o nome pouco lisonjeiro de *caga-sebo* (em Pernambuco, segundo Forges, pelo de *guaratã,* como os Euphone).

"A construção de seu ninho, esférico, raramente feito a mais de dois metros acima do solo, em regra dependurado do galho extremo da árvore ou arbusto escolhido, começa-a a avezita muito cedo, em geral já em junho. Forma um saco de matéria vegetal branda, que na média tem 12 cm de diâmetro. A entrada desemboca no meio do saco; para resguardá-lo do tempo costuma cobri-lo com um reparo. Entretanto, nossa ave é muito sensível à curiosidade da gente que a observa, de sorte que, à mínima perturbação, transporta o ninho começado ou, sem em nada utilizar o velho material, faz novo ninho em local mais abrigado. Desta maneira, muitas vezes a gente é enganada, achando só um ninho habitado entre dez começados. Os ovos, três em número, são de campo esbranquiçado, ligeiramente trançados de verde e por toda parte salpicados regularmente, de pontos e riscos bruno-amarelos; na ponta romba há uma coroa estreita de manchas desbotadas de cor cinzenta; o *comprimento* é 17 mm, a largura 12 mm. Informa Burmeister que o *caga-sebo* gosta de nidificar próximo dos lugares em que alguns maribondos assanhados *(Chatergus, sp)* penduram seus ninhos de papel. Nesta ave ainda não observei isto: tenho observado em outras."

Fig. 47. *Cambacica* (Coereba chloropyga)

Em certos lugares tal passarinho é conhecido pelo nome de *sebinho*. Julgo ser a mesma ave que alguns nortistas chamam *sebite,* ou melhor, *sibite,* onomatopéia do canto, que passou a ser *sebinho*.

CAPÍTULO XX

COMPSOTLIPÍDEOS

Mariquita, pia-cobra, pula-pula.

Esta família de aves é essencial e exclusivamente americana, mas a maioria das espécies tem seu *habitat* na parte setentrional da região neotrópica, sendo 13 espécies e 4 subespécies no Brasil, segundo o *Catálogo das Aves,* de O. Pinto.

São aves em geral de tamanho pequeno, bico reto, agudo, delicado, com vibrissas quase imperceptíveis na base.

Alguns deles, escreve E. Snethlage, "como por exemplo os membros do gênero *Granatellus,* assemelham-se aos tanagrídeos pela forma do bico e estilo do colorido, enquanto o bico largo e chato das espécies do gênero *Basileuterus* lembra certos tiranídeos".

Algumas espécies têm língua bífida e quase todas se vestem de plumagem verde-olivácea e, mais raramente, cinzenta ou azul, na parte superior, e amarela na inferior.

Uns habitam as matas e outros vêm até as campinas, mas não aos descampados.

Todos são eminentemente insetívoros e, portanto, úteis. Alguns apenas aparecem por ocasião do inverno do hemisfério setentrional.

O povo parece não extremar bem dentre certos tiranídeos e traupídeos essa miuçalha e assim só dá nome às três espécies de que a seguir tratamos.

DESCRIÇÃO DAS ESPÉCIES

MARIQUITA *(Compsothlypis pitiayumi pitiayumi)* — É muito gracioso e lindo este passarito, que tem a cabeça e o pescoço anterior azul-grisalho, asas escuras, com as coberteiras azul-grisalho e as exteriores com ápice branco; dorso verde-azeitonado; garganta e peito amarelo e o ventre dessa cor um tanto mais desmaiada.

Olivério Pinto diz que a espécie, que se encontra desde o México à Argentina, comporta grande número de subespécies. Chapman aponta 11 destas subespécies.

A distinção desta passarinhada é um verdadeiro quebra-cabeças. *Mariquitas,* no Estado do Rio, andam sempre aos casais, entremetidas pelos ramos das árvores, sendo até difícil vislumbrá-las. Jamais vêm ao chão. Não são muito ariscas, tanto assim que se aproximam das moradias humanas onde houver muita vegetação. Nos campos limpos não aparecem. São grandes caçadores de aranhas e insetos, indo até às flores buscá-los.

Arañero lhes chamam os argentinos.

Não há nenhuma descrição do seu ninho, mas o Príncipe de Wied, que o viu, achou-o lindo e pequeno. Sobre os ovos também as descrições não são concordantes.

PIA-COBRA *(Geothlypis aequinoctialis velata)* — Goeldi encontrou-o apenas no inverno, em visita aos jardins no Estado do Rio, e diz que se vai aninhar nas baixadas do Paraíba. Julgo ser o mesmo que no próprio Estado do Rio ouvi chamar *canário-do-sapê* e *canário-do-brejo.* E descrevo-o *ad-vivum.* Mede, mais ou menos 13 cm de comprimento, tendo a fronte, cabeça, nuca, dorso, retrizes e cauda, de um cinzento-esverdeado, região ocular com uma estria larga, de cor negra, que parte do bico e chega à região (nos machos) auricular; garganta, peito, ventre e uropígio, de um amarelo-limão; bico com a mandíbula superior muito escura e a inferior esbranquiçada; íris negra; tarsos escuros.

Aparece freqüentemente nas baixadas e nidifica entre juncais e moitas de capim, no pasto, nos jardins e nas plantações.

Freqüenta o sub-bosque e quase de contínuo vem ao chão.

Alimenta-se de insetos, aranhas, vermes e parece que também gosta de frutas.

Euler descreve o ninho como uma tigela, caprichosamente tecida com folhas de junco, externamente; a parte interior é formada com raízes finas.

Os bordos não são trabalhados e as folhas repontam aqui e ali. Os ovos, em número de três, mostram campo branco, lavado com uma tênue tinta encarnada, o que lhes dá particular encanto.

Há vagos esboços de diluída cor violácea e numerosos pontos vermelhos escuros, que se reúnem em coroa no pólo rombo. Medem 19 × 13 mm.

Na Argentina, A. Castellanos[140] verificou que *pia-cobra*, ou *canário-do-sapê*, é amigo íntimo de certo tiranídeo *(Hapalocercus acutipennis)*, junto ao qual sempre se encontra. Certa vez ao caçar um deles, *Geothlypis* acudiu aos seus gritos, pressurosamente, como se viesse em socorro dum filho.

A cantiga do *pia-cobra* não vale grande coisa e o mais que se ouve é um *sip-sip,* que aos ouvidos do povo soou talvez como silvo de ofídio, e daí o nome. Certo caçador e passarinheiro, no entanto, já me afirmou que o canto desta ave é agradável e que daí lhe vem o nome de *canário-do-brejo*. Disse-me mais que, por vezes, apanhou e pôs em gaiola as referidas aves, que sempre morreram apesar de lhes dar frutas...

O assunto merece estudo.

Não é por ser caçador meu informante que lhe descreio da palavra, mas sim porque não pude fazer identificação segura.

Os compsotlipídeos são muito parecidos entre si e ainda se confundem com outros passarinhos e, por tal motivo, com as devidas reservas registro o fato, para futuras investigações da escassa gente que encontra no encanto da vida dos pássaros o maior encantamento da própria vida.

PULA-PULA *(Basileuterus auricapillus auricapillus)* — O gênero *Basileuterus* comporta uma série de espécies muitíssimo parecidas umas com as outras.

No estado do Rio, o *pula-pula* é freqüente nas matas, bosques e chácaras. Anda pelo chão, aos saltinhos, em busca de insetos e larvas.

Mede 13 cm. É de notável elegância no seu traje verde-azeitão na parte superior do corpo, amarelo por baixo, e amarelo-alaranjado no vértice, o qual, de cada lado, ostenta uma estria preta e, mais abaixo, por cima dos olhos, outra mais larga de cor cinza.

O bico tem algo de semelhante com o de alguns tiranídeos pequenos do gênero *Euscarthmus,* como notou Goeldi.

Aninha-se, quer na mata, quer na capoeira, construindo o ninho no chão entre moitas de folhas secas.

O ninho descrito por Euler consistia "em uma tigela com coberta inteira posta sobre uma camada de folhas e feita de capim finíssimo. Forma uma perfeita e macia alfombra artisticamente preparada".

A coberta do ninho não o encobre totalmente, pois lhe deixa na parte anterior uma abertura de 3 cm.

Os ovos, 2 ou 3, de forma normal, são um tanto cheios no centro.

A cor é branca, mas nota-se, no pólo obtuso, uma ampla coroa de pontos azul-cinzentos, de mistura com pontinhos cor de vinho. No pólo fino, há raras pontuações.

O *pula-pula,* além de ser mestre em dar saltinhos, conhece seu bocado de música e possui uma bela voz, clara, bem timbrada.

A espécie ocorre no Rio Grande do Sul, Paraná, São Paulo, Rio de Janeiro, Minas, Mato Grosso, Espírito Santo, Pernambuco, Paraguai, Missões e Venezuela.

Há outra espécie muito comum, aqui no sul, que bem se distingue da anterior, porque o alto da cabeça é preto com o centro branco.

B. flaveolus, que é outra lindeza, verde e amarela, trajo geral da família, já ocorre em Pernambuco, Bahia, São Paulo, indo até aos estados centrais.

SAÍ *(Conirostrum speciosum speciosum)* — Conquanto o nome *saí* caiba, de preferência, aos cerebídeos, outros pássaros que com eles um tanto se assemelham também assim são conhecidos. Tal é o caso de G. *s. speciosum,* que é um belo passarinho azul, bem conhecido da gente amiga da mata.

Nada mais consegui saber desse *saí.*

Uma espécie do mesmo gênero, *C. bicolor,* é muito freqüente no mangue da costa atlântica da América do Sul, desde São Paulo até as Guianas e Venezuela, segundo O. Pinto.

CAPÍTULO XXI

TERSINÍDEOS

Saí-andorinha

SAÍ-ANDORINHA *(Tersina viridis viridis)* — Estava realmente muito deslocado da família dos traupídeos este fascinante pássaro, não só pelo aspecto externo, senão muito principalmente por singularidades de seus costumes. Hodiernamente os ornitologistas[141] criaram para ele uma família independente, a dos *tersinídeos,* com um só género, *Tersina,* uma só espécie, *viridis,* da qual se registram subespécies.

O macho, que mede 16 a 17 cm, é, como bem o descreve Goeldi, "azul-marinho-claro; são negros o bico, a fronte até atrás dos olhos, a garganta, o lado externo das retrizes e as penas caudais; o meio da barriga é branco, e de ondulados negros, sobre campo azul-claro, são os lados da barriga. Os machos novos são de cor verde clara, e a fêmea também é verde, porém mais escuro".

O autor acima referido observou, na Serra dos Órgãos, pequenos bandos, de seis a doze indivíduos, que se portaram muito discretamente, visitando as fruteiras, mostrando grande predileção pelos frutinhos da erva-de-passarinho, sendo por isso, naturalmente, outros propagadores desta lorantácea hemi-parasitária. Seus hábitos de nidificação são curiosos e perfeitamente diferentes dos dos traupídeos de que faziam parte. Quem primeiro observou o fato, ao menos entre nós, foi Euler.

Diz o paciente pesquisador de ninhos e ovos que a *saí-andorinha* nidifica na cavidade das árvores velhas e preferentemente nos barrancos, aproveitando as galerias de *Galbula* e *Ceryle,* aí pondo, sobre uma ligeira cama de talos e raízes, 3 a 4 ovos brancos, sem lustro, alongados e até um tanto estirados no pólo agudo. Medem tais ovos 25 × 17 mm. Quando Euler publicou numa revista ornitológica alemã tais observações, o Prof. Cabanis aduziu-lhes a seguinte nótula: "Uma valiosíssima observação que faz lembrar as *andorinhas (Hirundo viridis)*".

O povo, de outro modo, já concluíra de igual forma, dando-lhe o nome vulgar de *saí-andorinha* e *saí-buraqueira*. Registra-se ainda o nome *saí-arara*. Desta feita, o batismo popular não é muito evidente. Será porque a ave se aninha no oco das palmeiras, como a arara?

Distribuição geográfica: Rio Grande do Sul, São Paulo, Minas Gerais, Rio de Janeiro, Bahia, Pernambuco, Mato Grosso, Bolívia, Guiana, Venezuela, Colômbia e Paraguai.

CAPÍTULO XXII

TRAUPÍDEOS

Bonito-do-campo, gaturamos, gaturamo-rei, gaturamo-miudinho, gaturamo-serrador, viúva, saíras, sanhaço-frade, sanhaços, papa-laranja, sanhaço-de-coqueiro, saí-açu-pardo, sanhaço-da-serra, tié-sangue, canário-do-mato, capitão-de-saíra, tié-do-mato-grosso, tié-galo, tié-preto, tié-de-topete, pintassilgo, tié-tinga, bico-de-veludo, etc.

Família americana, e quase que exclusivamente sul-americana, os traupídeos, outrora tanagrídeos, muito de perto se aparentam com os fringilídeos. Há 27 gêneros e 75 espécies e 46 subespécies, segundo o *Cat. das Aves,* de O. Pinto,
Vestem-se, na quase totalidade, com plumagens magníficas, como se andassem sempre em traje de gala, celebrando festas.
Por vezes aparecem em bandos, compostos de muitas espécies, que vão jornadeando pelas grimpas das árvores, em busca de frutos e insetos. Chegam alegres, na suntuosidade de suas vestes multicores, algo descombinadas em algumas espécies, como um bando de carnavalescos pintalgados, reunidos apenas pelos acasos do bródio. Cheio o papo, acabada a farra, cada qual vai para o seu canto, sem mais camaradagem e cerimônia.
São, pois, um tanto sociais nestas excursões diárias, em busca de alimento. Este consta de bagas, frutos diversos, insetos.
Bertoni teve ensejo de observar esses bandos heterogêneos de aves nas suas visitas a árvores frutíferas da mata. Bando capitaneado notadamente pelo *tié-do-mato-grosso (Habia rubica rubica)* e ainda, algumas vezes, por *Nemosia pileata* e outros.

Do grupo faz parte a maioria dos traupídeos, até os poucos sociais, como *Tanagra pectoralis,* verdadeira exceção dos demais parentes do gênero, todos de grande sociabilidade.

Quando assim abadernados, em busca de alimento, comportam-se de forma muito inteligente, como se tivessem em mira não esgotar as reservas alimentares de uma determinada região, voltando a ela sistematicamente na procura de frutos que ficaram pendentes e já pintões.

Os traupídeos são por isso grandes disseminadores de plantas, cujas sementes espalham através de seus escrementos.

O naturalista acima referido escreve: "Vi propagar, entre as ervagens à-toas, plantas raras ou importadas, em lugares onde não existiam, fato observado em Porto Bertoni durante 30 anos".

Na Amazônia, por exemplo, o apuizeiro amadurece seus frutos em fins de setembro e, nesta época, surgem bandos de traupídeos à cata da petisqueira[142].

Embora uma grande parte de traupídeos sejam frugívoros, é inegável que outros tantos se alimentam de insetos e frutas e alguns são até exclusivamente insetívoros.

Por muitas informações que colhemos a atenta leitura, estamos um tanto inclinados a crer que a maioria dos membros desta grande família de pássaros são úteis. Comem, em geral, frutos silvestres; alguns, entretanto, vão aos pomares.

Euler, referindo-se às migrações que certas aves fazem em busca de alimento, salienta o seguinte fato[143].

"Essas migrações, sim, são originadas pelas atrações do alimento, apesar de que não faltam exemplos de pássaros que preferem mudar de alimento a emigrar. Assim achei *Procnias tersa (Tersina v. viridis)* no inverno nutrindo-se exclusivamente de frutas, mas em novembro os seus estômagos estavam repletos de insetos.

Manacus m. gutturosus, insetívoro, no verão, come, no inverno, bagos que colhe voando em redor dos arbustos. *Celeus f. flavescens* e *Leuconerpes candidus,* embora insetívoros genuínos, comem frutas no inverno, e até o bem-te-vi, de que ninguém poderia suspeitar relativamente à natureza da sua alimentação, vendo-o tão açodado na caça de insetos, abstém-se dos seus costumes quando sitiado pela falta daqueles, pois o estômago de um, morto em julho, continha uma pequena fruta verde."

Citamos os informes do grande *field-naturalist* para insistir no assunto e de algum modo inocentar certas espécies acusadas injustamente.

Tenho meu depoimento pessoal, que vale citado. O *bico-de-lacre,* fringilídeo africano, entre nós já naturalizado, e tão freqüente aqui no antigo Distrito Federal e Estado do Rio, é, tipicamente, um granívoro. Pois bem, é muito comum vê-lo nos laranjais e, se bem o observamos, acabaremos por conhecer os motivos das suas visitas aos pomares de citrus. Gosta de laranja, mas é incapaz de, com seu biquinho, tão pequeno e delicado, furar a casca dum destes frutos. Por isso mete-se entre alguns traupídeos que sabem furar as laranjas, e, quando estes já fartos se retiram, cabe-lhe a vez de tomar o delicioso caldo.

Uma observação apressada poderia colocar o *bico-de-lacre* entre os pássaros frugívoros ou, quando menos, prejudiciais às laranjas. Há, com os traupídeos, fatos idênticos. Alguns só tocam em laranjas que os outros já furaram ou só se atrevem a atacar o fruto quando excessivamente maduro, naturalmente porque a casca assim oferece menos resistência.

Entre os traupídeos há reputações denegridas por uma pecha puramente gratuita. Conviria uma revisão geral do processo, antes da pronunciação definitiva e irremediável.

Os anais da justiça humana estão cheios de tais erros judiciários, isso quando julgamos os nossos semelhantes...

DESCRIÇÃO DAS ESPÉCIES

BONITO-DO-CAMPO *(Chlorophonia cyanea cyanea)* — Este *gaturamo* distingue-se bem dos demais, porque, sendo verde-claro no conjunto, um tanto amarelado na parte inferior, traz na nuca uma fita azul, sendo desta mesma cor o uropígio e um anel que lhe rodeia os olhos. A fêmea difere do macho. É também conhecido por *gaturamo-verde.*

Consta que nidifica na mata ou nos capoeirões e que os ovos, muito alongados de forma, mostram cor vermelha pálida e pontuações pardo-avermelhadas no pólo rombo.

É espécie bastante comum no Estado do Rio e encontra-se igualmente na Argentina, Paraguai, Rio Grande do Sul, São Paulo, Bahia, Minas Gerais, Mato Grosso, Guiana, Venezuela e Colômbia.

GATURAMO — De um modo geral pode dizer-se que o nome *gaturamo*[144] convém a todas as espécies do gênero *Tanagra*.

O nome *gaturamo* é, aliás, uma denominação muito aqui do sul, pois no nordeste é mais vulgarmente chamado *guriantã,* ou *gorinhatã,* e na Amazônia, quase que somente conhecido sob o nome de *tem-tem* ou *tei-tei,* onomatopéia do sibilo com que os machos costumam chamar as fêmeas.

Registram-se, no entanto, muitas variantes e sinônimos, como *gaturama, gaturamo, vem-vem, vim-vim, bonito, tietê-i,* etc.

O povo, aqui no sul, entretanto, conhece e sabe distinguir perfeitamente, no mínimo, quatro espécies, que levam as determinações seguintes: *gaturamo-verdadeiro, gaturamo-miudinho, gaturamo-rei, gaturamo-serrador.*

Ainda têm o nome de *gaturamo* outros traupídeos de gêneros diversos, entre eles *Chlorophonia cyanea cyanea,* aliás chamado *gaturamo-verde* e *bonito-do-campo. Tanagra chalybea* é no Estado do Rio muito conhecido sob o nome de *gaipapo.*

São todos muito ornamentais, lépidos e algo confiantes, uma vez que não se vejam perseguidos. Frequentam, em geral, os campos, e, onde existem pomares, aí sempre aparecem em busca de frutas, especialmente bananas e goiabas bem maduras, cajus, etc.

Os estragos que podem causar em frutos bem maduros não são de tal ordem que nos obriguem a tê-los como prejudiciais. A presença dos *gaturamos* e o seu canto compensam de sobra alguma fruta a menos que se venha a colher.

A propósito do canto há opiniões divergentes. Goeldi, por exemplo, não lhe dava grande apreço, mas há quem o tenha em boa conta. Em alto conceito, aliás, tenho-o eu, que francamente confesso meu encanto pelas historietas maviosas que conta, sem cessar, o nosso amigo *gaturamo*. Julgo-o uma das mais belas vocações artísticas, um cantor magistral. Há quem afirme que canta até morrer, e morre, por vezes, cantando. Destes desvairamentos de artista só tenho notícia, e não assisti ainda a tão pungente espetáculo.

Os problemas relativos à reprodução continuam em penumbra. Goeldi, valendo-se de informes alheios, diz que nidifica em moitas densas e que os ovos são alongados, avermelhados, desbotados, com pintas bruno-vermelhas na ponta mais grossa.

Existe, no entanto, uma particularidade anatômica que muito singulariza os *gaturamos* do gênero *Tanagra*. São aves que não possuem moela, o verdadeiro estômago das aves, sendo, por sua vez, o próprio papo muito atrofiado. Tal simplicidade do aparelho digestivo revela-lhe claramente o regime frugívoro levado ao extremo.

Quem primeiro lhe descobriu a particularidade organológica foi um dos mais simpáticos homens de ciência, que entre nós viveram. Trata-se de Guilherme Lund, o sábio de Lagoa Santa, que, além de folhear os velhos arquivos, ainda inéditos, do homem pré-histórico do Brasil, estudou vários aspectos da nossa fauna desaparecida. Que ainda lhe sobrou tempo para outros estudos, temos prova no trabalho que publicou, em dinamarquês, intitulado *Estudo do Gênero Euphonia*.

Cecílio dos Santos, segundo informa J. Paiva de Carvalho, estudando a personalidade do grande sábio, escreve que ele fizera a observação curiosa de que os pássaros do gênero *Euphonia (= Tanagra)* não tinham moela e acrescenta textualmente "que o tubo digestivo se estende do proventrículo até o intestino delgado, sem apresentar diferença notável quanto à largura ou direção, separadas estas duas partes por uma cinta ou membrana estreita e transparente, em cuja superfície faltam completamente os orifícios glandulares, que em grande número cobrem o proventrículo e as dobras em zigue-zague que existem em número apreciável na superfície interna do intestino delgado. Essa anomalia, até o presente, única na construção do tubo digestivo dos pássaros, foi publicada numa pequena monografia, acompanhada de ilustração, em 1829, com o título *Do Gênero Euphone*. Não conheço o trabalho citado, mas Goeldi, em *Aves do Brasil*, 1894, já se refere ao fato.

A razão por que têm os gaturamos vida precária, quando engaiolados, deve provir desta particularidade do seu aparelho digestivo, e já o caso mereceu reparos dum sisudo conhecedor do assunto, o naturalista João de Paiva Carvalho, que escreveu:[145]

"Alguns criadores se queixam da dificuldade com que lutam para mantê-lo vivo em cativeiro. O fator mais importante é a falta de cuidado necessário ao seu regime alimentar. Em estado de liberdade, a ave alimenta-se quase exclusivamente de frutos maduros, fenômeno que explica perfeitamente bem a atrofia do seu papo e a ausência do órgão triturador de matérias duras. O conteúdo intestinal esvazia-se completamente durante o repouso noturno, de tal maneira que, se, em vez de se administrar a ração costumeira às oito horas da manhã, o fizermos às dez, a saúde da ave será irremediavelmente comprometida. Pesquisas experimentais demonstraram que se processa, neste caso, um colamento parcial da mucosa intestinal da ave, determinando-lhe a morte."

"Além disso, de três qualidades devem ser as rações ministradas ao *gaturamo*, de acordo com o estado de saúde que apresentar. Sua comida quotidiana deverá constituir-se de banana e laranja, frutas essas que, além de alimentá-lo suficientemente, têm por fim fortalecê-lo. De vez em quando, e todas as vezes que a ave se apresentar excessivamente gorda, deve-se-lhe dar um pouco de mamão, que tem ação direta sobre o funcionamento do intestino, desembaraçando uma parte da gordura que lhe rodeia o fígado. Ração ideal para esse pássaro representa uma papa de miolo de pão, leite e mel. Observadas essas prescrições, ver-se-á que a vida da avezita será prolongada por tempo muito mais dilatado".

Por causa de os *gaturamos* não resistirem por muito tempo ao cativeiro, é que se conta um curioso estratagema usado por certo criado do Barão de Vila Franca. O velho titular gabava-se de possuir um *gaturamo*, que ainda hoje talvez existisse, se não falecessem o Barão e o seu solerte tratador de pássaros. O caso foi assim narrado: O Barão mantinha um *gaturamo* de estimação e um criado mestiço e inteligente. Choviam diariamente recomendações sobre os cuidados a dispensar ao mimado passarinho. O criado lá com seus botões pensava na precariedade da vida dos *gaturamos* em gaiola e, como as coisas lhe corriam bem, tratando da avezinha, andava em sobressalto contínuo. Ocorreu-lhe, então, uma velhacaria inocente, porém luminosa. Tratou de apanhar *gaturamos* e ia enchendo com eles um gaiolão que possuía. Era uma provisão de emergência. Mal o famoso pássaro do Barão entristecia e pensava em fazer testamento, já o ardiloso mestiço o substituía por outro mais vivedouro. Passavam-se os anos e o Barão envelhecia, mas o seu querido pássaro sempre alegre parecia ter bebido água de Juventa. Era isso motivo de orgulho do ilustre titular, que cada vez mais estimava o criado, uma verdadeira vocação para tratar passarinhos. Sempre que alguém visitava o solar de Vila Franca, era apresentado ao famoso *gaturamo,* com estas palavras:

— "Você talvez não acredite, mas este passarinho acompanha-me há 20 anos. Não é, Antônio?

— É Sr. Barão! Esse *gaturamo* não morre mais, pode acreditar, — respondia o velhaco do criado, lembrando-se dos 15 *gaturamos* que lá estavam no gaiolão do quarto à espera da hora de cada um entrar em cena.

GATURAMO-VERDADEIRO *(Tanagra violácea)* — O macho mostra na parte superior do corpo um preto azulado brilhante; as pontas das asas são de cor havana. A parte inferior do corpo é amarela, exceto a garganta, que é da cor do dorso. Na fronte, indo quase ao vértice, há uma mancha amarela, assim a modo de coroa, o que lhe valeu, no extremo norte, o nome de *tem-tem-de-estrela.* O pássaro, não mede mais de 9½ a 10 cm.

A fêmea, que recebe o nome de *gaipapa,* é verde olivácea na parte superior e na inferior tal cor se lava inteiramente de amarelado. O macho goza da fama de ser entre os *gaturamos* o melhor cantor.

Nada conheço a respeito do ninho e ovos deste tão popular passarinho, que o povo aliás chama por variados nomes, como já vimos[147].

Diz Olivério Pinto que a espécie, representada por duas variedades geográficas, ocorre em todos os Estados do Brasil, à exceção talvez de Mato Grosso: outras há a elas muito afins e por isso eventualmente conhecidas pelos nomes vulgares.

Os tupis davam-lhe o nome de *uira-enguetá,* donde o velho nome *gurinhatá.* É o *vem-vem* dos cearenses e o *povi* dos goianos.

GATURAMO-REI *(Tanagra musica aureata)* — Sem dúvida um dos mais lindos membros da família, porque, além de envergar o uniforme comum, preto-azul na parte superior e amarelo-ouro na inferior, traz uma coifa azul-celeste, que se assenta no alto da cabeça e desce até a nuca. O povo interpretando no ornamento uma distinção realenga, uma coroa, sagrou-o o rei dos *gaturamos,* a que outros chamam *tereno.* Mede 11 cm. Habita os grandes bosques e parece que dá caça a insetos.

Sua distribuição geográfica estende-se do Paraguai, Argentina, Uruguai, Rio Grande do Sul a São Paulo, Minas e Bahia, Mato Grosso, Colômbia, Venezuela e Guianas.

GATURAMO-MIUDINHO *(Tanagra chlorotica serrirostris)* — Não chega a medir 10 cm. Preto azulado, ou melhor, azulado-turquesa na parte superior, com a frente amarela. O lado inferior é amarelo, mas a garganta preta. As duas retrizes, de cada lado, pintadas de branco. É a subespécie de São Paulo, Mato Grosso, Paraguai e Bolívia. A espécie *Tanagra c. chlorotica* é do norte, Bahia, Pernambuco, Amazônia, Goiás, Guiana e Venezuela. A diferença única entre as duas é que *Tanagra c. serrirostris* tem algo de violáceo no pescoço.

A fêmea de ambas é olivácea, mas na fronte e na parte inferior do corpo a cor olivácea é fortemente lavada de amarelo.

Esse pequeno *gaturamo* é, em alguns lugares, denominado *puvi, vivi,* talvez onomatopéia de seu apelo.

GATURAMO-SERRADOR *(Tanagra pectoralis)* — Distingue-se bem das demais espécies, por ter a barriga castanha. É talvez, mais conhecido sob o nome de *alcaide* e *tietê.*

Ocorre em Santa Catarina, São Paulo, Rio de Janeiro, Minas Gerais, Bahia, Goiás e Paraguai.

O gênero *Tanagra* comporta muitas outras espécies, que em grande maioria ocorrem no norte. A Amazônia é riquíssima em *gaturamos,* lá chamados *tentem.* Entre esses citaremos: *T. lanirostris melanura,* parecidíssimo com o *gaturamo-verdadeiro,* apenas diferindo pela cauda do macho, que é inteiramente preta, quer dizer, sem o pintado branco das retrizes exteriores. Muito lindo e assaz diferente dos outros é *T. rufiventris,* que tem a parte superior do corpo e a garganta dum preto lustroso e o peito e abdome vermelhos.

O gaturamo *Tanagra chalybea* mede 10 a 12 cm e tem a fronte amarelo-canário; cabeça, nuca, dorso cobertura das asas e da cauda, cauda, penas rêmiges, garganta e faces negro-azulados; peito, ventre e uropígio amarelo-vivo; íris negro, bico anegrado e tarsos escuros.

No Estado do Rio dão a esse *gaturamo* o nome de *gaipapo* ou *gaipapa*[147], designação essa que pertence à fêmea do *gaturamo-verdadeiro,* quer no Estado do Rio, quer em Santa Catarina, conforme observação de A. Neiva. Parece que em Santa Catarina também se diz *guapara.* É espécie sulana do Brasil, vindo do sul de Minas até Rio Grande do Sul e Paraguai.

VIÚVA *(Pipraeidea m. melanonota)* — Garrida e formosa viúva, que como sinal de luto só traz uma manchinha preta na fronte. No mais, veste-se casquilhamente. A parte superior do corpo é azul e violácea, mais clara no vértice e no uropígio. Asas e cauda quase negras, com orlas azuis. A parte inferior é amarela banhada de vermelho.

A fêmea é parda escura por cima, lavada de azul na frente, nos lados da cabeça e coberteiras da cauda. A mancha negra é como a do macho, porém mais ampla. Nasce na base do bico e vem até ao lado do pescoço, estando implantada nela os olhos.

Parece que a fêmea foi a inspiradora do nome popular.

Gostam imenso das bagas do *Sparagus sprengeri,* uma liliácea decorativa muito usada em vasos suspensos. Geralmente as aves apreciam muito as frutinhas das várias espécies do gênero *Sparagus,* de que faz parte o conhecido aspargo.

A *viúva,* entretanto, dá a vida por estas bagazinhas que servem de isca para atrair tais aves ao alçapão. Um fato curioso quase sempre se observa. Quando se vê presa no alçapão, a que sua gulodice a encaminhou, arrepende-se e fica tão irada da tolice em que caiu, que de raiva arranca as próprias penas[148]. Tem mau gênio a bichinha.

Parece que também consome insetos e tanto assim que faz parte das aves protegidas, na Argentina, pelos regulamentos de caça.

Não vislumbrei nenhum informe sobre seu ninho. Ocorre do Rio Grande do Sul à Bahia, Goiás, Mato-Grosso, Argentina, Uruguai e Paraguai.

SAÍRA — Em seu *Dic. dos Animais do Brasil,* Rod. Ihering escreve: "Passarinhos do fam. tanagrídeos, do gen. *Calopiza (Tangará).* Representando um meio termo entre os *gaturamos* e os *sanhaços,* excedem em muito a todos pela beleza das cores.[149]

Há, segundo o referido zoólogo, cerca de 25 espécies de *saíras*[150]

As *saíras* são aves de grande beleza ornamental e rivalizam com os beija-flores no variegado dos coloridos.

Há até espécies em que parece ter a Natureza andado a experimentar sua palheta de artista, acumulando aqui e ali pequenos borrões, manchinhas, de tudo resultando um mostruário de cores vivas, animadas e harmoniosas.

Mas esses cromozinhos, espertos e curiosos, essa passarinhada quase rutilante em seus trajes é acusada seriamente de estragar os frutos. Quando acertam com um pomar onde os frutos estejam maduros, tomam-se de uma incrível gulodice e, em lugar de encher o papo com um figo, por exemplo, beliscam uma dezena deles. Assim, em visitas freqüentes, ao cabo das contas, lá se arruína uma boa parte da colheita. Sabem disso os fruticultores, e movem guerra às *saíras,* tão lindas e tão prejudiciais. Parece, no entanto, que nem todas as espécies sejam assim nocivas.

A. de W. Bertoni, no trabalho já aqui por vezes citado, procura defender os traupídeos em geral, e os do gênero *Tangara* também não lhe parece merecerem tão graves acusações, como veremos adiante.

Passaremos rápida vista de olhos sobre as mais vulgares *saíras:*

Tangara seledon, bem conhecida pelo nome vulgar de saíra-de-sete-cores, saí-de-sete-cores, ou simplesmente sete-cores.

Torna-se difícil a descrição minuciosa desta maravilha. De modo geral pode-se retratá-la, dizendo que tem cabeça verde, peito azul, nuca verde-amarelo, pescoço anterior e dorso negros, abdome laranja e uropígio verde.

Vive nas capoeiras, mas freqüenta, de contínuo, o campo, vindo aos pomares.

Euler sempre lhe encontrou o ninho, uma tigelinha de 8 a 9 cm de diâmetro, entre os largos pecíolos das folhas de bananeira e até entre os frutos verdes dos cachos e, por vezes, na secção do pseudo-caule, quando cortado. Constrói o ninho de folhas e capins diversos. Euler notou, na região em que fez suas observações, que a *saíra-de-sete-cores* empregava o mesmo material que o *sanhaço (Thraupis sayaca).*

Os ovos, em número de 3, mostram o campo de cor cárnea, sobre o qual se distribuem salpicos escuros e manchas largas pardo-amarelas, às quais, garatujas de traços finos e pretos emprestam um realce artístico.

Há muita vivacidade no conjunto de coloração. A forma é oval com ambos os pólos iguais. Mede 20 × 15 mm.

Este belo pássaro habita Bahia, Goiás, Rio de Janeiro, São Paulo, Santa Catarina e Paraguai.

Tangara c. cyanocephala — *Saíra-militar*. À soberbia de sua plumagem e grande riqueza de cores junta-se um porte elegante. Este pássaro, que não mede mais de 14½ cm, foi considerado por Brehm como um dos mais notáveis do gênero, merecendo por isso uma longa descrição daquele autor.

Pode dizer-se, para não entrar em minúcias descritivas, que é verde brilhante, com o vértice e a garganta de cor azul, a fronte e o dorso pretos, a nuca vermelha. Digamos ainda que há um pouco de amarelo no uropígio e nas pernas, que o bico é negro e as patas de cor ardoseada.

Brehm diz que a fêmea tem a mesma plumagem do macho, um pouco menos vivo, e que no verde do dorso há máculas negras.

Embora sendo aves comuns, os caçadores do Príncipe de Wied não conseguiram matar um só exemplar.

Habita as florestas do Brasil inteiro e de preferência as regiões montanhosas segundo uma observação de Burmeister. Nada se sabe a propósito de seus costumes.

Tangara desmaresti — *Saíra-verde*. Pouquíssima coisa menor que a anterior, mas em beleza nada lhe fica a dever.

Parece que a descrição não é fácil, porque confrontei três autores, que entre si não concordam. A ave que encontrei rotulada como tal, se fosse descrevê-la, seria mais uma pintura discordante. Copio H. Ihering, que sempre faz esboços muito seguros, porém não gosta de entrar em minúcias, por economia de tempo naturalmente: "O dorso é verde, com manchas negras; a fronte e uma mancha da garganta são pretas, o pescoço anterior é amarelo, o lado ventral amarelo-verde". Vai dar licença o mestre para que eu ponha um bocadinho de azul na face inferior, e um azulzinho mais claro no alto do cocuruto. Assim fica igual à que eu vi no Museu Nacional.

Goeldi teve ensejo de observar numerosos bandos destas *saíras,* ou *saís,* com cerca de uma centena de indivíduos, e até mais, em visita às árvores silvestres, bicando os vários frutinhos que a mata oferece, ali pela Serra dos Órgãos.

O grupinho espalha-se em louca alegria e, enquanto espiolham os bagos saborosos, vão soltando contínuos e muito finos, *pst, pst,* como se mutuamente se chamassem.

Para bem revistar todos os ramúsculos, fazem cabriolas, reviram-se pelos galhinhos tomando posições curiosas.

Ao naturalista atrás referido, que surpreendeu as saíras nestas traquinagens, lembrou que assim procedem, na Europa, os melharucos. Conta-nos ainda aquele emérito *field-naturalist* que, quando tais aves estão empenhadas nestas pesquisas, tão abstratas se mostram, que é fácil caçá-las com a rede de apanhar borboletas. Diz-nos mais que conseguiu exemplares com uma vergastada.

Aos ninhos, infelizmente, ninguém se refere. A espécie habita do sul do Paraná, ao Rio de Janeiro, Minas e Goiás.

Tangara cayana flava — *Saíra-amarela.* Qualquer descrição, por mais minuciosa, não chega a dar idéia da boniteza deste passarinho, que mede pouco mais de 14 cm. Imagina-o amarelo, mas um amarelo semelhante ao da cana madura, quase dourado e brilhante, menos a garganta, o peito e uma fímbria fina alongada até o ventre, que são negros. As asas são negras, com orlas azuis. A cauda azul.

A fêmea é de cor parda-acinzentada, com a fronte e a cabeça cor de cobre, dorso lavado de verde, garganta branca. O ventre e a parte inferior, amarelos. Na descrição da fêmea valho-me de Henri Moreau[151].

Gosta das frutinhas do mato e não desdenha insetos. Parece que não vem aos pomares fazer travessuras.

O ninho, segundo um informe que possuo, de José Caetano Sobrinho, é uma tigelinha funda, feita de finas raízes, revestido de talos e folhas e fixado por teias de aranha.

Encontra-se em São Paulo, Rio de Janeiro, Bahia, Pernambuco, Goiás e Minas.

Os ornitologistas distinguem subespécies, algumas ainda em litígio.

Nada consegui saber de seus costumes. Adapta-se ao cativeiro, mas exige alimentação especial: frutas, ovos de formiga, etc. Em Pernambuco, dão-lhe o nome de *saíra, sanhaçuíra,* segundo Frei Vicente.

Tangara castanonota — É chamada simplesmente *saíra* e pode ser considerada, entre tantas belezas, a mais bela de todas. W. Bertoni assim a descreve: "Mede 14 cm. Do bico ao olho é negro. A cabeça e pescoço são de um dourado belíssimo, que cambia em fogo vivo sob a incidência da luz. O dorso até a cauda e as penas menores das asas são douradas, cor que toma reflexos amarelos-esverdeados, conforme os toques de luz. O resto da asa e cauda, de negra cor, porém os bordos, de um azul-vivo, têm tonalidades de verde-palha. A garganta é verde-forte, com cambiantes violeta. Todas essas cores não podem ser mais belas e brilhantes. O nome, que lhe deram, de *precioso* daí vem, porque é um dos mais belos pássaros de América. Sua formosura é tal, que alguém, que o veja, julga não poder a Natureza oferecer coisa mais linda. A fêmea é mais ou menos verde, com a fronte acanelada".

Alimenta-se de frutinhas que possa engolir inteira e de outras de maior vulto, quando já violadas. Visita os laranjais e, quando descobre uma laranja furada por pássaros mais fortes e atrevidos, então chafurda o biquinho na doçura da polpa. Sendo por vezes a lambarisqueira surpreendida assim em flagrante, culpam-lhe do crime de arrombamento, que não cometeu, e daí provém ser tida como prejudicial às fruteiras.

Habita a mata e parece não ser muito abundante. É encontrada em São Paulo, Santa Catarina, Paraná, Rio Grande do Sul, Paraguai e Argentina.

Tangara mexicana brasiliensis — Pequena saíra com 150 mm; a parte superior é preta, e o ventre, desde o peito, é branco; uma bela cor azul tinge a fronte, a parte inferior do pescoço, as bochechas, as coberteiras superiores das asas, a margem das rêmiges primárias e prolonga-se ainda do dorso posterior até às coberteiras superiores da cauda e se estende pelos flancos; no pescoço e flancos, o azul é, entretanto, salpicado de preto. O branco toma ainda as coberteiras inferiores das asas e da cauda. A fêmea é um pouco menor do que o macho.

O Príncipe de Wied encontrou-lhe o ninho numa forquilha, composta com quatro galhos, duma árvore copada. Era uma tigela feita com capricho de artista chinês, tecida de paina branca entremeada de raízes, musgos e cortiça, deste último material era guarnecido o interior, onde estavam dois ovos, algo alongados, de campo branco, marmoreado de roxo, onde pairava uma garatuja preta.

A espécie habita Rio de Janeiro, Espírito Santo e Bahia.

Tratamos de muitas espécies do gênero *Tangara*, mais vulgares e freqüentes aqui no sul, mas o norte está apinhado de *saíras*.

E. Snethlage descreve 13 espécies que vivem na Amazônia e entre elas estão radiosas beldades, como por exemplo *Tangara chilensis coelicolor*, lá conhecida por *sete-cores*. Na realidade merece a designação e, se formos distinguir as nuances das cores, iríamos mais longe ainda. Para fazer idéia, valho-me da descrição da ornitologista citada:

"Fronte, vértice e lados da cabeça verde claro brilhante, occiput, dorso alto, cauda e asas pretos, rêmiges da mão marginadas de azul, coberteiras menores das asas superiores azuis; dorso baixo encarnado; uropígio amarelo; garganta azul-avermelhado; peito barriga e flancos azul-claro, meio do abdome, coxas e crisso pretos".

Mede cerca de 14 cm. Habita o Rio Negro.

Parecidíssima com essa é *Tangara c. chilensis*, que tem o mesmo nome e habita o Alto Amazonas.

Citaremos ainda *Tangara p. punctata*, que tem o nome vulgar de *nagaça*, na qual predominam a cor verde e pintas pretas, sendo amarelados os lados do peito. Pátria: Amazônia.

Pipraeidea m. melanonota — *Saíra-açu* ou *saíra-guaçu*. Goeldi ouviu chamar-lhe *saíra-sapucaia*. Já a descrevemos sob o nome mais vulgar de *viúva*.

SANHAÇO-FRADE *(Stephanophorus diadematus)* — Apesar de não ser ave muito abundante, é bem conhecida do povo, como se depreende dos variados nomes vulgares por que a conhecem, como: *azulão* e *azulão-bicudo* (Rio Grande do Sul), *lindo-azul, sanhaçu,* *gurandi-azul* (Minas) e ainda *sairuçu, azulão-da-serra, azulão-de-cabeça-vermelha, cairé,* etc.

Mede mais ou menos 19 cm. É de cor azul-grisalha, azul-sujo, azulão ou azulego, como o povo diz, em referência a essa cor. Há, no entanto, na cabeça, descendo para a nuca, uma nuance azul-celeste e, bem no cocuruto, quase um simulacro de poupa vermelha.

A fronte, garganta, asas e cauda negras; de igual cor, o bico, que é curto, grosso e curvo como o dos gaviões. O conjunto dá-lhe um aspecto agradável e vistoso. Aninha-se nos arbustos das capoeiras, sempre a pouca altura, 3 a 4 metros. O ninho, um tanto raso, como um colchão bem cuidado de capim, não pode ser considerado nenhum desprimor, porém os 4 ovos da postura são belos, pois no campo branco-azulado há manchas cinzento-arroxeadas, constelações de pingos, entre as quais serpenteiam garatujas pretas. O ovo mede 24 × 17 mm.

O macho, enquanto a consorte se entrega às lides da incubação, faz o que pode para distraí-la, iniciando sempre, e não concluindo nunca, uma certa canção que imaginou. É, pois, autor de uma eterna sinfonia inacabada.

O *sanhaço-frade* vive em cativeiro e aí se reproduz, segundo consta.

A "Revue d'Histoire Naturelle Appliquée" (vol. IV, 1932, p. 237) noticia um caso de reprodução desta ave na Europa, o que ainda é mais interessante.

Habita os Estados de Goiás, Rio de Janeiro, São Paulo, Paraná, Rio Grande do Sul e vai até o Paraguai e a Argentina.

SANHAÇO — Os *sanhaços,* ou *sanhaçus,* são traupídeos, na maioria do gênero *Thraupis,* algo maiores que as *saíras* e um tanto menores que os *tiês.*

O povo distingue e dá determinações especiais a algumas espécies.

Um dos sanhaços mais vulgares, pela sua larga distribuição geográfica, pois ocorre, pelos Estados marítimos, desde o Rio Grande do Sul ao Maranhão, é *Thraupis sayaca sayaca, sanhaço-do-coqueiro,* como lhe chamam, passarinho azul-ardósia na parte superior e azul-esbranquiçado na inferior. Mede 15 cm. Gosta do campo, freqüenta os jardins e cafezais, onde, por vezes, constrói o ninho na extremidade dos galhos superiores. Trata-se de uma tigela de 11 cm de diâmetro, muito bem tecida e alindada, externamente, com as flores do próprio material que escolhe para confeccioná-la, a *Lippia urticoides,* nas regiões em que ela existe. Ainda se requinta em cuidados artísticos, enfeitando as paredes externas com líquens, musgos, cortiças e paina.

Sabe cardar a paina e entremeá-la na tecitura do ninho. O interior é guarnecido de finas raízes.

Os ovos, 3 em cada postura, são de cor creme, sarapintados de pontinhos, ostentando, no pólo rombo, vagas garatujas pretas. Medem 24 × 17 mm.

Este *sanhaço* aparece no antigo Distrito Federal, gostando, à tarde, de empoleirar-se nos galhos mais extremos das árvores, onde desfere um canto simples, mas vibrante e agradável.

Do costume de visitar as frondes altaneiras lhe vem o hábito de atacar as frutas, de cima para baixo e, daí, a frase nortista que certa vez escutei: "Eu como de cima para baixo, à maneira do assanhaço". O que quer tal expressão significar, não alcanço bem. Talvez, com isso inculque, quem o diz, possuidor do método de fazer as coisas em ordem.

Aprecia sobremodo as frutas e parece que descobriu, antes dos cientistas, que as laranjas contêm vitaminas. Deve datar de então o grande apreço que lhes merecem aqueles magníficos hesperídeos e a guerra que aos sanhaços movem os citricultores.[152]

Posto que simpatize com suas clarinadas, não posso defendê-lo, pois que, na realidade, chega a causar prejuízos nos pomares, atacando todas as frutas, inclusive a jabuticaba, e muito notadamente o mamão, pelo qual mostra especial predileção. Já aprendeu a comer caqui, pêssegos, uvas e as outras frutas exóticas, inclusive a laranja, de que é, como dissemos, grande apreciador.

Aparece em freqüentes grupos, especialmente na época da maturação de certos frutos.

Em alguns lugares, quer no norte, quer no sul do Brasil, no Estado do Rio, por exemplo, o sanhaço aparece em grandes quantidades e é apanhado por formas várias, inclusive alçapão falso. Uma vez preso é, a seguir, metido em viveiros e engordado para fins alimentícios.

Azara escreveu um libelo acusatório terrível contra este sanhaço, apontando-o até como comedor de alfaces, e levou sua cominação à família inteira lançando-a à lista negra dos pássaros nocivos. Não é de boa justiça desmoralizar toda uma família pelo mau procedimento dum de seus membros. Entre eles há comportamentos quase exemplares, voláteis úteis, destruidores de insetos, frugívoros larvados, com pequenas incursões nos pomares, na época em que os frutos se estão estragando de maduros. Pecadilhos veniais. Quem deixará de saborear um fruto sazonado que lhe fique ao alcance do desejo, mesmo que seja um fruto proibido, e até por isso mesmo?

As objurgatórias dos fruticultores também alcançaram *Thraupis b. bonariensis* apontado como um papão de laranjas e até chamado *naranjeiro* na Argentina, e *papa-laranja* no Rio Grande do Sul. Lindíssimo, sem dúvida, com a sua cabeça azul-celeste, cor que lhe toma o pescoço anterior e posterior; peito e uropígio amarelo-laranja, abdome amarelo-puro. Uma pequena região, do pescoço à espádua, e o dorso, negros. Desta mesma cor são as asas e a cauda, onde se notam nuances cerúleas. Mede 19 cm.

A fêmea diferencia-se nas nuances das cores, a que falta o brilho tão notável em seu esposo.

Faz ninho esmerado, em árvores, a boa altura. Os ovos, 3 a 4, têm campo verde desmaiado e apresentam manchas acastanhadas.

Alimenta-se de frutas, alguns grãos e insetos. Quando aparece em pequenos bandos, visitando os laranjais na época da maturação dos frutos, causa pequenos prejuízos.

W. Bertoni defende-o a todo transe e diz que "vive de insetos e aproveita também as laranjas furadas pelos papagaios e outros pássaros".[153]

É espécie sulina, pois só tem sido notada no Rio Grande do Sul, indo ao Paraguai, Argentina e Bolívia.

Thraupis p. palmarum, o *sanhaço-de-coqueiro*, ou *sanhaço-de-mamoeiro*[154] tem distribuição geográfica quase por todo o Brasil, "desde a chapada matogrossense até Minas, e do Rio Grande do Sul (Novo Hamburgo) até o Maranhão e a leste do Pará, e daí em diante, nos vales do Amazonas e do Orenoco, é substituído pela subespécie *T. p. melanoptera*", diz Olivério Pinto.

Esta raça, ou subespécie, é na Amazônia chamada *saí-açu-pardo*.

Como se vê, por quase todo o território nacional, existe este pássaro, de cor geral verde-olivácea-acinzentada, mais escura no dorso; asas e cauda enegrecidas, com um debrum esverdeado. (Este debrum falta a T. p. *melanoptera,* sendo só nisso que se diferencia).

Mede mais ou menos 18½ cm.

José Caetano Sobrinho, uma nota em meu poder, cedida por outro amador de aves, o Sr. Júlio de Figueiredo Santos, descreve o ninho como sendo em forma de tigela, forrado de raízes, e colocado entre talos das folhas dos coqueiros. Os ovos (2 na ninhada que tenho presente) medem 22 × 15½ e são brancos, com manchinhas avermelhadas, um tanto desmaiadas.

Thraupis ornata, sanhaço-de-encontros, diz o povo, remarcando-lhe o fácies, que logo o distingue dos parceiros e que é a mancha amarela localizada no encontro.

A ave mede 18 cm, é de cor geral esverdeada, cabeça azul-clara, com esta mesma cor no peito.

Ao lado dos encontros destaca-se o amarelo da malha, a que já nos referimos.

Segundo testemunho de Goeldi, a ave faz o ninho próximo das habitações humanas, nos jardins e nos cafezais, em altura que varia de 1½ a 9 metros, sempre nos galhos exteriores.

O ninho, cuidadosamente feito, encerra, em regra, 3 ovos brancos com numerosas manchas e pontos[155]. Mede 24-25 × 17 mm.

O *sanhaço-da-serra,* como por alguns é conhecido, encontra-se de Santa Catarina a Goiás, Bahia, Minas e São Paulo.

Ainda do gênero *Thraupis* podemos citar outro sanhaço, *T. cyanoptera* (fig. 48) bem conhecido aqui no sul. É de cor azul-cinzenta, esverdeada em cima e desmaiada em baixo. Os encontros são de cor azul-clara em ambos os sexos.

As duas espécies tipicamente amazônicas são *T. e. episcopus* e *T. coelestis,* se é que não se trata de uma só espécie e uma variedade, conforme opinam os entendidos.

Fig. 48. *Sanhaço* (Thraupis cyanoptera)

Os amazonenses não as distinguem, e ambas levam por isso o mesmo nome *saí-açu-azul*. Mede 17,6 cm, e é de cor azul quase generalizadamente.

TIÉ-SANGUE *(Rhamphocelus bresilius dorsalis)* — Quando um acaso propício quer que se nos depare, pela primeira vez, a figura purpurejante deste pássaro, tomamo-nos de surpresa e enlevo. O Príncipe de Wied experimentou este sentimento confessando: "O estrangeiro não pode reprimir sua admiração quando, pela primeira vez, vislumbra essa esplêndida plumagem vermelha rebrilhando ao sol, com fulgores fantásticos, entre a vegetação florida que cobre as margens dos rios, entremeando-se pela folhagem, finamente, recortada das mimosas".

Na realidade, é um espetáculo cheio de encantamento observar, na vida livre da mata ou, como ele prefere, nas campinas, a prodigiosa ave vermelha.

Trata-se de um pássaro de tamanho avantajado, relativamente, pois mede cerca de 19 cm. O macho ostenta plumagem dum vermelho sanguíneo, brilhante, exceto as asas e a cauda, que são negras-brunáceas, porém negro extreme à proporção que as aves se tornam mais velhas; as tetrizes superiores são orladas de vermelho e as inferiores têm marmoreados brancos. O bico, que é bruno-enegrecido, faz ressaltar dois olhos acesos de fulgores de brasa. Há uma calosidade branca na mandíbula inferior.

A fêmea é quase totalmente acinzentada na parte superior do corpo, e a inferior, dum pardo-avermelhado-fulvo. Há mosqueados vermelhos dispersos sobre as coberteiras superiores da cauda. Os olhos têm a íris menos vermelha que a dos machos. A mandíbula é desprovida de calosidade.

Os jovens assemelham-se às fêmeas, mas notam-se bem cedo penas vermelhas sobre o corpo, dando ao conjunto da plumagem um aspecto malhado.

O *tié-sangue*, ou ainda *sangue-de-boi*, *tié-fogo*, *tié-vermelho*, *tapiranga*, *canário-baeta*, o *tié-piranga* do indígena, vive na mata, porém de preferência habita as campinas e freqüenta a vegetação que orla os cursos d'água, os cerrados, onde encontra asilo e frescura.

Alimenta-se de frutas e insetos, causando certos prejuízos às fruteiras, segundo algumas informações.

Sobre o ninho há indicações que se contradizem. Euler encontrou-o oculto entre moitas de capim ou junco. Tem a forma duma tigela aberta e, embora não escasseie o material, aquele autor informa "que não oferece solidez bastante, para que se possa levantá-lo". O interior estava guarnecido de finos pedúnculos sem arte. H. Ihering, no trabalho já freqüentemente citado, faz notar que o ninho a que se refere o autor acima não concorda com o que possui, já por ser maior, já porque a ligação dos elementos é perfeitamente boa.

Antônio C. Guimarães Júnior[156] conta que encontrou o ninho numa pequena árvore e notou-lhe um lavor descuidado e de tal forma, que se avistavam os ovos através da trama.

Os ovos medem 22-25 × 15,5-17,5, segundo Pedro P. P. Velho, o que concorda com as medidas de Nehrkorn e Ihering, mas não com Euler. Parece, que, desta feita, o *tié* tapeou o sagacíssimo Euler.

Descrevendo os ovos, Pedro Velho apresenta-os de campo azulado e lustroso, com pingos pretos, mas ressalta que, além dos pingos, há manchas no pólo rombo e, em outros tais máculas se localizam, no pólo oposto, e ainda afirma que na coleção do Museu Nacional há ovos desprovidos de qualquer desenho.

O *tié-sangue* é vítima do *chopin,* pois Antônio G. Sobrinho, no trabalho anteriormente citado, observou este destruindo a postura daquele e substituindo-a pela sua. Dos quatro ovos, da postura normal do *tié,* só um ficou intacto. O *chopim* havia posto 3 ovos.

Segundo observação do referido amador, é difícil encontrar postura do *tié* que não esteja parasitada pelo *chopim.*

A espécie descrita ocorre aqui no sul, de Santa Catarina até o sul da Bahia, e há espécie típica que vive na Bahia, Pernambuco, Piauí, Goiás.

Na Amazônia ocorrem duas espécies do gênero *Rhamphocelus,* que são *R. carbo carbo,* lá chamada *pipira-de-papo-vermelho,* que é preta com brilho purpúreo, especialmente no alto da cabeça e na parte inferior; a garganta é vermelha e a base da mandíbula, azul. Pouco menor que a anteriormente descrita, é *R. nigrigularis, pipira-encarnada,* do mesmo porte ou pouco menos, toda vermelha, exceto os lados da cabeça, mento, dorso alto, asas, cauda e meio do abdome, que são negros.

Conhecem-se os ovos de *R. carbo*, algo semelhante aos do *tié-sangue* (21-22,5 × 15-17,5, apenas diferindo pela ausência dos traços, sendo as manchas um tanto menores.)

Este pipira foi muito minuciosamente estudado por Cory de Carvalho, em estudo no Boletim do Museu Goeldi, de março de 1957.

CANÁRIO-DO-MATO *(Piranga flava saira)* — É, como bem diz o nome científico uma *saíra-vermelha*, mas dum vermelho-cochonilha magnífico. O povo ainda lhe dá a denominação de *sanhaço-de-fogo*, e também *saí-de-fogo, tié-piranga* e, parece, *sangue-de-boi*, talvez por confusão.

A fêmea difere do macho, pois é verde-azeitonada em cima e amarela na parte ventral.

Não obstante tais nomes, que o enquadram dentro da família dos traupídeos, dos demais parentes muito se afasta especialmente nos costumes.

Dele quase nos fica a certeza de que é exclusivamente insetívoro, por observações diversas.

Uma espécie do mesmo gênero *(Piranga azaraé)*, de idêntica forma, se comporta no Paraguai, conforme testifica W. Bertoni.

O ninho, feito no cerrado, em plantas arbustivas, reveste-se da forma de uma tigela. É tecido com talos de capim.

Os ovos são em número de 3.

O *chopim*, ou *vira*, quase sempre faz posturas clandestinas no ninho deste *traupídeo*. Numa ninhada da coleção José Caetano Sobrinho, que tenho sob meus olhos, há 7 ovos, sendo 3 do dono do ninho e 4 do insigne malandro e parasito.

O *canário-do-mato* ocorre no Rio Grande do Sul, São Paulo, Paraná a Bahia, Mato Grosso e Minas.

CAPITÃO-DE-SAÍRA *(Orthogonys chloricterus)* — Enverga um uniforme verde-amarelo, e, para melhor esclarecer, diremos que é verde-oliva na parte superior e verde-amarelo na inferior.

Discreto como convém ao seu mister de capitanear o trêfego exército das saíras[158], o bravo capitão vereja as ramadas mais altas das fruteiras silvestres em busca das bagas saborosas. Mede 17 cm.

De ninho e ovos não tenho notícias.

Habita as matas do Brasil meridional, do Rio Grande do Sul ao Espírito Santo.

TIÉ-DO-MATO-GROSSO *(Habia rubica rubica)* — Escasso e belíssimo pássaro de 19 cm de comprimento. Certamente, um dos mais lindos pássaros do Brasil.

O macho é vermelho-escuro, mais claro no abdome. Orna-lhe a cabeça um topete coronal vermelho-vivo.

A fêmea, uniformemente parda douradilha, é desprovida de topete.

Da vida do *tié-do-mato-grosso,* ou *tié-da-mata,* pouquíssimo se sabe. Passa por ser algo desconfiado e espantadiço, um verdadeiro "bicho do mato", mas, no entanto, é o capitão dos traupídeos nas suas excursões através da floresta em busca de alimentos[158].

Euler descobriu-lhe o ninho, num arbusto copado, a pouco mais de 1 metro de altura. Apresentava a arquitetura clássica entre os traupídeos, a forma de tijela, cujas paredes eram entretecidas de ramúsculos secos, ainda providos de folhas. A ligadura do material entre si é conseguida por meio de raízes e fibras finas. O interior é um acolchoado de crina vegetal. A postura consta de 3 ovos, que o autor acima citado assim descreve: "Campo branco com tom azul-cinzento sobre o qual se acham espalhadas numerosas manchas e pingos pardo-amarelos, que se concentram na parte romba, formando uma cúpula. Por baixo desta distingue-se um cordão estreito de pontos escuros-azulados".

Distribuição geográfica: Rio Grande do Sul, Santa Catarina, São Paulo, Rio de Janeiro, Bahia, Bolívia e Paraguai.

Apontam-se ainda algumas subespécies, como *H. rubica peruviana,* mais ou menos do mesmo tamanho, de cor idêntica. Vive na Amazônia.

TIÉ-GALO *(Tachyphonus cristatus cristatus)* — Mede 19 cm, sendo que a cauda tem quase 9 cm. É negro, mas empina-se no alto da cabeça um galante topete vermelho-alaranjado. Nota-se nas coberteiras das asas uma mancha branca: o baixo dorso é amarelo não muito vivo, e igual cor surge em forma de mancha na garganta. Os olhos são pardos, quase negros.

Os ovos são brancos, pouco lustrosos e medem 22-23 × 17, tendo pintas e manchinhas avermelhadas, profundas, e as maiores superficiais e negras, segundo H. Ihering. A espécie distribui-se pelos estados marítimos de São Paulo ao Pará, e possivelmente, pelo Amazonas, uma vez que carece de validez certa subespécie que se julgava substituí-la.

TIÉ-PRETO *(Tachyphonus coronatus)* — Como o anterior, é também denominado *guarandi-preto*.

No Estado do Rio parece ser mais vulgar o nome *tchá,* apelo muito freqüente, que emite. Mede aproximadamente 19 a 20 cm. É inteiramente negro, com um belo topete vermelho. A fêmea é, na parte superior, amarelenta.

Vive nas capoeiras e, entretanto, vem às roças e aos jardins.

José Caetano Sobrinho encontrou-lhe o ninho oculto entre as folhagens dum arbusto, à margem de um córrego, o que concorda com a afirmação de Euler, que o viu entre as espessuras dum sarçal. É a infalível tigela da família dos traupídeos, arranjada com raminhos e cipós enfolhados e talos diversos. O interior é carinhosamente forrado de raízes.

A postura consta de três ovos primorosos. Euler reputa-os os mais lindos ovos que conheceu. Há por sobre o campo de uma cor cárnea-rosada, largas manchas vermelhas carregadas, cujos contornos se apagam aqui e se reacendem ali, entre vivas garatujas e salpicos de cor sépia. Os desenhos concentram-se mais freqüentemente no pólo rombo, dando ao conjunto uma harmonia artística. São de formato alongado, com ambas as pontas obtusas, e medem 23½ × 17 mm.

A espécie típica, algo parecida com a descrita, é *Tachyphonus rufus,* chamada, por uns, *guarandi,* e por outros, *macho-de-joão-gomes,* o *pipira-preta*.

A semelhança existente, entretanto, é somente entre as fêmeas, porque os machos, logo à primeira vista, se extremam, pois, enquanto o anteriormente descrito ostenta o belo topete vermelho, este dele carece.

Nos hábitos também diferem muito, pois *coronatus* é ave que de ordinário vive na mata, enquanto *rufus* vive sempre no campo. Este vive em Mato Grosso, norte de Minas e de Bahia ao Pará até

Guianas e Venezuela, e aquele vai do Rio de Janeiro ao Rio Grande do Sul, Paraguai e Argentina.

O gênero *Tachyphonus* comporta mais meia dúzia de espécies na maioria ocorrentes na Amazônia.

Há, entre eles, duas espécies amazônicas, por lá chamadas *pipiras*.

TIÉ-DE-TOPETE *(Trichothraupis melanops)* — É espécie bem vulgar nas matas da Serra dos Órgãos. Verde azeitão na parte superior, sendo, entretanto, de cor negra a face, asas e cauda; a parte inferior é amarelo algo desmaiado.

Sobre a cabeça do macho alteia-se o topete vermelho, que lhe deu o nome. Há, nas penas mais extremas das asas, certa mancha branca.

Segundo W. Bertoni, alimenta-se de insetos e destrói muita formiga, Burmeister já havia aludido ao grande apreço que o *tié-de-topete* dá às saúvas, cujas operárias segue, pelos carreiros, caçando-as. Remarque-se o fato, pois toda a ave que come saúvas merece ser protegida e até mais do que isso.

Os povos antigos, especialmente os egípcios, parece que mantinham o culto de certos animais, um tanto pelos benefícios que lhes prestavam.

Os crocodilos anunciavam, em certos anos, as enchentes do Nilo, os gatos destruíam a praga terrível dos ratos, logo eram enviados pela bondade dos deuses e participavam um tanto da divindade. Erigiam-se altares, para eles.

Mudaram-se os tempos e em lugar de colocarmos tais animais num templo, metemo-los na lista das espécies úteis, no catálogo da Zoologia Agrícola. Cada época com seus usos. O fim visado será sempre o mesmo: aproveitar o que vale.

Quem mata uma ave prestadia comete um crime contra a economia popular. Merece castigo, como aqueles que, na terra dos faraós, matavam um gato ou outro animal sagrado. O sagrado de outrora e o útil de hoje se equivalem.

Na época do utilitarismo a que chegamos, não é corriqueira a expressão "sagrados interesses", sempre que nos referimos aos nossos interesses? ...

Sobre o ninho, dá-nos notícia Euler, e quase das mesmas palavras se vale Goeldi. Trata-se duma tijela desprimorosa, sem encanto, feita com raízes e assente frouxamente sobre ramúsculos.

Euler encontrou tal ninho num arbusto, a um metro de altura, e dentro dele, três filhotes. Corria então o mês de novembro.

Os ovos, que medem 25 × 15 mm, têm campo branco, um tanto avermelhado, mostram manchas roxas profundas e outras superficiais de cor parda-escura, mais numerosas num dos pólos.

Distribuição geográfica: Rio Grande do Sul, São Paulo, Rio de Janeiro, Bahia, Goiás, Minas, Paraguai e norte da Argentina.

PINTASSILGO (*Hemithraupis guira guira*) — Na Amazônia, onde não há pintassilgo brasileiro (fringilídeo), dão tal nome a esse passarinho que mostra ares com ele.

Mede pouco mais de 13 cm. Tem o dorso verde-azeitonado, baixo dorso e ventre alaranjado-vivo, garganta e lados da cabeça pretos.

A fêmea dele difere um pouco no conjunto, sendo, no entanto, parda a garganta e o amarelo do ventre um tanto esverdeado.

Habita as matas, capoeiras e vem até os pomares.

Passa a vida caçando insetos, de que se alimenta, e chega a ir buscá-los até nas corolas das flores.

Das frutas não faz caso, o que é pouco freqüente entre a maioria dos membros da sua família.

Sabe plantar o ninho nas copas das árvores, sem procurar escondê-lo.

Tece com fibras e alinda-o com líquens, dando ao interior um alcatifado de fibras mais finas, e ali, nesta taça, depõe os ovos, que são brancos, com pontuações de cor amarela.

Habita São Paulo, Minas, Mato Grosso e Amazônia, bem como a maioria dos países limítrofes.

Parece-me no entanto que o nome vulgar *(pintassilgo)* só é usado no Pará e em referência a subespécie *H. g. nigrigula*.

Há ainda outro passarinho dum gênero próximo a este, conhecido na Amazônia sob o nome de *filho-de-saí*.

Trata-se de *Nemosia p. pileata*, pouco maior que o anterior, porém de hábitos iguais. A plumagem é xistácea azulada-clara na parte superior sendo o alto e lados da cabeça negros e de igual cor o pescoço; a parte inferior é branca, lavada de cinzento nos flancos.

A fêmea difere do macho, porque carece de cor preta na cabeça e pescoço sendo que a garganta é amarela.

A distribuição geográfica é quase a mesma.

SABIÁ-TINGA (*Cissopis leveriana major)* — Tem um cunho absolutamente original. Nenhuma outra ave se pode confundir com o *sabiá-tinga* logo à primeira vista.

É negro, exceto o lado inferior e o baixo dorso, que são brancos. O alto dorso é igualmente branco-acinzentado e ainda de cor branca as orlas da cauda e das asas.

Em sua cabeça esperta brilham dois olhos de íris amarelo.

Para melhor distingui-lo entre os demais seres alados da nossa avifauna, deu-lhe a natureza a longa cauda de pega européia, mais decorativa e aprimorada por um debrum branco. Dos 28 cm. do seu tamanho, a metade pertence à cauda. Por esse aspecto é chamada, no Estado do Rio, *pega-do-norte*. (fig. 49).

Fig. 49. *Sabiá-tinga* (Cissopis leveriana major)

Toda a imponência da sua rabilonga figura vem deste desenvolvimento caudal. É, sem dúvida, uma ave bonita, uma estrela da galeria das aves brasileiras. Costumam aparecer em pequenos grupos passeando pelas árvores em seus vôos calmos e sussurrantes. Nunca empreende grandes arrancadas, e locomove-se, paulatinamente, em vôos escalonados de árvore para árvore. Parece que a longa cauda lhe pesa um tanto.

Quando se assusta, balança o comprido apêndice caudal, e, num esforço extremo, vai um pouco mais longe, porém, pára aqui e ali, a fim de descansar, certamente. Não é, aliás, espantadiça, e dá aos caçadores ensejo de abatê-la.

Encontra-se mais geralmente nas matas cerradas e junto aos córregos, dando grande apreço às touceiras de crissiúma. Goeldi, que me proporcionou o melhor dos informes, ouviu-lhe o canto, que julgou figurar assim: *psi-tu, psi-ti, psi-tu, psi-ti* e por aí afora, sem mais variações,

Reinhardt, citado por H. Ihering, descobriu um ninho de *tié-tinga* em Minas e diz que era uma taça pequena feita com palhas de taquaraçu. Continha dois ovos brancos, com salpicos pardo-amarelados. Tamanho dos ovos: 30 × 20 mm.

A ave de que tratamos, também chamada *prebíxim, sanhaço-tinga, pintassilgo-do-mato-virgem, pintassilva, anicavara, pega e tié-tinga*, é encontrada em Santa Catarina, São Paulo, Rio de Janeiro, Bahia, norte do Maranhão, Amazônia, Goiás, Minas, Paraguai e Peru.

BICO-DE-VELUDO *(Schistochlamys ruficapillus)* — Mede 18 cm. É cinzento-chumbo na parte superior e amarelo-ferrugino só na inferior. Alto da cabeça branca, fronte e região anterior dos olhos negros.

Freqüenta de preferência as palmáceas e daí o nome, que também lhe dão, de *sanhaço-do-coqueiro*, muitas vezes usado para indicar o *Thraupis s. sayaca*.

Melhor seria, pois, que se popularizasse a designação *bico-de-veludo*, ou *sanhaço-pardo, sanhaço-do-campo*, como por vezes lhe chamam, para evitar confusões.

Não é ave arisca. De ninhos e ovos faltam notícias. P. Velho descreve o ovo de outra espécie do mesmo gênero *S. ater* e informa que o ovo mede 25 × 17,5 tendo o campo branco-amarelado, densamente coberto de manchinhas pardas.

CAPÍTULO XXIII

ICTERÍDEOS

Japu, japu-verde, japu-açu, japim, guaxe, japim-de-costa-vermelha, soldado, graúna-de-bico-branco, graúna, triste-pia, vira-bosta, asa-de-telha, iratauá, soldado, rouxinol-do-campo, capitão, chopim-do-brejo, dragão, corrupião, rouxinol, rouxinol-do-rio-negro, encontro, pega, arranca-milho

Podemos dar como principais característicos desta família, o bico-longo, reto, pontudo, de base forte; tarsos médios, robustos; narinas nuas; asas longas, pontudas, com nove rêmiges primárias.

O tamanho das aves que compõem a família varia entre as formas quase gigantescas até as de tamanho pequeno, predominando as médias.

A cor da plumagem é em grande maioria preta, ou preta e amarela, ou ainda preta e encarnada.

Os costumes apresentam, o mais das vezes, certa uniformidade, sendo, quase sem exceção, eminentemente sociais.

Os nomes *"troupiale"*, dado na literatura francesa, e *gregarii*, proposto por um antigo naturalista, bem demonstram os hábitos sociais desta grande família. São aves que, ora se encontram no campo, ora na mata, onde muitas vezes estabelecem colônias de ninhos, como teremos ensejo de descrever.

Alimentam-se de modo muito diverso, pois há espécies frugívoras, granívoras, insetívoras, mas, podemos dizer, que não há exclusivismo alimentar e até julgamos que poucas famílias de pássaros, como essa, possam merecer, com tanta justeza, o título de onívoras.

Há cantores notáveis e espécies que, em cativeiro, alcançam surpreendente mansidão. Todos amassam no esôfago o alimento que dão aos filhotes ainda ninhegos.

Para tornar mais interessante o estudo destes pássaros há ainda uma multidão de fatos da vida íntima de cada espécie, como iremos apreciar.

A família é exclusivamente americana, e no Brasil ocorrem 49 formas, entre espécies e subespécies.

DESCRIÇÃO DAS ESPÉCIES

JAPU *(Ostinops decumanus maculosus)* — Imponente passarão de longa cauda e respeitável bico. Uma das grandiosas figuras da aviária brasileira.

O tamanho destas aves é muito variável. Há indivíduos que medem 42 cm e até menos, outros chegam a 49 cm e até mais. A fêmea é sempre bem menor.

A cor geral é negra, mas a parte posterior do dorso, o uropígio e o crisso são dum vermelho escuro ferruginoso. A cauda é amarela, exceto as duas retrizes medianas, que são negras. No alto da cabeça há 4 a 5 penas lineares longas, caídas para trás e de cor negra. O bico é amarelo-desmaiado, os tarsos negros e íris azul-claro.

Habitam a mata e voam com desembaraço, embora pesadamente. Gostam de voar juntos. São glutões insaciáveis. Apreciam as frutas, mas devoram tudo que encontram: insetos, ovos das outras aves. Stradelli diz que o "dano que produzem só é comparável com o de um bando de macacos".

Goeldi, que teve a oportunidade de espreitar-lhes a vida na mata, escreve: "Sua estada predileta é o arvoredo alto da mata; gostam de pousar nos troncos velhos e embaúbas para seus concertos originais. Seu canto é uma jubilação particular, que por vezes soa como a gargalhada duma pessoa: lembra-me ainda bem a impressão que em mim causou na primeira excursão de caça que fiz às matas costeiras. Pode talvez reproduzir-se aproximadamente *hgr-hgr-hgr-hu-hu-hu-gwú-gwú*. Além disso possuem apelo claro, grasnado, que avisa de qualquer aparição suspeita na mata".

Fig. 50. *Ninhos de japus*

O japu, grandemente social, vive em bandos numerosos e vale a pena espreitar suas colônias de ninhos pendurados, à maneira de bolsas.

Conheço certo recanto, onde poderemos divisar uma linda colônia destas inquietas aves. Siga-nos o leitor, através dos encantamentos da mata. Penetremos por essa entreaberta já aqui próxima e aventuremo-nos no inextrincável labirinto da floresta cheio de sombras e frescura.

Permita que lhe diga que sempre penetro na mata como quem transpõe o limiar de um templo. Sinto um transbordamento interior, uma emoção que não sei explicar, uma crise de ternura por esses vegetais majestosos, por esses troncos venerandos, que os séculos cobrem de musgos como a pátina do tempo sagra os bronzes antigos. Entro aqui com a unção dum crente; afigura-se-me um panteon em cujas criptas silenciosas dormissem os ossos venerandos de avoengos desaparecidos na voragem de milênios sem conta.

Até quando deixo de visitar a mata por longo tempo, sinto que me falta alguma coisa, um sentimento confuso, que tenho qualificado de nostalgia ancestral, supondo que dorme nos confins do meu subconsciente uma recordação de épocas zoológicas desaparecidas. Então compreendo bem as palavras de Metchnikoff, quando diz que, no calor e alcalinidade do nosso sangue, há a recordação da água quente e salobra da época do nascimento da espécie, e em nosso cérebro, cristalizado sob forma intelectual, todos os instintos, todas as experiências, todos os aperfeiçoamentos dos protistas, dos anelídeos, dos peixes, dos répteis, das aves e dos mamíferos que nos precederam no cenário do mundo.

Não é que nos íamos extraviando do caminho? Não percamos o nosso oriente. Vamos aos japus.

Passemos, com cuidado, por entre essas cordas enormes, vindas lá das alturas, raízes aéreas que vão procurar alimento no solo.

Saudemos de passagem essa maravilha vegetal, essa gigantesca figueira brava, entre cujas sapopembas se podem esconder animais de grande porte e onde vicejam os jardins do caapora. Apressemo-nos um tanto, pois já se escuta o fino assobio dos filhotes dos japus. Entramos agora num capoeirão, velha parte da mata que se vem reconstituindo. Lá está, à esquerda, numa magnífica clareira, a árvore, cheia de ninhos. Veja. Arrojando-se de dentro do mato ralo e circundante, uma paineira ergue no ar a sua grandíssima estatura. Nos cem braços deste Briareu vegetal é que os japus vieram pendurar os ninhos. São magníficos artefatos da indústria dos pássaros. Apresentam a forma de uma bolsa, já que não temos, na arte humana, outro objeto que sirva de melhor comparação. Longos de mais de um metro, são tecidos com barba-de-pau ou, como dizem outros, barba-de-velho *(Tillandsia usneoides)*, bromeliácea epífita e curiosa que despenca dos galhos das árvores grisalhas e emaranhadas cortinas. Não poderiam os japus escolher melhor material para construí-los. O desenho aqui junto dará uma idéia perfeita de tal maravilha, bastando acrescentar que oferecem muita resistência, não sendo fácil rasgá-los.

No fundo da bolsa, encontra-se um acolchoado de musgos, destroços de folhas secas e cortiças sobre os quais a fêmea põe os dois ovos de sua postura. Medem estes 32-34 × 23,5-26 mm.

São algo alongados, com o campo quase tomado de manchinhas roxas, ora mais vivas, ora mais desbotadas e quase, por vezes, apagadas.

P. Peixoto Velho descreve um ovo completamente branco da coleção do Museu Nacional.

Parece que a ave faz três posturas por ano.

Uma singularidade digna de nota é o fartum que exalam os japus, um fedor igual ao das baratas. Não obstante isso, há quem lhes aprecie a carne, abundante e barata... Os indígenas comiam-no, e o Príncipe de Wied provou-a, achando-a bastante dura, mas sem nenhum gosto particular repugnante.

Das lindas penas amarelas da cauda, faziam os índios botocudos um enfeite que traziam na testa à maneira dum diadema.

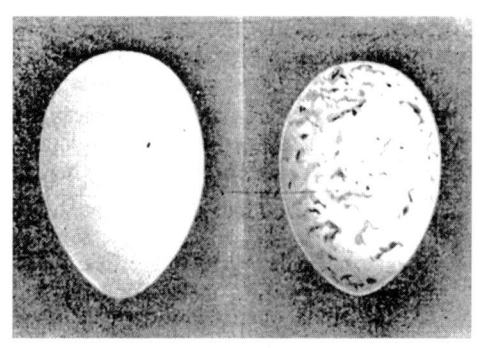

Fig. 51. *Ovos de japu*

No cativeiro, as aves de que estamos tratando comportam-se perfeitamente bem, e creio que em um amplo viveiro, onde pudessem viver em bando, como apraz ao seu alto espírito de sociabilidade, talvez nos proporcionassem o ensejo de espreitarmos o belo espetáculo da confecção de seus ninhos e a maneira com que os sabem tão solidamente ligar aos troncos, resistindo ao constante soprar dos ventos, a cujo sabor ficam em contínuo oscilar.

A distribuição geográfica da espécie é ampla, ocorrendo no Brasil, em Santa Catarina, São Paulo, do Rio de Janeiro à Bahia, Amazônia (onde é muito abundante), Minas e Mato Grosso.

São conhecidas algumas subespécies.

Fora do nosso território, encontra-se no Paraguai, Argentina (Corrientes e Missiones), leste do Peru e da Bolívia.

Registrem-se ainda os nomes populares de *jupu-açu, japu-guaçu, japu-preto*. Na Bahia o nome vulgar é *japu-gamela,* e no Brasil central *joão-congo*. Os indígenas, chamavam-lhe *iapo* ou *iapu,* de *ia* = aqueles que + *pu* = soar, fazer ruído, referência ao barulho que sempre promove uma colônia destas aves, muito dinâmicas e espaventosas.

Os guaranis, no Paraguai, davam-lhe o nome de *iacu* ou *acae-u* e ainda *acaé-rubichá,* segundo W. Bertoni.

O gênero *Ostinops* ainda encerra outras espécies, e entre elas o belo *japu-verde (O viridis),* de cor verde-olivácea clara, mas o dorso inferior, uropígio e parte posterior do abdome são vermelhos. A cauda é amarela, exceto as retrizes médias, que têm bela cor verde enegrecida. Parte das asas são negras. O bico é claro, com a ponta vermelha. Mede, mais ou menos 46 cm, sendo a fêmea sempre menor.

É espécie da região amazônica.

Há ainda outros japus, de gênero diferente, um dos quais chamado mais geralmente *japu-açu* ou *japu-guaçu* (talvez o *guira-tangueima* de alguns autores). Trata-se de *Gymnostinops bifasciatus,* belo *japu-vermelho-escuro,* com retrizes laterais amarelas e bico geralmente vermelho.

Mede mais ou menos 48 cm.

É o *acaé-raisaua* a que se refere Stradelli e ao qual vincula a lenda do roubo do fogo, atribuída ao *japu (Ostinops),* que não possui bico vermelho e sim amarelo-pálido.

Diz a lenda que, na terra, quando ainda não havia fogo, ao *acaé-raisaua* foi dada a incumbência de ir ao céu, possivelmente ao sol, buscar aquele elemento de destruição e de progresso. O Prometeu tupíneo lá foi, não com a ajuda de Palas, como no mito grego, mas com o auxílio de suas asas potentes. Trouxe o fogo, que lhe avermelhou o bico, e assim ficou marcado para todo o sempre.

G. bifasciatus é espécie da Amazônia e do Maranhão.

JAPIM *(Cacicus cela cela)* — O *japim*, também conhecido pelo nome de *xexéu* e *joão-conguinho*[158], possui, em alto grau, a faculdade de imitar as outras aves e chega até a remedar as vozes de certos animais.

Entre os icterídeos, o fato é vulgar, mas parece que o *japim* a todos excede nesta particularidade.

A própria lenda que existe em derredor de sua personalidade bem demonstra que o talento imitador que possui já havia impressionado os aborígines.

Notaram estes que o *japim* imitava as vozes, cantos e apelos de todas as aves, porém jamais se atrevia a arremedar o *tamurupará*, buconídeo de catadura severa e bico vermelho[159].

O botânico J. Barbosa Rodrigues escrevia: "Desde o raiar do dia cantam estas aves arremedando todas as outras, exceto o *tamurupará* que tem o canto triste, é toda negra e o bico vermelho como lacre. Dizem os índios que eles não o arremedam, porque o temem, lembrando-se do sangue de seus progenitores que tinge o seu bico ainda de contendas passadas. O fato é que não só não o arremedam, como também, como vi, quando passa um *tamurupará*, o bando cala-se, cai todo no chão ou na mata para se esconder".

Deu motivo tal história popular ameríndia a um magnífico soneto de Humberto de Campos:

O JAPIM
(Conto do Alto-Tocantins)

Entre os ramos de um alto castanheiro
Travou-se a luta; com os escudos da asa,
O japim defendeu-se um dia inteiro,
Guardando os filhos, protejendo a casa.

O tangará, porém, ágil e arteiro,
E a quem, no entanto, o desespero abrasa,
Sobre o inimigo atira-se, e, certeiro,
De uma bicada o coração lhe vaza.

Ao notar que o japim tombara exangue.
O antigo tangará, de cores suaves.
Pôs-se todo de luto, e o bico em sangue.

E é por ódio mortal, que a voz lhe trunca,
Que o japim, por seu turno, imita as aves
Mas como o tangará não canta nunca!

Há uma pequena observação a fazer: o nome *tangará* pertence a outra ave e em lugar nenhum é sinônimo de *tamurupará, tangurupará, tamburi-pará, tamurí-pará,* ou *tangará-pará.*

Quer-nos parecer que altas razões da arte poética levaram Humberto de Campos a encurtar o nome da ave, embora transformando-a noutra. Deve ser por uma destas providenciais licenças de que gozam os vates nas aperturas da métrica e da rima.

Os *japins* medem, mais ou menos, 33 cm.

Posso descrevê-lo *ad-vivum*. É negro na cabeça, nuca e parte anterior do dorso; a parte inferior deste é dum amarelo-limão; a cauda desta cor com as pontas das penas negras, asas negras com encontros amarelos, bico de um amarelo-esverdeado, pés negros e olhos de um azul claro.

Como acontece de ordinário, entre a maioria dos icterídeos, os machos, dotados sempre de um espírito altamente vigilante e agressivo, são remarcadamente bem maiores que as fêmeas.

Vivem, em grandes colônias, como os *japus* e, à maneira daqueles, penduram seus ninhos em árvores.

Tais ninhos são bolsas semelhantes às dos *japus* já descritas, porém curtas (30 cm). O material é o mesmo: a barba-de-velho. Escreve Pio Corrêa, no seu *Dicionário de Plantas Úteis* do Brasil, p. 195, que os *japins* aproveitam as fibras do assaízeiro para confeccionar seus ninhos. Os ovos, que medem entre 25½ -27,5 × 18-19 mm, segundo Goeldi, são um tanto esféricos, com fundo branco-azulado com salpicos brunos.

Segundo testemunhos numerosos, os ninhos dos pássaros de que vimos tratando são sempre localizados em árvores onde existem casas de marimbondos bravos.

O indígena, aliás, já observara o fato, o que não só demonstra certa lenda existente, senão também o nome de *iapi-caua* ou *apiaca*, dado a tais marimbondos, que significa vespa protetora do *japim*.

O fato é real e de muita constância para ser tido como simples coincidência, não obstante terem-se verificado algumas colônias de ninhos em árvores que não apresentavam casas de marimbondos.[160]

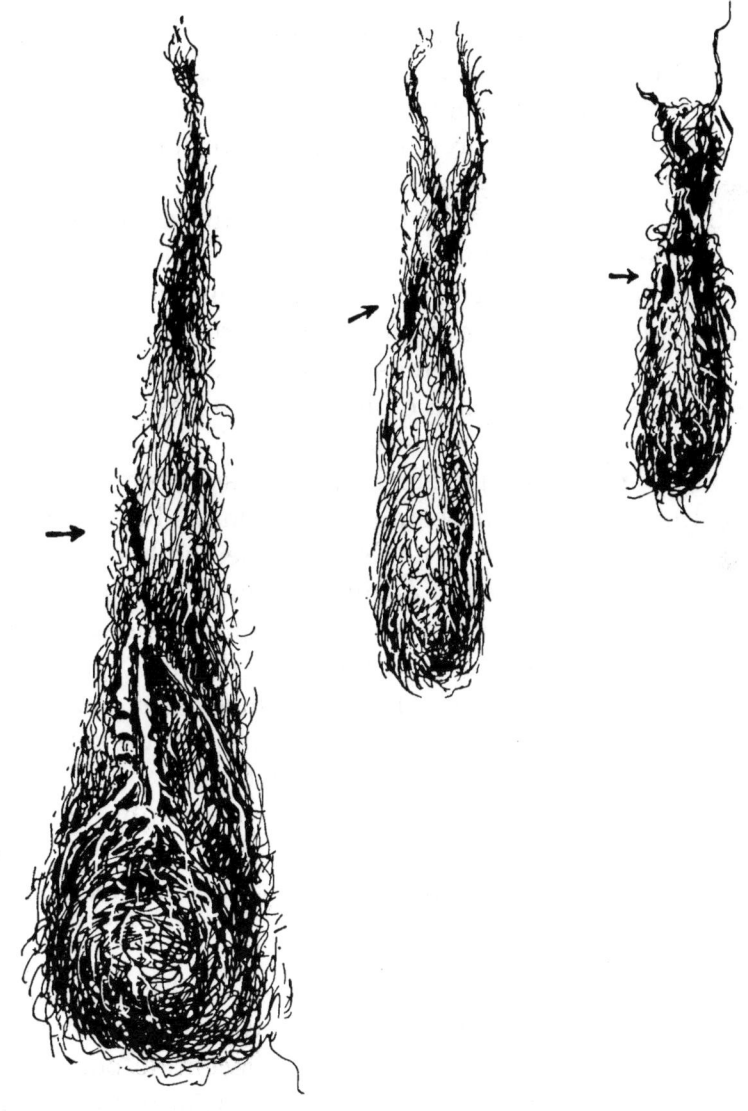

Fig. 52. *Da esquerda para a direita*: Ninho de japu (Ostinops decumanus), ninho de soldado (Archiplanus albirostris), ninho de guaxe ou japira (Cacicus haemorrhus)

Mais surpreendente ainda será registrar uma observação de Adolfo Ducke[162], que nos informa ser a vespa *Polybia rejecta* a que mais comumente faz ninho junto à casa de japins. Esse vespídeo tem a faculdade de construir suas colméias segundo o modelo dos ninhos dos japins, quer dizer, compridos e pendurados. Entretanto, quando fazem a colméia junto às casas de certas formigas arborícolas, dão a tais construções formato arredondado como a dos vizinhos.

Distribuição geográfica: Goiás, Mato Grosso, Bahia, Pernambuco, Piauí, Maranhão, Guianas, Bolívia e Colômbia.

Não deve passar sem registro o fato de o *japim* ser parecidíssimo, na distribuição das cores, com outro icterídeo chamado *melro* ou soldado (Archiplanus *albirostris).*

Não obstante, a distinção entre eles é facílima, pois o *japim* tem quase o dobro do tamanho do *melro.*

Há ainda outro icterídeo, do mesmo tamanho do *melro,* que o povo chama *soldado-do-bico-preto* e *encontro (Icterus cayanensis pyrrhopterus),* do qual voltaremos a falar. A distinção é também fácil, pois *albirostris* apresenta o bico largo na base e de cor branca, enquanto o de *pyrropterus* é estreito e preto.

A propósito do hábito, já referido, de construírem os *japins* seus ninhos próximos das habitações de marimbondos bravos, corre uma lenda entre os índios do Rio Juruá, lenda de bem vulgar conhecimento dos neobrasileiros da Amazônia. Assim contam os índios a história:

Houve uma época na vida das aves em que elas se tornaram inimigas dos *japins.* Mal esses se arredavam de casa, para procurar sustento, ou por simples recreio, invadiam-lhes o lar, comiam-lhes os ovos ou matavam-lhes os filhos. Certa vez o japim queixou-se às vespas da maldade que sofria e pediu-lhes proteção.

— Façam vocês seus ninhos aqui junto à minha casa, que eu protegerei seus filhos.

Desde tal dia, sempre *os japins* constroem os ninhos nas imediações da casa das vespas.

GUAXE *(Cacicus haemorrous affinis)* — No Estado do Rio e em São Paulo, o nome de *guaxe* é, talvez, o único empregado para designar este pássaro, mas no norte (Bahia) conhecem-no por *japira,* corruptela, de certo, de *japu-ira,* aliás denominação muito corriqueira ainda entre o povo de lá.

Goeldi, entretanto, registra *joncongo, joão-congo,* nome usualmente dado ao *japu,* sendo que *joão-conguinho,* também corrente, talvez seja o que melhor caiba a este. Em Minas, parece ser mais conhecido por *guaxe-do-coqueiro.*

O *guaxe* é preto, ora pardacento e sem brilho, como o mais das vezes se observa nas aves do sul, ora apresenta brilho azul ferrete, como é mais freqüente nos indivíduos do norte.

O dorso inferior e o uropígio são de cor escarlate; o bico é de um amarelo-desmaiado. O macho mede 34 cm, mais ou menos, sendo a fêmea menor, porém, muito variável no tamanho.

Habita as matas, onde costuma colocar os ninhos. Olivério Pinto[163] dá em esboço um quadro *après nature,* que nos permite evocar um cenário, palpitante de vida, de certas margens de rios brasílicos. Eis o ligeiro escorso de seu quadro:

"Nas matas do sul da Bahia, dos icterídeos é este de todos o mais comum; em lugar algum, porém, os vi em tanta abundância como nas margens do Rio Gongori, onde os seus ninhos balouçavam, a pouca altura da água, pendentes das árvores debruçadas numa e noutra borda".

"A multidão loquaz destes passarinhos ocupava-se ativamente, na quadra em que visitamos a zona, da construção dos ninhos e da criação dos filhotes. Já de si bulhentos e assustadiços, era frequente ouvir-se o vozerio infernal que levantavam toda vez que algum gavião se apresentava na vizinhança de suas colônias, com inequívocos intuitos".

Quem se tenha aventurado um pouco pelas nossas matas, certo que logrou ensejo de observar cenas semelhantes à descrita. Os *guaxes* promovem, de fato, uma áspera berraria onde se estabelecem, perturbando o silêncio da floresta. Qualquer suspeito rumor dá ensejo a um alarido retumbante, que longamente perdura.

Os ninhos dos *guaxes* são as longas bolsas já descritas, 40 a 70 cm, menores, portanto, que as *dos japus,* e maiores que as *dos japins,* que não passam de 30 cm.

O material é sempre a barba-de-pau, já referida, entremeada de capim.

Observando bem uma série de ninhos das três espécies, chega-se à conclusão de que o material é sempre o mesmo: barba-de-pau e capim, predominando a barba-de-pau. Por vezes a barba-de-pau é aproveitada viva, mas o *japim* costuma, de preferência, descascá-la.

O *japu* é talvez, entre os três pássaros citados, o que emprega menos capim, um ou outro talo, e o *guaxe* carrega mais no capim.

Espetáculo sem dúvida atraente seria o de observar como uma dessas aves tecedoras realiza o trabalho da confecção de seus ninhos. Um naturalista de raça e ofício, J. Paiva de Carvalho, quis surpreender o segredo e eis o que observou:

"Fixamos a nossa atenção em um ninho que se apresenta quase construído. Encontra-se ele no seu remate final, isto é, no ponto em que a habilidade do pássaro se evidenciaria, pois, era chegado o momento de fechar a base arredondada da bolsa sobre a qual a ave repousaria, entregue à sublime tarefa incubadora. As paredes laterais cilíndricas escorregavam do galho fino mas robusto, dando ao ninho a configuração de um cartucho aberto na base ou lembrando a conformação aproximada de um sino. O tecelão chegou trazendo um fio de barba-de-pau pendente do bico amarelo esmaecido. Penetrando pelo orifício definitivo de entrada, já terminado, em uma das faces da sua curiosa morada, continuou ele o trabalho interrompido com a nossa chegada. Seu bico representava o papel de uma dessas lançadeiras de máquina de costurar; ora introduzindo a ponta do fio entre os vãos rasgados nas paredes do ninho, ora colhendo-o de fora para dentro, em um ritmo contínuo e até um tanto apressado.

"Chamou-nos atenção o fato da ave trabalhar de cabeça para baixo mantendo as pernas distendidas e as asas entreabertas. Essa posição, que à primeira vista nos pareceu necessária e até indispensável para manter o equilíbrio da ave, em posição tão incômoda, revelou-nos, depois, representar um papel mais importante do que aquele que supúnhamos. De fato, ela pareceu-nos ter por fim, além de manter a estabilidade do pássaro, marcar o espaço da cavidade mais ampla da bolsa, servindo como que de compasso ou medida adequada, destinada a regular o repuxamento dos fios, de modo a permitir aquela conformação interna tão regular que se nota nos ninhos dos nossos guaxos. Às vezes, a ave rodopiava dentro do tubo cilíndrico, forçando mais um lado com uma das asas ou estreitando um fio afrouxado com a ponta do bico.

"Tentamos fazer um bosquejo do terço inferior do ninho que observamos, antes do seu fechamento total; isso afigurou-se-nos trabalho irrealizável, dado o emaranhamento de pontas e a irregularidade do traçado seguido pelos fios. Preferimos, então dar um croquis esquemático da operação (fig. 53), em que se vê um trançado mais regular e semelhante ao que se observa na construção das cestas comuns. Embora não represente ele o que, na realidade se constata no ninho do guaxe, sua apresentação nos permite figurar a posição exata assumida pela ave (em negro) com os tarsos distendi-

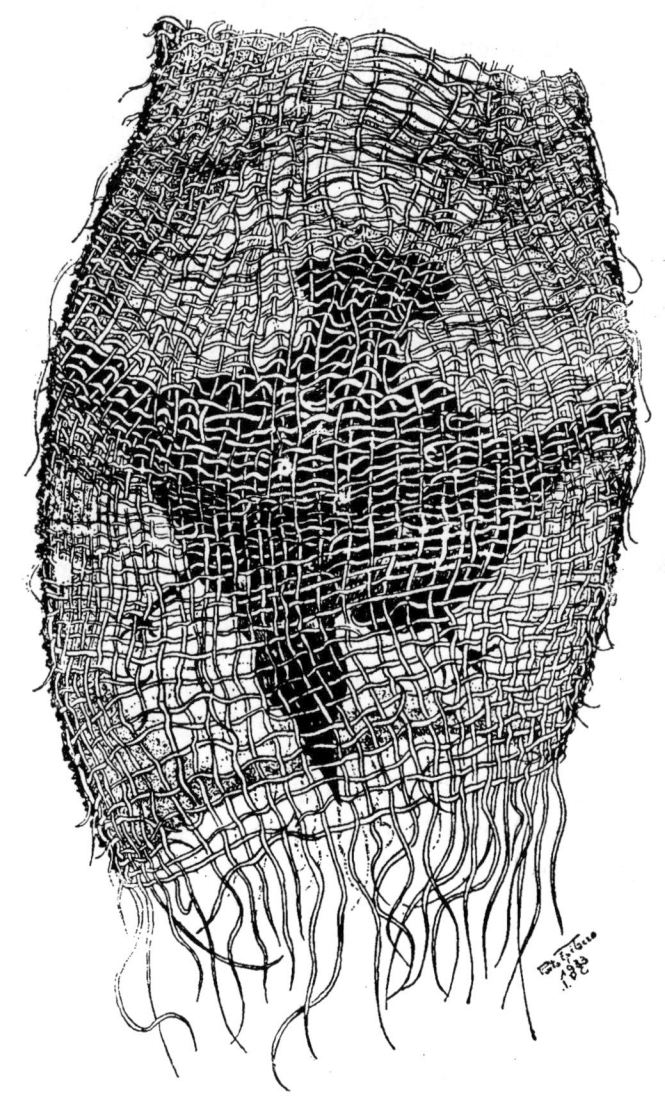

Fig. 53. *Guaxe fazendo o ninho, segundo o naturalista J. Paiva Carvalho.*

dos para os lados, e as asas semi-abertas, delimitando o diâmetro interno da bolsa.

"A operação de fechamento é das mais interessantes. Notará o leitor que uma das pontas do ninho figurado acima foi deixada mais comprida do que a outra. A ave, à medida que vai girando no centro da cavidade afunilada, puxa este ou aquele fio, de modo que, o que parte da direita, ficará fortemente preso à esquerda e vice-versa, com tal habilidade que o fundo da tigela se vai solidamente formando aos poucos e com surpreendente regularidade. Ao cabo de algum tempo, a simetria estará restabelecida, formando uma abóbada invertida que, com o peso da ave, terá a estabilidade de um pêndulo.

"Como se sabe, o Cacicus é uma ave de porte um tanto avultado. Posto que variem muito em tamanho, os machos vão além de 30 cm sendo as fêmeas um pouco menores. Quando o traçado do fundo já se apresenta suficientemente sólido para aguentar o peso do corpo do pássaro, este acomoda sobre ele o ventre e o peito; sempre girando em torno, vai amoldando o diâmetro da cavidade, de modo que ela não fique nem reduzida demais a ponto de se tornar incômoda, nem demasiado grande para abrigar somente dois ovos, que possuem cerca de 29 × 20 milímetros.

"O trabalho de cálculo é extremamente interessante e revela uma inteligência superiormente elevada por parte do exemplar. Pena é que não seja ele completado pelo capricho aprimorado no acabamento, pois, como já ficou dito, o tecido de revestimento é irregular e um tanto frouxo, podendo ser observado, por transparência, o corpo negro ou azul ferrete da ave, incubando no fundo do ninho.

Seja como for, trata-se de um dos ninhos mais originais da nossa avifauna".

Japus e *japins* colocam os ninhos em altas árvores; o *guaxe*, entretanto, localiza-o muitíssimo baixo, quase sempre em árvores que se curvam sobre rios ou riachos. O Príncipe de Wied, não obstante, encontrou colônias destas aves no centro da mata, longe dos cursos d'água. Goeldi, por seu lado, observou no baixo Paraíba *japus* e *guaxes* com seus ninhos numa mesma árvore, incubando na maior harmonia, como se já houvesse chegado a era da paz no mundo dos bichos. Já tive ensejo de ver ninhos de *guaxe* em coqueiro, árvore que os *japus* muito apreciam para nidificar. Daí o nome *guaxe-de-coqueiro*.

O ovo, que mede 28-30 × 19-20 mm, tem campo branco-azulado, com manchas profundas roxas, e outras brunas, superficiais, com tendência a se juntarem formando coroa, na ponta obtusa. Postura: 2 ovos. Faz duas posturas por ano.

O *guaxe* costuma visitar os pomares, onde se sabe de fonte limpa que fura as laranjas em busca da polpa saborosa. Nem por isso deixa de ser ave útil, pois se alimenta, em grande parte, de insetos.

O canto, fora de seus gritos de alarme, algo ásperos, é bem apreciável. Possui também o notável talento de imitar o canto de outras aves e até as vozes de certos animais.

Vive em gaiola e, quando a um casal se proporciona amplo viveiro, deixando-lhes ao alcance material para fazer ninho, incubam com regularidade, nascem os filhotes, mas não vingam, naturalmente porque lhes falta o alimento indispensável.

Distribuição geográfica: Santa Catarina, São Paulo, Rio de Janeiro, Minas, Goiás, Bahia, Pernambuco, Paraguai.

A espécie típica (*Cacicus haemorrhous haemorrhous*), o japim-de-costa-vermelha ou japim-da-mata-encarnado, ocorre na Amazônia.

SOLDADO (*Archiplanus albirostris*) — É preto, com uropígio e encontros amarelos e o bico de cor córnea[163], íris salmon-amarelado-claro, tarsos quase negros.

Parece-se, extraordinariamente, com o *japim,* exceto no tamanho, pois o *soldado,* da ponta do bico à ponta da cauda, não mede mais de 24 cm.

O ninho é uma longa bolsa, de 50 a 80 cm e até mais, no formato que o desenho atrás assinala, sempre colocado a pouca altura do solo, e de preferência nas margens dos rios.

O material empregado pelo pássaro no tecimento de tal ninho tem sido motivo de dúvidas. Goeldi supunha-o um novo e interessante tipo de líquen, mas H. Ihering[164] afirma tratar-se simplesmente de barba-de-pau, a qual o pássaro descasca, aproveitando somente o eixo central, que é preto e muito se assemelha à crina de cavalo, disso diferençando-se apenas porque apresenta ramificações.

O ovo mede 23 × 16,5 mm e "é de forma oval-alongada, esbranquiçado com numerosos salpicos bruno-avermelhados", segundo H. Ihering.

Na Argentina, onde ocorre o *soldado*, aliás com o posto mais elevado de *"sargento mayor"*, como é por lá conhecido, verificou-se que aquele pássaro tem um inimigo, o qual, constantemente, se lhe apodera do ninho. Quem relata esta trampolinice é o sagaz naturalista Pablo Girard[165]. Por vezes teve ele ensejo de observar que certo tiranídeo *(Legatus leucophaius)* toma conta do ninho do *soldado*, de maneira curiosa.

Quando um casal daqueles tiranídeos lhe descobre o ninho, arma logo um conflito. O macho persegue, gritando, valentemente, o casal de *soldados;* estes, espantados com a investida, fogem e, enquanto isso, a fêmea começa a encher o ninho de cascas de certa planta. Ao voltarem para casa, os agredidos esbarram com a ciscalhada atopetando-lhes o lar e, não encontrando outra solução para o problema, abandonam a sua moradia. Então o casal de usurpadores se instala e sobre um montão de cisco, adrede preparado, faz a fêmea a postura e incuba.

Entre nós, não ocorre *L. leucophaius,* mas sim *L. albicottis,* que não sabemos se usará de tão velhaco expediente para obter a casa alheia.

O *soldado,* também conhecido pelos nomes de *melro, rouxinol, peganhapin* e ainda *encontro,* vive nos Estados do Rio Grande do Sul, Paraná, Santa Catarina, São Paulo, Rio de Janeiro e Mato Grosso. Fora do Brasil, é encontrado no Paraguai, Argentina e Bolívia.

GRAÚNA-DE-BICO-BRANCO *(Archiplanus solitarius)* — A *iraúna-de-bico-branco,* como também é chamada na Amazônia, apresenta uma plumagem inteiramente negra.

O nome é bem aplicado, para evitar confusões com a legítima *graúna (Psomocolax o. oryzivorus),* que de preto integralmente se veste e possui bico negro.

Por outro lado, a própria diferença em tamanho bastaria para extremar uma da outra, porquanto a de bico branco não passa de 28 cm e a de bico preto chega a alcançar 34½ cm.

A fêmea é, como de regra entre os icterídeos, bem menor.

O ninho é uma bolsa cônica, muito variável em tamanho (de 50 cm a um metro), feita com fibras de vegetais diversos, gramíneas etc. Aplin fala em crina de cavalo e que deve ser barba-de-velho descascada.

Tais ninhos, de grande solidez, são colocados, a pequena altura do solo: em geral, à margem dos rios e tão pendidos sobre eles, que quase ficam à flor d'água.

No interior desta bolsa, com entrada lateral, colocada bem em cima, está a câmara de incubação, arredondada internamente e acolchoada com folhas secas e musgo. Aí deposita a fêmea dois a três ovos, um tanto alongados, 29 × 19 mm, brancos, embora apareçam escassas manchinhas pardo-escuras e, por vezes, ligeiras garatujas, mais notadamente no pólo rombo.

Este pássaro procura sempre os lugares ermos, para aí se aninhar e viver, como um eremita, longe dos outros seres viventes.

Alimenta-se de insetos e jamais foi visto comendo sementes.

Apesar de seus hábitos retraídos de anacoreta, não é nenhum insensível às belezas naturais da vida. Compõe belas estrofes e canta-as, louvando, decerto, a natureza tranqüila, o murmúrio das águas e as amplas clareiras solitárias da mata.

Da vida da *graúna-de-bico-branco*, em cativeiro, dá-nos minuciosa notícia o ornitologista Pedro Serie.[166]

Somente se adaptam à prisão tais pássaros, quando apanhados ainda filhotes, já bem empenados. Ainda assim requerem cuidados especiais e não obstante estão sujeitos à enfermidades do aparelho digestivo e, sobretudo, a uma espécie de ataques epileptiformes.

O alimento, já que se trata de ave eminentemente insetívora, deve constar de coração de boi, um tanto cozido e bem picado, misturado com uma papa de farinha de trigo e farinha de milho crua, em partes iguais. Aceita, e mostra mesmo predileção por frutas, como laranja, tangerina e uvas. É muito necessário, talvez até indispensável, fornecer-lhe alguns insetos vivos: mariposas, baratas, moscas, etc. Uma petisqueira que aprecia muito é o bicho-de-cesto. Basta oferecer-lhe o casulo.

Mesmo que em sua infância, no mato, não houvesse ensejo de ver e de se deliciar com a petisqueira, adivinha logo que ali dentro daquele montículo de pauzinhos há algo de apreciável como iguaria.

Pondo-se vários casulos dentro da gaiola, logo o pássaro os apanha, um por um, extrai-lhes o conteúdo[167] e come-o com transparente satisfação.

Quando decide o acaso que a *graúna-de-bico-branco* se mantenha em bom estado de saúde, obtém-se, assim, um dos mais apreciáveis pássaros de gaiola.

Em breve tempo, familiariza-se com a gente da casa, e até com os animais domésticos entretém afável camaradagem.

Logo que nos acercamos da gaiola, aproxima-se da grade brinca com os dedos que lhe oferecemos, belisca-nos amistosamente a boca, os cabelos e os botões da roupa. Se introduzirmos a mão dentro da gaiola, com qualquer pitéu, vem logo buscá-lo e, confiadamente, acaricia-nos os dedos, metendo o bico entre eles para separá-los.

Canta admiravelmente e afirma o seu talento imitando o canto, o grito e o apelo das outras aves. P. Serie relata que um exemplar que possuía imitava com perfeição a conhecida frase do bem-te-vi e ia muito mais longe, repetindo palavras que de contínuo eram pronunciadas em casa como: "papa", "te gusta", "Sara".

O autor a que acima nos referimos notou que as toadas da *graúna-de-bico-branco,* independente da cantiga propriamente dita, podem ser classificadas em três grupos, correspondentes a três sensações ou sentimentos diversos: de fome, pela manhã, diante do comedouro vazio, quando emite notas curtas, monótonas, assim como uma queixa; de medo ou surpresa, ao divisar coisa ou pessoa estranha, um chilrear persistente de alegria, onde há as notas variadas, vivas, sonoras de seu repertório.

Distribuição geográfica: Peru, Bolívia, Mato Grosso, Goiás, Pará, Ceará, Pernambuco, Bahia, Minas, São Paulo, Paraguai e Argentina.

GRAÚNA *(Psomocolax oryzivorus oryzivorus)* — Com seus olhos desconfiados, seu bico negro, todo negro da cabeça aos pés, o *chico-preto,* como também é chamado, recebe sempre de má sombra os estranhos que pelas grades da gaiola o cumprimentam e retribui as festas com valentes beliscadas.

Consegui, entretanto, entabular certas amistosidades com um exemplar que possuí durante alguns anos.

Curioso é notar que os amadores de pássaros teimavam sempre a propósito do nome popular de *graúna* com que o apresentava. Todos, à uma, afirmavam que a legítima *graúna,* aqui no Estado do Rio, era outra[168].

O certo é que o *chico-preto*, que mede 35 cm, possui uma infinidade de nomes, como *iraúna, melro, melrão, rexenxão, vira-bosta-mau*, etc. E, se não é *graúna* para todos, a maioria dos amadores do extremo norte assim lhe chamam.

Cantor exímio, rival do melro europeu é, como este, negro, vibrante e luzidio, mas não jovial e não sei se madrugador.

Em sua vida livre, mostra-se muito esquivo e jamais vem para próximo das habitações humanas. Anda em pequenos bandos e, quando aparece nos campos recém-plantados com arroz, milho ou trigo, costuma arrancar do solo a semente. Por outro lado é ótimo insetívoro, prestando grandes serviços na destruição dos gafanhotos *(Schistocerca paranensis)*.

Segundo hábitos de certas espécies da família, não constrói ninho, fazendo a postura no ninho de alguns dos seus parentes, como o *japu (Ostinops decumanus maculosus)*, o *japim (Cacicus cela cela)* e também, segundo José Caetano Sobrinho, o *guaxe-do-coqueiro (Cacicus haemorrhous affinis)*.

Quem primeiro descobriu esta particularidade da *graúna* foi Goeldi e da seguinte maneira, conforme o textual relato:

"Em dezembro foi-me trazido um ninho de *japu (Ostinops decumanus maculosus)* com 2 filhos, dos quais um legítimo *japu* e outra quase do mesmo tamanho, com falta de penas amarelas na cauda. Criei-os e no fim desenvolveu-se o perfeito *melro (P. o. oryzivorus)*. Do que ficou demonstrado que essa espécie procede, como seus parentes os *vira-bostas*, confiando os seus ovos aos cuidados de outros pássaros."

O ovo, que mede 32-35 × 23-34 mm, é de uma linda cor verde-desmaiada com pontos e garatujas.

A espécie é de larga distribuição no país, entretanto não parece que seja muito abundante. H. Ihering diz que ocorre de São Paulo ao México; em Santa Catarina e no Paraguai.

Há ainda, reclamando destaque particular, uma outra *graúna*, a famosa graúna do nordeste, que é *Gnorimopsar chopi sulcirostris*, sobre a qual transcrevo aqui as seguintes considerações do ornitologista Olivério Pinto:

"A graúna do nordeste, tão comum na literatura leiga, e sempre exaltada pelos seu finos dotes vocais, é sobremodo rara nas coleções e parece tornar-se cada dia mais escassa nos lugares em que existia, provavelmente em consequência da ativa procura de que sempre fora objeto. Não estranha, pois, que os conhecimentos da sistemática a seu respeito não sejam ainda satisfatórios. Hellmayr (Field Mus. Nat. Hist., Zool. Ser., XII, 1929, p. 276; op. cit. XIII, parte X, p. 191, nota 1) ao mesmo tempo que reduz *G. sulcirostris* a simples raça geográfica de *G. chopi* impugna a procedência Minas Gerais, dada por *Spix* ao exemplar que lhe servira de base à descrição e à estampa, substituindo-a por *Oeiras,* no interior do Piauí. Entretanto, há razões para que se pudesse pensar em restituir às duas formas a categoria de boas espécies, embora muito aparentadas, como também em manter a pátria típica, registrada por *Spix*. Esse modo de ver é tanto mais plausível quanto temos em *Molothrus fringillarius* um caso perfeitamente análogo . As diferenças entre *G. chopi* e *G. sulcirostris,* embora da natureza das que de ordinário separam as raças de uma mesma espécie, são bastante acentuadas para permitirem aos próprios leigos distingui-los quase sempre sem hesitação. Mais importante, talvez, como caráter diferencial, é a proverbial maviosidade e pujança do canto da graúna, com que o do Vira está longe de poder rivalizar. A interferência das áreas geográficas de ambas é sugerida por certos fatos, entre os quais merece menção, o testemunho do Prof. Pirajá da Silva, que teve em cativeiro graúnas *(sulcirostris)* da zona de Maracás, a meia distância entre Andaraí e no Gongogi, localidades de que se conhecem exemplares de *chopi,* em tudo semelhantes aos de Minas e São Paulo (cf. Olivério Pinto, Revista do Museu Paulista, XIX, 1935, p. 298). Não parece, pois, improvável que *Spix* houvesse conseguido nos campos do norte de Minas um exemplar perfeitamente semelhante aos do norte da Bahia e Piauí".

TRISTE-PIA *(Dolichonyx oryzivorus)* — É o conhecidíssimo *bobolink* norte -americano, o *rice-bird* e *may-bird,* que desnoita os plantadores de arroz e milho das terras férteis do Tio Sam.

Trata-se, pois, de um pássaro de arribação, que, procriando nos estados nordestinos da América do Norte e Canadá, inverna no sul daquela república, quando não desce toda a América do Sul, através do Brasil, indo até o Paraguai e a Argentina, onde é conhecido sob o nome de *charlatan.*

Entre nós ele surge em pequenos bandos e tem sido verificada a sua presença na Amazônia e Mato Grosso.

Ao Paraguai chegam, nem todos os anos, em bandos de uma dezena de indivíduos e ali passam o verão. A. W. Bertoni diz que somente ali arribam fêmeas e machos jovens e jamais um adulto masculino. Crê ser essa a razão por que Azara descreveu os dois sexos como espécies distintas. A plumagem deste pássaro varia com o sexo e a estação,

Na primavera, quando enverga a sua vestimenta nupcial, o macho tem a cabeça negra, e de igual cor a parte inferior do corpo e a cauda; o dorso inferior, as supra-caudais e as coberteiras superiores das asas são brancas com cambiantes amarelentos; as primárias e secundárias, negras, orladas de amarelo-ocráceo; pescoço por cima amarelo-ocráceo, dorso negro com orlas ocráceas. A fêmea, algo menor, tem as penas das asas mais claras que o macho, o ventre de um amarelo-cinza-pálido, flancos listrados de negro, dorso pardo-amarelento e uma linha subocular amarela.

O macho, no inverno, tem a plumagem com a coloração da fêmea; nos jovens as cores são mais apagadas, tendendo para o cinzento.

O *triste-pia* tem um belo aspecto e um canto rico de modulações, vivendo bem em gaiola, onde incessantemente garganteia.

Se é verdade que causa prejuízos aos arrozais da Carolina do Norte e da Geórgia, na época das colheitas, não é menos certo que, durante a época da criação, pais e filhos fazem um enorme consumo de insetos, prestando destarte benefícios aos lavradores.

Compensarão tais benefícios os enormes prejuízos de outras quadras do ano?

O Prof. F. E. L. Beal é decisivo quando escreve[169]. "A figura pitoresca do *bobolink* e a melodia do seu canto não compensam os prejuízos econômicos que causam, nem os trabalhos e cuidados que dão aos plantadores de arroz".

É realmente lamentável que assim seja, pois o *triste-pia* anda sempre alegre da vida, achando, entretanto, os homens indecifráveis e contraditórios.

Semeiam a terra com grãos tão apetecíveis, naturalmente para banquetear os pássaros, e quando chega a hora alegre da comedoria, quando o grão está no campo, quase pedindo que o comam, armam espantalhos, fazem ruídos, dão tiros malucamente e não os deixam comer. Realmente os homens e os deuses são indecifráveis.

Fig. 54. Triste-pia (Dolichonyx oryzivorus)

Sendo ave de arribação entre nós, aqui não faz o ninho nem procria.

Sabe-se, entretanto, por informes diversos e muito especialmente pelo trabalho de W. B. Barrow[170] que, quando as aves chegam à América do Norte, de retorno da sua migração, os machos voltam uma semana antes das fêmeas, e os ninhos começam a ser feitos logo 15 dias após.

Os ninhos, que são geralmente encontrados na primeira semana de junho, e às vezes um pouco antes, são feitos no chão, em pequenas cavidades, em touceiras, nos pastos.

Os ovos são brancos, com manchas marrons ou pardas. Em geral, a postura consta de 5 a 6 ovos.

Desde a época da chegada até o crescimento completo dos filhotes, cantam linda e incessantemente.

VIRA-BOSTA *(Molothrus bonariensis bonariensis)* — Não há criatura, entre nós, tão conhecida no mundo dos pássaros, como o herói deste capítulo.

Basta passar uma vista na relação de nomes por que é denominado nas várias regiões do país, para percebermos a sua popularidade.

No norte é chamado *azulão*. Em Minas tem o nome de *carixo, corixo* e *corrixo,* segundo vejo registrado, mas julgo que tal nome ali seria dado, ao *sofrê*. Ouvi dum velho trabalhador do campo, em Minas, o nome *gorrixo* aplicado ao *sofrê*. Há até certa quadrinha popular que diz:

Temos o pássaro que entoa
Por mil diferentes modos,
Porque ele remeda a todos,
Seu próprio nome é corrixo.

Ora essa faculdade de imitar, claro que se deve referir ao *sofrê*, o *corrupião* do norte.

No Estado do Rio, a designação mais vulgar é *vira-bosta*, e, numa abreviatura discreta, *vira,* e ainda *pássaro-preto, papa-arroz, parasita*. Em São Paulo: *chopim* e *vira-bosta*. Rio Grande do Sul: *anu*.

Ainda se registam outros nomes populares como maria-preta, gaudério, engana-tico, engana-tico-tico, etc.

Descrever a ave é fácil, pois o macho é inteiramente negro, mas dum negro onde luzem azulados reflexos de lâmina de aço. A fêmea é negra fula. Em ambos os sexos, o bico e os pés são pretos.

Os filhotes emplumam com o traje das fêmeas, mas na primeira muda os machos ganham a sua libré negra.

O macho mede mais ou menos 21 cm, sendo a fêmea um tanto menor.

O *chopim* (melhor será chamar-lhe assim doravante) representa uma ameaça permanente aos arrozais, onde chega a destruir 100% da cultura, segundo informes de J. Moojen[171]. Na realidade é uma cena muito vulgar a paisagem que nos pinta o autor acima referido, quando escreve:

"Quieto o arrozal, quando é mais forte o sol, vislumbram-se os dorsos rebrilhantes semeados, raros, pelos cachos da gramínea. Um grito, um ruído qualquer — e levantam-se, com surpresa para o observador, centenas de *pássaros-pretos,* convergindo para as árvores próximas. *Canarinhos (Sicalis flaveola)* juntam-se ao bando e pontilham de flavo a borda dos comensais — aproveitando-lhes o trabalho de derrubar o arroz e a suspicácia arguta, que os avisa da aproximação de perigo."

"Espantalhos, bandeirolas, molinetes garridos, tiros... nada afugenta os *gaudérios,* senão pelo tempo que levam em avaliar o perigo. Só um recurso, e comumente o utilizam, manter vigias bulhentos e que permaneçam o dia todo no arrozal: garotos".

Mas não somente prejudicam a cultura de arroz, senão também a dos outros cereais. No Paraguai, W. Bertoni viu-o perseguindo e devorando gafanhotos.

É muito comum vê-los catando o grão cerealífero, que o diligente lavrador semeou.

Freqüentam os campos e os pastos, caminhando pelo solo, revolvendo o esterco ainda fresco à procura de pedaços de milho. O seu nome *vira-bosta* provém deste fato.

São, não obstante, asseadíssimos. Pela manhã vão em busca de água para os banhos matinais, embora reine o mais rigoroso inverno.

Vivem, como dissemos, em pequenos bandos, que se reúnem uns aos outros e juntos invadem as culturas.

Na época dos amores, entretanto, costumam andar isolados, ou, ainda, uma fêmea em companhia de seus cortejadores. À realização efetiva do conúbio antecede uma cena de sedução. O macho eriça a plumagem negra luzidia, abre as asas, que, na incidência dos raios do sol, desfere brilho de aço reluzente. A fêmea mostra-se mentidamente revoltada com a audácia, finge persegui-lo, mas, por fim, abre também as asas e dobra docemente os metacarpos.

A natureza fez sempre capituláveis as fortalezas femininas para dar ao macho a impressão hercúlea da força. Magnífica mentira da diplomacia da espécie.

O *chopim* adapta-se bem ao cativeiro e chega a ficar manso e verdadeiramente doméstico.

É um cantor digno de elogios.

Em relação à família, adota o *chopim* a mais estranha singularidade. Como o cuco europeu, com o qual, aliás, não se aparenta, põe ovos em ninho alheio. O fato é duma trivialidade absoluta e quem mora nos campos sabe perfeitamente disso.

A observação já figura até no trovar das quadrinhas populares, por vezes realistas, claudicantes quase sempre, mas sinceras e pitorescas:

Vira-bosta é preguiçoso,
Mas velhaco passarinho,
P'ra não fazer o seu ninho,
Se apossa do ninho alheio.

São mais ou menos versos, porém a observação não é rigorosamente verdadeira. O ninho alheio continua de posse do seu dono e até enriquecido pelos ovos que o *vira-bosta* lá põe. O povo tomou conhecimento do assunto, mas um tanto pela rama.

Das delícias da maternidade aos *chopins* só lhes interessam os prelúdios. A insipidez da tarefa incubatória, as canseiras da alimentação dos bebês, com seu eterno peditório de comida, desagradam, positivamente, a esposa daqueles pássaros. O único expediente, já que não há "creches", é colocar, sorrateiramente, os ovos no ninho dos outros passarinhos que, iludidos na candura da sua boa fé, os chocarão e cuidarão dos filhotes, não se extinguindo assim a raça de tão velhacos parasitos.

Os ninhos de preferência procurados pelo *chopim* para as suas posturas clandestinas são os do *tico-tico,* cujos ovos, embora um tanto menores, muito se parecem com os dele.

Fig. 55. *Chopim* (Molothrus bonariensis)

Em 28 ninhos de tico-ticos examinados por Moojen, 75 por cento foram encontrados parasitados pelos ovos daquele passarinho[172].

Na coleção zoológica de José Caetano Sobrinho pode-se verificar o encontro de ovos do *chopim* no ninho dos seguintes pássaros:

- *Tico-tico (Zonotrichia capensis matutina).*
- *Tico-tico-do-campo (Poospiza lateralis).*
- *Tico-tico-rei (Coryphospingus cuculatus rubescens).*
- *Melro-pintado-do-brejo (Pseudoleistes guirahuro).*
- *Canário-da-horta (Sicalis flaveola pelzelni).*
- *Canário-do-mato (Piranga flava saira)?*
- *Soldadinho-do-brejo (?)*

Segundo informes registrados em "El Homero", por H. C. Smyth, P. Girard e J. A. Pereira, na Argentina têm sido encontrados ovos do *chopim*, lá chamado *tordo* ou *renegrido*, no ninho dos seguintes pássaros:

- *Thamnophihis major, Thamnophilus ruficapillus, Furnarius rufus, Synallaxis spixi, Phascellodomus striaticollis, Pachyrhamphus polychopterus notius, Taenioptera irupero, Machetornis rixosa, Fluvico'a albiventer, Sisopygis icterophrys, Knipolegus cabanisi, Myiophobus fasciatus, Empidonomus aurantio-atrocristatus, Tyrannus melancholicus, Musivora tyrannus, Troglodytes musculus bonariae. Mimus modulator, Turdus rufiventris, Turdus amaurochalinus, Anthus correndera, Mimus triurus, Poospiza lateralis, Poospiza nigrorufa, Myiospiza humeralis dorsales, Poospiza melanoleuca, Embernagra olivacens, Corythospingus cucullatus araguira, Sicalis pelzelni, Sicalis arvensis, Zonotrichia capensis argentina, Saltatricula multicolor, Saltator aurantiirostris, Saltator caerulescens, Sporophila caerulescens, Paraoaria cristata, Vireo chivi chivi, Thraupis bonariensis, Thraupis sayaca oscura, Trupialis defilippii, Pseudoleistes virescens, Agelaius thilius.*

Num ninho de *Leister militaris superciliaris* foram encontrados, juntos aos dois ovos da espécie, 12 do *Molothrus*, e, noutro, 1 do dono e 19 do citado parasito[173].

O *chopim,* ora põe um ovo, ora mais, e, por vezes, chega a jogar fora do ninho os ovos do legítimo proprietário e não raro luta com ele para fazer a indesejável postura. Quando nasce o filhote do intruso, quase sempre maior que os do seu hospedeiro, estes estão irremediavelmente perdidos. Valendo-se do direito da força, não têm escrúpulos em lançar fora do ninho os seus "irmãos de leite".

Os pobrezinhos vêm ao chão e aí morrem de fome e frio, ou vitimados pelas formigas e outros animais.

É um dos mais cruéis episódios da luta pela vida, travada ainda no berço, entre passaritos que nem sequer enxergam e um pequenino monstro igualmente cego, porém agitado por incoercíveis desejos de viver.

Os imperativos da luta pela vida perturbam-no e, instintivamente, o pequeno ser palpita no anseio de vencer, remexe-se dentro do ninho, tateando nas trevas, cego de furor contra os irmãos colaços, os quais ali estão disputando o cibo nutritivo, que mal chega para ele.

Nem sempre conseguem os *chopins* expulsar do ninho os seus naturais proprietários, e, verificada a impossibilidade de fazê-lo, conformam-se. Como, porém, são quase sempre maiores e mais fortes, tomam todo o alimento que lhes traz a mãe adotiva, a qual vê os filhos legítimos desmedrarem e morrerem de inanição.

É chegado o momento de indagar quais os motivos desta aberração nos hábitos de *Molothus, Psomocolax*[174] e de outros pássaros. Será realmente uma degradação de costumes, como se verifica nas várias escalas do parasitismo? Em outras eras, terão os *Molothrus* e os parasitas de seu jaez incubado? Parece que sim. A. Muller, citado por Darwin, afirma-o. O problema tem sido estudado por vários naturalistas e de diversas maneiras interpretado. Foi Jenner, o inesquecível inventor da vacina, quem primeiro observou a postura do *cuco* em ninho alheio (1785)[175].

Para esse autor, o *cuco* assim procede devido à imperiosa necessidade de emigrar. Não pode perder tempo com a incubação e nutrição dos filhos.

Hérissant explica o fato pela impossibilidade de a fêmea chocar devido à disposição particular das vísceras abdominais.

Fabre crê, também, numa causa fisiológica, julgando que a estrutura de seu peito não permite a transmissão do calor necessário à incubação dos ovos.

Para a maioria dos naturalistas, o caso prende-se ao fato de a fêmea do *cuco* pôr 5 a 7 ovos com espaços de 2 a 3 dias (5 a 8 dizem outros), e assim teria de incubar e alimentar os filhos a um tempo, tarefas incompatíveis.

Lenick, referindo-se a *Molothrus,* diz que ele tem hábitos nômades, deslocando-se sem cessar e disso resulta ser impossível aninhar-se.

H. Friedman, ornitólogo norte-americano, que esteve na Argentina estudando o parasitismo entre aves, fundamenta a origem do parasitismo de *Molothrus* no seguinte fato: cada macho possui o seu território, a sua área de influência, durante à época do acasalamento, e aí se mantém vigilante. Quando surge uma fêmea, a ela se une, e esta põe em ninhos existentes dentro da área de influência daquele macho.

Como existem 50 por cento mais de machos que de fêmeas, estas deslocam-se continuamente e vão à procura de outros machos que habitam diversas zonas, territórios exclusivos da influência dos respectivos genearcas.

E assim vai a original procriadora cumprindo o estranho fadário, mãe a quem a natureza não consentiu a ventura de cuidar dos filhos, caixeira-viajante do amor, fugitiva e passageira como a *Vênus vaga*.

Hudson diz que *Molothrus* constrói um ninho tão desajeitado que resolveu renunciar a semelhante tarefa e assim põe em ninhos alheios.

Por essas formas tão diversas interpretam os homens a estranha anormalidade mas a razão real só a sabem os *cucos* e os *chopins*. O interessante, no caso, não é simplesmente conhecer o fato, mas descobrir-lhe as razões. Infelizmente, as causas finais já sobrepassam o domínio da ciência.

Quanto a mim, não vejo razões transcendentes, mas uma simples velhacaria de tais aves, grandemente inteligentes[176]. Parece que compreendem muito bem o ato que praticam para se livrarem duma tarefa penosa, que é o choco e a alimentação dos filhos.

Quem os observa em tais momentos, fica surpreso com a atenção e cuidado que tomam quando vão fazer a postura no ninho de um pássaro que reage, como os tiranídeos, e o descaso com que depõe os ovos no ninho de pássaros pacíficos, aos quais chegam a escorraçar do seu próprio lar, quando desejam pôr.

O *chopim* não só põe o ovo para que outra fêmea o choque e crie o filho, como, por vezes, lança fora do ninho o ovo do proprietário, facilitando assim a incubação do clandestino.

L. Dinelli (El Homero, vol. VI, n° 3, p. 485) afirma que, quando o ovo da ave parasitada é maior que o do *chopim,* este pratica um furo e com isso a incubação não se processa.

Estudando-se mais atenciosamente o assunto, vemos, por exemplo, que *Molothrus badius* faz ninho e incuba, mas, sempre que pode, apodera-se do ninho alheio, embora se encarregue da incubação e cuidados conseqüentes.

Quem nos dirá que, mais para diante, chegará ao estádio evolutivo do seu parente *M. bonariensis?*

Euler, aliás, já o dava como confiando os ovos à incubação de estranhos, fato, entretanto, contestado por H. Ihering, apoiado por Aplin e Hudson, mas A. Castellanos, na Argentina, tem verificado o fato.[177]

Molothrus rufo-axillaris também não faz ninho nem incuba, mas confia os ovos em geral ao seu parente *badius,* cujos ovos são parecidíssimos com os seus. Outras vezes põe no ninho do bem-te-vi *(Pitangus sulfuratus bolivianus),* que ocorre na Argentina.

Tais fatos estão revelando nuances gradativas do parasitismo dos ninhos.

Poder-se-ia pensar que a evolução para o parasitismo se processasse em três fases:

1° – Apoderar-se de ninhos estranhos e aí fazer a postura e a incubação.

2° – Pôr ovos no ninho do parente mais chegado.

3° – Pôr ovos em ninhos de aves diversas e cujos ovos se assemelham mais ou menos aos seus.

A verdade parece ser essa.

A não ser o motivo suspeitado por Friedman, não existe uma razão biológica que os impeça de incubar, e isso está patente no fato de outras espécies do mesmo gênero, de hábitos iguais, construírem ninhos e realizarem normalmente o choco, embora, por vezes, não o queiram fazer.

O mesmo se dá com o *cuco* da Eurásia[178]. Nem todas as variedades têm hábitos parasitários.

Os "coucals", por exemplo, constroem ninhos e incubam[179].

Aqui no Brasil há um cuculídeo, o conhecido *saci,* que põe ovos em ninho alheio, caso de que já tratamos em *Da Ema ao Beija-flor.*

Ainda entre outros pássaros e aves de ordens diversas, o fato tem sido assinalado por observadores fidedignos.

Tais fatos isolados, de aves que normalmente constroem ninhos e incubam e, quando lhes dá na veneta, confiam a estranhos a tarefa de incubar, dão bem idéia que a usurpação dos ninhos e seus estratagemas são verdadeiras velhacadas.

Citarei ainda casos excepcionais fora da ordem dos passeriformes. O *pato-pardo (Heteronetta atrícapilla),* sempre que encontra a jeito o ninho do *chimango-do-campo,* ou *chimango-carrapateiro (Milvago chimango),* põe nele seus ovos[180]. Parece até, com tal hábito, querer desforrar-se daquele gavião vandálico, que costuma devorar gulosamente os ovos dos patos *dafila, Querquedula* e *Spatula.*

Os ovos de certo caboré *(Glaucidium b. brasilianuri)* foram encontrados no ninho do gavião *quiriquiri*[182].

Um outro problema curioso, que de tais fatos decorre, é a suspeitada faculdade de esses parasitos de alheios ninhos porem ovos com a cor semelhante ao das aves em cujos ninhos desovam. Trata-se de um caso muito especial de mimetismo.

O aspecto do delicado problema, em relação ao cuco da Eurásia, tem sido muito estudado[182], mas em relação ao *Molothrus* há insignificantes observações.

Tenho aqui presente, da coleção oológica de José Caetano Sobrinho, anteriormente referida, várias ninhadas de pássaros diversos parasitados pelo *chopim,* entre as quais há algumas em que os ovos apresentam certa semelhança entre os do parasito e os parasitados. Parecença puramente fortuita. Os ovos do *gaudério* variam ao acaso, como o de tantos outros pássaros, e não podemos sequer dizer que tais variações sejam excepcionalmente poliformes.

Há aves, como testemunha a coleção aqui presente, em que as variações são ainda mais ricas no desordenado dos coloridos, deixando-nos até duvidosos sobre a possibilidade de uma ave pôr ovos tão dissímeis.

O fato que se verifica, na observação dos ovos do *chopim,* é que eles sempre se apresentam cobertos de salpicos e manchas de cores várias: pardo, marron, lilás. Na coleção referida não há um só ovo de *Molothrus* que seja branco[183]. Oscar Monte (Ch. e Quintais, fev. 1928) já havia notado que os ovos julgados brancos são, na realidade, azulados.

É este mesmo tipo de ovo, recoberto de manchas, que se encontra no ninho do *tico-tico,* cujos ovos apresentam semelhança com o dele, e no do *tico-tico-rei (Coryphospingus pileatus),* que põe ovos pequenos e inteiramente brancos.

O mesmo acontece com os ovos que põe no ninho de seu parente *Gnorimopsar chopi chopi.* Os ovos deste último são grandes, brancos, levemente azulados.

Na ninhada parasitada do *melro-pintado* também chamado *chopim-do-brejo (Pseudoleiste guirahuro),* cujos ovos são parecidos com os do *gaudério,* porém mostram largas pintas escuras, há um ovo, deste último, que também apresenta tais pintas.

Se o suposto mimetismo defensivo se apresentasse tão excepcionalmente, já teriam deixado de existir as espécies que precisassem da aleatória defesa, e a natureza teria sido lograda na sua omnisciência. O tamanho dos ovos também está sujeito a variações, indo de 20,5-23 × 17-20½ mm.

Não me atrevo a fazer interpretações sobre o suposto mimetismo dos ovos de *Molothrus,* mas as variações mais notáveis devem ocorrer por conta do meio ambiente, na maioria dos casos. Tal influência manifesta-se não somente na variabilidade dos ovos de aves, como também na cor dos indivíduos e seus costumes. Para exemplificar, citaremos as seguintes observações de H. von Ihering.

Diz aquele sábio naturalista que as fêmeas do *M. bonariensis,* da Bahia, são pardo-cinzento-claras e não fulas, como as do sul do país; que os ovos de *Myiozetetes similes,* na Bahia, são menores do que os encontrados em São Paulo, o mesmo observando-se a respeito dos ovos de *Thaupis sayaca.*

M. similis, acima citado, na Bahia, faz ninho, de maneira diferente, que aqui no sul.

Reputo muito racional a interpretação dos fenômenos miméticos, feita pelo ilustre cientista brasileiro S. de Toledo Piza. Diz este autor, escrevendo sobre aranhas mirmecomorfas:[184]

O mimetismo é um fenômeno devido às variações casuais, sem nenhum determinismo prévio, como é sempre o caso das mutações. Possuindo uma conformação que lhe veio de modo imprevisto, sem que se saiba donde ou porque, o animal faz tudo que pode para ajustar essa conformação às necessidades da existência. Portanto, se a semelhança com objetos ou animais lhe é prejudicial, tem que lutar para compensar a desvantagem, devida à sua conformação. Se, ao contrário, a semelhança traz alguma vantagem, ele saberá aproveitar-se daquela conformação. Logo, eu penso poder concluir que uma aranha à qual as variações hereditárias deram a forma de certa formiga, ao sentir, sem saber porque, que a captura dessa formiga lhe é mais fácil do que a de qualquer outro inseto, e achando nessa presa alimentação conveniente à manutenção de sua existência, estabelecer-se-á com certeza nas vizinhanças daquela, a fim de comodamente dar-lhe caça. No caso em que ao alimento não lhe conviesse, não poderia beneficiar-se de uma semelhança, que, é bem verdade, não lhe foi dada com a intenção preconcebida de atirá-la à caça das formigas.

A meu ver, é necessário atribuir à inteligência do animal uma boa parte no ajustamento de sua forma às necessidades da vida, e para nos convencermos do papel representado pela inteligência, basta observar a maneira pela qual certas *Attidae* tomam a posição favorável antes de saltar sobre a vítima".

Tudo mais que se arquitetar a propósito de mimetismo, fora destas judiciosas observações, é devaneio e fantasia.

Molothrus b. bonariensis ocorre em Mato Grosso, Minas, Rio de Janeiro, São Paulo, indo até a Patagônia, na Argentina.

Os ornitologistas consideram subespécies as formas que ocorrem na Bahia e na Amazônia.

O gênero comporta ainda outras espécies das quais trataremos, mais adiante.

PRANCHA 17

FAMÍLIA VIREONIDAE

Irapuru-verdadeiro (*Hylophilus ochraceiceps rubrifrons*) – Juruviara (*Vireo chivi chivi*) – Verdinho-coroado (*Hylophilus poicilotis*) (macho e fêmea iguais)

PRANCHA 18

FAMÍLIA CEREBIDAE

Tem-tem (*Chlorophanes spiza*) – Saí (*Cyanerpes cyaneus*) (macho em cima, fêmea embaixo) – Cambacica (*Coereba flaveola chloropyga*) – Saí-azul (*Dacnis cayana paraguayensis*)

PRANCHA 19

FAMÍLIA COMPSOTLIPIDAE

Pula-pula (*Basileuterus auricapillus auricapillus*) – Canário-do-mato (*Basileuterus flaveolos*) – Pia-cobra (*Geothlypis aequinoctialis velata*) – Mariquita (*Compsothlypis pitiayumi pitiayumi*)

FAMÍLIA TERSINIDAE

Saí-andorinha (*Tersina viridis viridis*)

PRANCHA 20

FAMÍLIA TIRANIDAE

Siriri (*Tyrannus melancholicus melancholicus*) – Alegrinho (*Serpophaga subscritata*) – Bem-te-vi-pequeno (*Myiozetetes similis similis*) – Caga-sebo (*Myophobus fasciatus flammiceps*) (macho e fêmea iguais)

PRANCHA 21

FAMÍLIA TRAUPIDAE

Tiê-sangue (*Ramphocelus bresilius dorsalis*) – Sete-cores (*Tangara seledon*) – Sanhaço-de-encontro-azul (*Thraupis cyanoptera*) – Sanhaço-de-fogo (*Piranga flava saira*) – Viúva (*Pipracidea m. melanonota*)

PRANCHA 22

FAMÍLIA ICTERIDAE

Japu (*Psarocolius decumanus maculosus*) – Polícia-inglesa (*Sturnella militaris superciliaris*) – Xexéu (*Cacicus c. cela*) – Gaudério (*Molothrus b. bonariensis*) – Corrupião (*Icterus icterus jamacaii*)

PRANCHA 23

FAMÍLIA FRINGILIDAE

Azulão (*Cynocompsa cyanea sterea*) – Canario-do-campo (*Emberizoides herbicola herbicola*) – Coleiro-do-brejo (*Sporophila colaris colaris*) – Trinca-ferro (*Saltator maximus maximus*) – Tico-tico (*Zonotrichia capensis subtorquata*)

PRANCHA 24

FAMÍLIA FRINGILIDAE

Curió (*Oryzoborus a. angolensis*) – Tico-tico-rei (*Coryphospingus cucullatus rubescens*) – Canário-da-terra-verdadeiro (*Sicalis flaveola brasiliensis*) – Galo-de-campina (*Paroaria dominicana*) – Cardeal-amarelo (*Gubernatrix cristata*)

LENDA

Há uma lenda guarani que explica porque são de cor negra os *chopins*.

Vem o fato lá do fundo infinito dos tempos, quando a família dos falconídeos disputava a hegemonia no mundo das aves.

Gaviões e *falcões* de alta estirpe, capitaneados pelo *uiraçu*, lutavam contra *chimangos, carangos* e até *urubus,* na conquista de suas prerrogativas realengas.

A arraia-miúda, a passarinhada proletária, entre a qual estavam os *chopins* cerrava fileira neste último grupo.

Ferida a batalha decisiva, vencem o *uiraçu* e seus nobres parentes.

Seguiram-se, então, as cenas vandálicas de sempre, e, entre outras depredações lançaram fogo à casa do *chopim,* que pôde escapar da morte, lamentavelmente queimado, enegrecido. Eis porque a sua bela plumagem de outrora ficou inteiramente negra.

Meditando sobre tal lenda, chego a pensar que talvez se apagassem da memória do povo outras conclusões ainda primordiais do fato, muito estreitamente ligadas aos costumes destes pássaros. Julgo que a lenda também quisesse explicar os motivos pelos quais os *chopins* não constroem ninho. Uma vez queimada a casa, abstiveram-se de construir outra, receosos de futuros incêndios. Esta parece ser uma conclusão folclórica decorrente do fato.

ASA-DE-TELHA *(Molothrus badius badius)* — Bem menor do que o *chopim,* pois não mede mais de 19 cm dele ainda se distingue pela coloração, que é parda-acinzentada, mais clara na parte inferior do corpo.

As asas são de cor acastanhada-clara; cor de telha, acentua o povo. Há no ápice das penas primárias e nas barbas internas das secundárias, cor negrusca igual à da cauda. Bico e patas negras. Macho igual à fêmea.

Em geral aparecem aos casais, mas em certas quadras do ano surgem em grupos.

Embora saibam construir o ninho e jeitosamente acolchoá-lo com crinas de cavalo, sempre que podem tomam conta do ninho alheio.

J. A. Pereyra, *"Aves de la Pampa"*[185] relata-nos as desordens decorrentes da usurpação dos ninhos, entre, *M. badius, M. rufo-axilares* e *M. b. bonariensis*. Viu aquele naturalista um casal de *M. badius* rondando o ninho do *cochicho (Anumbius annumbi)*. Examinando o ninho, verificou que existiam cinco ovos quebrados, um do *gaudério (M. b. bonariensis)* e quatro do seu parente *M. rufo-axillaris*. Investigando com minúcia, encontrou, ainda dentro do casarão do *cochicho*, mais quatro ovos de *M. badius*.

Parece que este último pássaro, ao verificar tantos ovos dos demais parasitas, o destruiu, fazendo sua postura noutro local do grande ninho do *cochicho*.

Reina, pois, entre tais pássaros, a mais intensa pirataria, empurrando uns para os outros a tarefa de chocar os ovos.

Os ovos do *asa-de-telha* são ovóides, de cor branca-acinzentada e inteiramente cobertos de linhas e pintas de cor lilás. Medem 24-26 × 18-19 mm.

Asa-de-telha, que tem o canto talvez mais agradável que o *virabosta*, é espécie de Minas Gerais, Rio Grande do Sul, Paraguai, Argentina e Bolívia.

Há uma subespécie, que vai até o norte: *M. b. fringillarius*.

Ainda podemos citar outra espécie limitada ao Rio Grande do Sul, Uruguai, Paraguai e Argentina, *M. rufo-axillaris*. É negra assetinada, mas os machos ostentam uma mancha castanha nas axilas. Goza fama de grande cantor.

IRATUÁ *(Agelaius i. icterocephalus)* — É uma espécie exclusiva da Amazônia. O macho é preto, com cabeça e garganta amarelas. A fêmea é parda, com a parte inferior mais clara e a garganta amarelada. O macho, maior que a fêmea, mede pouco mais de 18 cm.

Com o mesmo nome de *iratauá*, que significa "pássaro amarelo", é conhecido um icterídeo, de outro gênero, também amazonense, chamado *garrupião*.

O gênero *Agelaius* possui meia dúzia de espécies, sem nome popular que as distinga e quase todas do sul.

Falarei, no entanto, de *Agelaius thilius petersii*, que ocorre no Rio Grande do Sul e de lá se estende para Argentina, Paraguai, pássaro que tem sua vida vinculada ao Chile, ao qual, conforme certa lenda[186], a espécie típica deu o nome.

O macho é preto, com as coberturas superiores das asas, no encontro, amarelas; a fêmea tem a parte superior de cor pardilha, com estrias negras, e a inferior mais clara e cinzenta, igualmente riscada de escuro; asas e cauda negras, com as penas orladas de marrom e a região do encontro amarela, como no macho.

Os machos, antes de atingirem a idade adulta, ostentam uma plumagem idêntica à da fêmea, embora acusando estrias negras mais pronunciadas.

Esse icterídeo, como os demais do gênero *Agelaius,* aninha-se nos brejais, entre os juncos.

O ninho, feito de folhas de junco ou outras plantas das baixadas úmidas, não é destituído de arte, e chega a medir 8 cm de diâmetro e outros tantos de alto.

Os ovos, em número de quatro, são brancos, ornados de pintinhas e manchas, bem como de arabescos, escuros, em redor do pólo obtuso, por vezes cobrindo essa extremidade.

Os hábitos das espécies do gênero *Agelaius* são um tanto diferentes da maioria dos icterídeos, e o fato já chegou até a observação popular, ao menos entre os argentinos, que os distinguem sob a denominação geral de *"tordos de bañado".*

Aves úteis, porque se alimentam, principalmente, de insetos, anelídeos, moluscos, crustáceos, embora comam grãos e frutas.

São pássaros alegres, apreciáveis cantores, alguns muito vistosos, de cor amarela e preta.

Em geral, após fazer a sua segunda criação, emigram, só reaparecendo na outra quadra do ano.

Agelaius ruficapillus funda verdadeiras colônias de ninhos, na época de procriação.

J. A. Pereyra, em "El Hornero", conta ter visto uma colônia com 50 ninhos, todos com 3 a 4 ovos, que aliás são lindos, porque sobre o fundo azul celeste há uma constelação de pontos, ora pequenos, ora grandes, entre os quais aparecem signos duma indecifrável taquigrafia.

SOLDADO *(Leister militaris superciliares)* — O macho é preto, com finas listras pardas nas margens externas das coberteiras superiores. Encontro da asa, peito e meio da barriga, de cor vermelha. Listra branca superciliar. Bico e patas negras.

A fêmea tem a parte superior negra, com as penas, na totalidade, marginadas de pardo; a garganta e pescoço baios, peito vermelho de mistura com pardilho, abdome pardo pintalgado de negro. Estria superciliar dum pardilho claro. Bico e patas de cor córnea. Medem mais ou menos 18 cm.

Os filhotes, na sua primeira plumagem, são de cor parda, com estrias escuras, garganta dum pardilho claro.

A muda, que se processa aos seis meses, veste-os com a plumagem definitiva.

Andam em grandes bandos, salvo na época da reprodução, época em que cada casal se aparta.

Aninham-se nos capinzais e, na Argentina, é muito comum fazerem ninhos nos alfaiais e nas culturas de linho. O ninho, feito com palhas, contém 4 ovos, ora com fundo branco-rosado, ora dum azul-celeste esvaecente, com manchinhas e pingos vermelhos por todo ele. O ovo mede 25 × 19 mm.

Enquanto a fêmea choca, o macho ronda pelas imediações, distraindo-a com suas cantigas e, sobretudo, com seus voos de fantasia. Sobe no ar, entre 10 a 15 metros, e deixa-se então cair, traçando graciosa parábola. Durante isso, vai cantando. A fêmea, agachada no ninho, espreita, entretida, aquelas piruetas e fica ao mesmo tempo ciente de que não há pelos arredores nenhum perigo. Talvez que o brinquedo não tenha outro fim que o de manter constante vigilância.

Refletindo bem, verifica-se que a vida das aves está de contínuo ameaçada, e tudo se resume em fugir dos mil inimigos.

A época da postura, a conseqüente incubação, a penosa tarefa de alimentar, instruir e defender os filhos, deve ser uma quadra de temores e preocupações e, contudo, cantam com o mais cândido otimismo.

O *soldado,* além de cuidar dos filhos, quase sempre é forçado a tratar dos alheios, pois o *virabosta* encontra sempre meios de pôr alguns ovos junto aos daquele.

A distribuição desta ave é vasta, estendendo-se, diz O. Pinto, "por todo leste e centro do Brasil até o Paraguai, norte da Argentina, o Uruguai, a Bolívia e mesmo leste do Peru".

"A raça típica", é ainda o ornitologista citado que nos informa, "peculiar à Guiana e à Amazônia, difere por carecerem os machos da lista branca superciliar que ornamenta a ave brasileira. As fêmeas apresentam-se igualmente superciliadas nas duas raças, como o prova uma série de indivíduos de Parintins, cujos machos nada diferem dos da Guiana. No Maranhão, onde Hellmayr registrou a presença da raça típica, ocorrem indivíduos intermediários, em que a lista superciliar se mostra variavelmente distinta".

Leister militaris militaris, a forma típica referida acima, é chamada, na Amazônia, *rouxinol-do-campo, polícia-inglesa, puxa-verão* e *tem-tem-do-espírito-santo,* nome este último que é dado também a certo cerebídeo.

CAPITÃO *(Amblyrhamphus holosericeus)* — Em certas regiões do Brasil, aonde não chegaram notícias de sua justa promoção, é ainda hoje conhecido pelo nome de *soldado.* Trata-se de uma ave donairosa, de plumagem negra carregada, exceto a cabeça, pescoço e peito, que são de cor amarèla-avermelhada, com lampejos de vidrilho. As pernas também ostentam a mesma cor, tendendo um tanto mais para o amarelo. Mede 21 cm.

O porte senhoril e as cores vistosas de seu barrete vermelho, o peitoral igualmente berrante e as perneiras, como que metido no garance reúno, dão-lhe o ar marcial dum miliciano de outros tempos.

A fêmea é igual ao macho, mas o filhote é negrusco, cor que aos poucos toma nuances ocráceas nas regiões que mais tarde terão a cor vermelha. É espécie útil, porque quase que só de insetos e outros artrópodes se alimenta. Aninham-se entre juncais, nas margens encharcadiças das correntes fluviais, procurando as partes mais altas e, não obstante, a revezes, perdem a casa e a prole, quando os rios desbordam.

O ninho é feito dos juncos e, mais raramente, em ramos de arbustos, sempre a pouca altura do nível das águas, bem tecido com palhas e hastes de gramíneas, aberto em cima, em forma de taça.

Mede 10 cm de diâmetro por outros tantos de alto.

Os ovos, em número de três, medem 27 × 20 mm e mostram, sobre campo azul-celeste, pintas e riscos negros mais acentuados no pólo obtuso.

Distribuição geográfica: Mato Grosso e Rio Grande do Sul, Argentina, Uruguai e Paraguai.

CHOPIM-DO-BREJO *(Pseudoleister guirahuro)* — O *gui-a-huro* dos guaranis, ou o *melro-pintado-do-brejo*, dos mineiros, gosta de frequentar os banhados, à maneira dos seus parentes do gênero *Agelaius,* e lá também costumam aninhar-se.

É pássaro de tamanho regular, pois mede mais ou menos 24 cm.

Veste-se de pardo, porém o peito, a barriga e os encontros são de cor amarelo-vivo e, bem assim o baixo dorso e o uropígio.

Aparece em pequenos bandos, pelos banhados e suas imediações, empoleirando-se pelas árvores, porém de contínuo baixando ao solo em busca de larvas, lagartas, outros insetos e também vermes, crustáceos, etc. Trata-se, portanto, de um pássaro útil.

O ninho que faz é de palha, ligeiramente acolchoado no fundo. Apresenta o conjunto da construção um formato semi-esférico. Em geral é no próprio banhado pelas margens dos rios e a pouca altura do solo, que localiza tais ninhos, prendendo-os aos colmos do capim de cana ou de outros vegetais dos brejos.

É muito vulgar encontrar-se, entre os seus ovos, o do *chopim,* como aqui tenho presente na coleção do oologista José Caetano Sobrinho. Distribuição geográfica: Do Rio Grande do Sul a São Paulo, Minas; Paraguai e Argentina.

O gênero contém outra espécie, que só ocorre no Rio Grande do Sul, indo até a Argentina e o Uruguai; é o *dragão (Pseudoleistes virescens).*

Parece-se muito com o anterior, mas dele se distingue bem facilmente, já pelo tamanho um tanto menor, já porque lhe falta cor amarela no baixo dorso, e, examinando-se com atenção, igualmente se nota que a região do ventre, onde existe a cor amarela, é mais extensa no *dragão.*

O ninho é semelhante, porém alguns costumam barreá-lo no fundo. Ao menos assim o descreve J. A. Pereyra.[187]

Os ovos, que medem 26 × 19, são em número de três por ninhada e apresentam, sobre o campo branco, ou azul-celeste-pálido, pintas, máculas e salpicos avermelhados.

CORRUPIÃO *(Icterus jamacaii)* — Vou descrevê-lo segundo o original vivo, que tenho aqui presente.

Mede 20 cm mais ou menos. "Negrinho", o amável *corrupião* que me serve de modelo, é o mais manso dos pássaros que já tive ensejo de observar, porém não ficou muito satisfeito em lhe medirmos o comprimento. Tem a fronte, a cabeça, a nuca, parte anterior do dorso, penas rêmiges e cauda, negros; parte posterior do dorso e cobertura da cauda, amarelas; peito, ventre, uropígio e bordo anterior da asa, de amarelo-alaranjado; mancha da parte externa da asa, branca; íris, amarelo-limão; bico com a mandíbula superior negra e a inferior cinzenta para a raiz; tarsos plúmbeos. A fêmea é mais ou menos semelhante ao macho.

Do *corrupião,* também chamado *sofrê,* escreve Olivério Pinto[188] estas linhas:

"O *sofrê,* um dos ornamentos mais brilhantes do nosso mundo alado, é ave peculiar aos campos secos do nordeste do Brasil, onde ocorre desde o norte de Minas até o Maranhão, incluídos nesta área todos os estados marítimos intermédios. A partir de Goiás cede ele lugar a *I. croconotus Wagl.,* fácil de distinguir ao primeiro exame, pela sua cor alaranjada mais intensa, estendida superiormente até o alto da cabeça, com exceção apenas de estreita faixa frontal. Neste pássaro, para votá-lo à nossa simpatia, concorrem com a feliz combinação de cores de sua plumagem, as notas agradáveis do canto melancólico, que de longe denuncia sua presença aos que o tenham ouvido uma só vez. Nos meses de janeiro e fevereiro, era quase certo encontrá-lo, cada manhã, nos arbustos e macegas da península de Corupeba, fronteiriça à Ilha de Madre de Deus, onde, embora ocasional, o avistei também mais uma vez na ponta do Mirim".

Em geral vivem em pequenos bandos, mas na época da reprodução apartam-se, aos casais.

Sobre o ninho, o que se sabe deve-se ao Príncipe de Wied, que, aliás, confessa suas dúvidas, quando escreve: "Um dos meus caçadores trouxe-me o ninho, que, entretanto, não corresponde ao que dele se conhecia. Achava-se em galhos horizontais de uma árvore, mais ou menos a 9 metros de altura, e não estava suspenso. Era uma bola de ramos secos, fechada por cima, com entrada lateral. O ninho estava deserto no mês de fevereiro, quando foi encontrado".

Como se vê, minguados e duvidosos são os esclarecimentos acerca da vida e costumes do *corrupião,* em plena liberdade, e, ao invés, muito se conhece em relação ao seu comportamento quando prisioneiro nosso, na intimidade do lar.

No norte, sobretudo, desfruta de um prestígio ainda não alcançado por qualquer outro hóspede de gaiola. Também nenhum, como ele, é capaz de mostrar tão extremada mansidão, tal cordialidade e afetuosidade para com seu dono. Anda solto pela casa e vem pousar à mão amiga dos que lhe são afeiçoados. Se lhe oferecemos os lábios, vem, delicadamente, com o bico, corresponder a carícia, tendo-se a impressão, perfeita, dum beijo. Evidentemente aprecia o gesto e repete-o sempre, com prazer, agitando as asas.

Um nortista e amador de pássaros contou-me, por vezes, histórias de certo *corrupião* que possuía. O pássaro vivia, em absoluta liberdade, com a gaiola sempre de porta escancarada, dela saindo ou nela entrando, quando bem lhe aprazia. Fariscava todos os recantos da casa, em busca de aranhas e baratas, deliciando-se, evidentemente, com estas últimas. Não raro, dava seu passeio pelo arvoredo do quintal e talvez se aventurasse por mais longe, até à mata. Certas ocasiões, naturalmente quando se metia em altas aventuras e era surpreendido pelo crepúsculo, pernoitava fora de casa, inquietando os donos e enchendo de inveja os pássaros engaiolados. Pela manhã, no momento da ordenha, ia até o curral, observar, com a sua eterna curiosidade, tudo que se fazia. Encarapitava-se, então, no dorso dos animais, que já estavam perfeitamente acostumados com tais intimidades. Era, pois, um companheirão, um bom amigo, tão amável criaturinha.

Mas além de mansidão e amabilidade, é inteligentíssimo, aprendendo o que lhe ensinam. "Negrinho", por exemplo, quando solto, possui uma cama, em forma de cartucho, e todas as noites é aí que dorme, como se estivesse em um ninho. Entretanto, mostra-se tão asseado, que, quando deixam de mudar o lençol, certo pano que lhe alfombra o ninho, — recusa-se a entrar nele.

Todos os corrupiões são bons cantores, verdadeiros flautistas e desabusados imitadores do canto de outras aves e até de certos trechos da música.

Na cidade de João Pessoa, Paraíba do Norte, existia um cavalheiro, mister Herbert Sunner, o qual, com sua paciência britânica, ensinou o *corrupião* que possuía, a assoviar o *God save the King*, o que o pássaro fazia com perfeição, como é de presumir[189]. Para não melindrar susceptibilidades, além do hino inglês, ensinou-lhe o dono uma canção popular brasileira, a "Maria Rosa", que o *corrupião* flauteava com brio nacionalista.

Quando em cativeiro, alimenta-se especialmente de bananas, porém aceita outras frutas, e, como vimos, tem grande predileção pelos insetos. Em geral dá-se ao *corrupião* sopa de pão e leite fervido, leite, cânhamo esmagado, e convém ministrar-lhe coração de boi esmagado, pois é indispensável o alimento animal a uma ave que, na vida livre, se alimenta de insetos.

Em certas regiões do Norte é conhecido sob o nome de *concris*.

Há espécie da Amazônia, já referida por Olivério Pinto, no trecho transcrito *(Icteris croconotus)*.

Já tive ensejo de vê-la em cativeiro ou, melhor, solta pela casa, onde é um encanto observá-la, tudo bisbilhotando, curiosa da ponta do bico à ponta da cauda. É a própria curiosidade domesticada, de asas negras, cabeça e ventre amarelo, olhar aceso, bico agudo, sempre pronta a revistar interstícios, afuroando toda a casta de bicharocos. Na Amazônia, é chamado *rouxinol*, e em Mato Grosso, *João-Pinto*.

Hábitos, habilidades e talentos perfeitamente iguais aos da espécie típica, mas registre-se uma particularidade digna de nota: Em Mato Grosso, na época das cheias, emigra segundo observações de Lauro Travassos e César Pinto, em *Memórias do Instituto Oswaldo Cruz,* t. XX, fase. II, p. 267.

Esta espécie é que os arrieiros bolivianos trazem de Santa Cruz de la Sierra para o norte da Argentina, onde alcançam o preço fabuloso de 300 pesos, segundo informe de "El Hornero", vol. IV, p. 310.

O gênero *Icterus* possui ainda outras espécies, na maioria habitantes da Amazônia, entre as quais *Icterus chrysocephalus,* chamada por lá *tem-tem* e *rouxinol-do-Rio-Negro*. É nigérrima, com o alto da cabeça, coberteiras menores das asas superiores e coxas, amarelas. Goza fama de notável entre os cantores, e sua mansidão é grande, sobretudo quando apanhado ainda nova. As indígenas do Uaupés, diz Stradelli, criam-na com leite do próprio seio.

Uma outra espécie do mesmo gênero é o *encontro,* de que a seguir tratarei.

ENCONTRO *(Icterus cayanensis pyrropterus)* — Não sei se entre os seus congêneres há algum que o sobreleve em matéria de canto, mas estou crendo que este é, sem dúvida o maioral. Quando emboca a sua flauta, de sons sempre sonoros, entremeia as músicas rácicas com as toadas estranhas, imitando com perfeição todos os seus irmãos alados.

Como é pássaro estimado e muito vulgar nas gaiolas dos amadores, não só esta subespécie, como mais três outras, de diferente distribuição geográfica, pois com facilidade vêem ao alçapão, mal vislumbram a apetecível isca duma banana, possuem muitos nomes, como *soldado-do-bico-preto, nhapim, dragona, gorrixo, xexéu-de-bananeira, pega, rouxinol-de-encontro-amarelo.*

A sua plumagem é quase idêntica à de seus congêneres. Veste-se inteiramente de negro, mas ostenta dragonas de cor alaranjada-escura, quer dizer, há penas de tal nuance nos encontros. Bico e pata pretos.

Fêmea igual ao macho.

Habita a mata e constrói ninho muito bem cuidado, tecido de fibras finas, medindo 15 cm de comprimento e 10 de largura na boca. Forma uma pequena bolsa.

O ninho, embora contenha filhotes, encontra-se sempre asseado, pois estes sabem lançar fora do berço as suas dejeções. Tenho observado que os pássaros do gênero *Icterus* não gostam de permanecer em lugares sujos. Quanto à localização do ninho, parece que não têm preferências marcadas. Na Argentina José A. Pereyra[190] informa que o encontrou na trepadeira madressilva, a três metros, mais ou menos, do chão. Antônio C. Guimarães Júnior viu um ninho em coqueiro e diz que também preferem a bananeira, sob cuja folha, ao abrigo do sol, se lhe deparou um outro. Mas, ao passo que afirma a preferência da ave pela bananeira, escreve: "Achei-o muito original, sendo o primeiro que observei nestas condições, etc."

Ora, se foi o primeiro que observou, como pôde concluir e afirmar a preferência da ave por tal localização? Julgo ser excepcional o caso, pois no Estado do Rio, onde existem grandes culturas da referida musácea e não escasseia o *encontro, Icterus tibialis,* jamais observei ou tive notícia de que se aninhassem sob as folhas.

A denominação *xexéu-de-bananeira* deve originar-se do fato de viverem estas aves entre as bananeiras, por cujos frutos mostram verdadeira loucura. Tal gulodice lhes é sempre fatal à liberdade, pois, como dissemos, muito fácil é apanhá-las com o apetecível engodo[191].

H. von Ihering, no seu trabalho sobre ninhos e ovos, aqui já tantas vezes citado, descreve de forma diferente o ninho do *encontro,* dizendo que "é suspenso na extremidade de um galho e construído de líquenes".

Sobre os ovos, ainda há alguma divergência na descrição feita por vários observadores no que diz respeito a minúcias. Para H. Ihering, possuem eles o fundo branco e ostentam manchas e garatujas; para Pereyra, são simplesmente brancos; os que tenho presentes, da coleção José Caetano Sobrinho, são brancos azulados com muitas pintas de carregada cor. O tamanho varia entre $21\text{-}22\frac{1}{2} \times 16\text{-}17\frac{1}{2}$ mm.

A espécie, de que estamos tratando ocorre no Mato Grosso, Goiás e São Paulo, e fora do Brasil, na Bolívia, no Paraguai e na Argentina.

O mesmo nome de *encontro* indica outra espécie, a típica, *I. c. cayanensis,* cuja *habitat* é a região Amazônica. Desta espécie, talvez ainda mais conhecida pelo nome de *pega* e *rouxinol,* pouco se sabe.

ARRANCA-MILHO *(Gnorimopsar chopi chopi)* — Confunde-se muito com o legítimo *vira-bosta (Molothrus b. bonariensis)* e por tal nome é também conhecido em muitos lugares. Nos estados do sul é talvez nome mais conhecido por pássaro-preto e graúna. A distinção não pode ser feita, à primeira vista.

Examinando-se atentamente, verifica-se que o *arranca-milho* é maior um pouco e tem a plumagem negra lustrada de azul ferrete, enquanto na do *Molothrus* o negro tem brilho violáceo. Ainda podemos notar que possui penas estreitas e ponteagudas e aparecem sulcos oblíquos na maxila inferior em direção à base do bico.

Os hábitos são também os mesmos.

Gostam de freqüentar as fazendas de criação, onde pascem rebanhos bovinos e aí procuram, nas dejeções, restos de milho. Atacam igualmente os campos cultivados e, ainda mais que o *Molothrus,* perseguem os lavradores, desenterrando o milho recém-plantado.

Não obstante ser um granívoro decidido, sabe-se que dá caça a insetos nocivos, atacando até gafanhotos.

Felizmente para os outros pássaros, *arranca-milho* não tem o hábito de pôr ovos em ninho alheio e sabe construir o seu, não em buracos do chão, como já li, mas em árvores.

O ninho, que é uma taça feita com gravetos e palhas, localiza-o o pássaro na forquilha de um ramo, sempre próximo ao tronco, e jamais nas pontas dos galhos. H. Ihering diz que prefere os coqueiros para se aninhar.

Fig. 56. *Arranca-milho* (Gnorimopsar c. chopi)

Os ovos, de um oval comum, têm campo azul celeste, com pequenas manchas, traços e arabescos escuros, que se enovelam no pólo obtuso. Medem 24½-28½ × 17½-19 mm. A postura, por vezes, vai além de 4 ovos.

Vivem muito bem em cativeiro e tornam-se mansos e familiares.

O canto é muito agradável e até melodioso, quando soltos, mas os engaiolados, que tenho visto, não cantam ou, de raro em raro, fazem simples ensaios.

Além dos nomes citados, este pássaro é chamado *arrumará,* em Pernambuco, *pássaro-preto* na Bahia, e em Minas, *chopim, vira-bosta.* Distribuição geográfica: Rio Grande do Sul, Bahia, Pernambuco, Mato Grosso e Minas, Paraguai, Argentina, Bolívia.

Os ornitologistas, ainda distinguem outra espécie — chamada de Minas Gerais, — mas Hellmayr julga sem razão tal modo de entender e até diz que há uma quase identidade entre os indivíduos da Bolívia e os do Brasil[192].

Isso, no entanto, só interessa aos ornitologistas e pouco significa para nós outros.

CAPÍTULO XXIV

FRINGILÍDEOS

Azulão, azulinho, curió, bicudo, trinca-ferro, chão-chão, bico-pimenta, bicudo-encarnado, furriel, papa-capim, patativa, brejal, chorão, pichochó, caboclinho, celeiros, bigode, serra-serra, pintassilgo, canário-da-terra, canário-da-horta, tipió, tico-tico, quem-te-vestiu, tico-tico-do-campo, tico-tico-rei, canário-do-campo cardeal, cardeal-amarelo, etc.

A família dos fringilídeos, de distribuição orbícola, tem, possivelmente, maior número de representantes na América. Entre nós contribui com uma multidão de pássaros cantores, muito conhecidos e, em boa maioria, adaptáveis ao cativeiro. O *Catálogo das Aves do Brasil*, de Olivério Pinto, registra 106, entre espécies e subespécies.

Os ornitologistas, na sua quase totalidade, consideram os fringilídeos como os mais evoluídos no mundo das aves, e por isso os colocam no extremo da ordem dos passeriformes. Isto significa que a atual época do mundo pertence a essa família de pássaros, como em outras, no decorrer dos vários períodos geológicos, predominaram determinados grupos.

Os fringilídeos têm um regime alimentar misto, embora a sua maioria seja de granívoros. O seu bico cônico e forte tanto tritura sementes, como está apto a caçar pequenos artrópodes. Uma grande parte, entretanto, come grãos e insetos, e todos, ou quase todos, na infância, têm regime alimentar animal. Por esse motivo podemos colocá-los entre os pássaros úteis.

Outro característico que indica o grau de civilização a que já chegaram está no desejo que mostram, em viver na companhia dos homens, como o *tico-tico,* e, sobretudo, o *pardal* que, como o homem moderno, desdenha a vida dos campos e quer viver, exclusivamente, no bulício das cidades.

O *pardal, Passer domesticus,* foi escolhido como a ave tipo, os protornis de toda a ordem dos pássaros propriamente ditos, os passeriformes da sistemática hodierna.

Ainda poderíamos aludir ao canto, que atinge ao máximo da beleza nesta grande família de pássaros.

Não é possível dar uma descrição de caracteres típicos pelos quais se distingam dos demais pássaros e, assim, ao tratar das diversas espécies, procuraremos acentuar certas minúcias.

Em geral possuem bico forte e cônico, como já dissemos, com mandíbula angulosa na comissura da maxila e narinas ocultas por penas. Quase todos são pássaros pequenos e, em menor proporção, de tamanho médio. Em grande maioria, têm cores pouco vistosas: parda, olivácea, preta, cinzenta, havendo, entretanto, um bom número com cores vistosas, vermelha, amarela, mais ou menos intensa.

Entre esses bem vestidos, notabiliza-se um lindo pássaro de restrita distribuição geográfica entre nós, só encontrado até hoje em Mato Grosso. Trata-se de *Pheucticus aureo-ventris aureo-ventris,* que de tão raro nem sequer possui nome vulgar que o popularize no Brasil. Na Argentina, onde ocorre, é chamado rei-dos-bosques, nome que só por si nos dá idéia da sua magnificência.

Uma vez que não se pode colocar na galeria geral, por lhe faltar o nome vulgar — critério que adotei na descrição das espécies — a ele quis referir-me aqui, para que não ficasse sem registro tão formoso pássaro, honra e flor da família dos fringilídeos. Fui mais longe na glorificação dessa deidade perdida na selva matogrossense: dei-lhe o retrato a cores naturais. A honra é pouca, decerto, para quem possui além de tantos encantos naturais, o dom de entoar cantigas maviosas.

O *rei-dos-bosques* — tento aqui a adoção do nome — é onívoro, quer dizer, além de comer grãos e insetos, dá suas bicadas nos frutos, mas, como é escassa a espécie, não chega a causar prejuízos aos fruticultores.

Tudo o mais que se possa saber sobre a família dos fringilídeos registrarei a seguir, ao tratar de cada espécie.

DESCRIÇÃO DAS ESPÉCIES

AZULÃO *(Cynocompsa cyanea sterea)* — Belo e robusto pássaro, de 15 a 16 cm, 7 a 8 dos quais pertencem à cauda. A cabeça, nuca, dorso, e retrizes são dum azul um pouco violáceo; penas rêmiges e cauda negra, parte inferior do corpo inteiramente azul; olhos, de íris escuro, tem na parte superior uma estria clara.

A fêmea é parda esverdeada, e os machos quando jovens, têm essa cor mas as penas rêmiges são anegradas, enquanto bico, o íris e os tarsos quase negros.

O ninho esconde-o entre a folhagem de arbustos, a pouca altura. É construído com folhas secas, sendo o interior forrado de raízes. Ovos de 22½ × 15 mm com o campo cinza-ardósia todo pingado de manchinhas cinzentas.

Vive perfeitamente bem em cativeiro, onde se alimenta de grãos, sendo considerado ótimo cantor. Habita especialmente os campos.

Não goza de muita estima entre os cultivadores de arroz e outros grãos de que se alimenta. No Rio Grande do Sul é chamado *azulão-bicudo*.

Os ornitologistas hoje reconhecem C. c. cyanea, forma do nordeste, o *guarandi-azul,* que se distingue pelo azul ferrete lavado, mais ou menos intensamente de ultramar, sendo *C. c. sterea* subespécie que ocorre no Espírito Santo, Minas, Rio de Janeiro para o sul, São Paulo, Goiás e grande parte de Mato Grosso, indo até Paraguai e Missões.

O *azulão* do extremo norte (Amazônia) é *Cyanocompsa cyanoides rothschildii,* espécie muito parecida, de 18 cm de tamanho, mas que bem se distingue por trazer na fronte um azul mais claro. A fêmea é igualmente parda.

O nome de *azulão,* entretanto, estende-se a outros pássaros, como *Stephanophorus leucocephalus,* traupídeo mais conhecido pelo nome de *sanhaço-frade,* de que já tratamos. Em certos lugares, dão ainda o nome de *azulão* ao famoso *chopim*.

AZULINHO *(Cyanoloxia glauco-caerulea)* — Bonito pássaro cantor, bem conhecido na Argentina, sob o nome de *azulego,* porém entre nós só parece mais comum no Rio Grande do Sul, embora ocorra também em São Paulo e Mato Grosso.

O macho é azul glauco, asas e cauda enegrecidas. As penas têm uma orla azul-claro; bico e patas negras.

A fêmea e os jovens são pardos por cima e cor de canela na parte inferior.

Freqüentam as matas e capoeiras, e constroem o ninho, em forma de tigela, com quatro ovos lindos, pois o fundo é azul-celeste coberto de pintinhas vermelhas uniformemente distribuídas.

Os machos costumam empoleirar-se nos ramos altos das árvores, próximo do ninho e aí fazem ouvir maviosas cantigas.

CURIÓ *(Oryzoborus angolensis angolensis)* — Apresenta, como o *bicudo,* um corpo rechonchudo e bico grosso.

É de quase 15 cm o comprimento total da ave. O macho é preto, na parte superior do corpo, a parte inferior é castanha-avermelhada, com espelho branco na asa. A fêmea é parda, na parte superior e, na inferior, parda-amarelada. Olivério Pinto diz que, não sendo abundante em parte alguma, existe espalhada em todo o Brasil, sem apresentar diferenças apreciáveis.

No extremo norte, Amazônia, pode-se distinguir a subespécie *O. c. crassirostris* de bico menor e com o espelho branco e maior da asa. É por lá chamado *bicudo, bicudo-preto.*

O *curió* tem direito a ser enfileirado na galeria dos nossos grandes mestres cantores. Há mesmo certa região no norte, Goiana (Pernambuco), que se julga possuidora de uma linhagem de *curiós* invulgares. São cantores de raça e ofício, e tal prosápia mostram desta fama, que por vezes cantam até morrer, desabando do poleiro ainda envoltos nas últimas notas da cantiga.

Correu mundo a fama da tuba canora dos curiós goianenses e de lá vieram tais celebridades engaioladas aqui para os amadores do sul. Ou fosse orgulho ferido de artista despachado como mercadoria, ou fosse porque não se adaptassem ao meio, o fato é que os curiós, nas plagas sulinas, fizeram figura feia. Cantavam sim, porém vulgaridades indignas dum grande artista. Contrariando o antigo ditado, tais passarinhos nortistas somente são profetas na terra deles.

O ninho, colocado em arbustos e em geral próximo d'água, não é nenhuma obra-prima. O material empregado consta de talos e raízes, mas a ave tem o cuidado de colocar as pontas grossas para o lado de fora e as mais finas para dentro.

Os ovos, três em cada ninhada, medem 19 × 14 mm e são branco-cinzentos, com manchinhas bruno-cinzentas, pintinhas e certas garatujas, como nos informa H. Von Ihering.

BICUDO *(Oryzoborus crassirostris maximiliani)* — Este é o bicudo aqui do sul e centro, mas no norte por igual nome se indica *O. c. crassirostris,* a que já nos referimos.

O macho do *bicudo* sulino é preto, trazendo na asa uma mancha branca, sendo seu bico claro e a íris negra.

Os indivíduos são claros quando novos, recebendo a designação de *avinhados.* Parece resultar daí a razão de se dar ao *curió, Oryzoburusa angolensis,* por vezes, a denominação de *bicudo.* Em São Paulo, denominam *bicudo* ao legítimo, dizendo *bicudo-do-norte,* isto é, norte do Estado de São Paulo. Feita a muda, o *bicudo* ostenta a sua cor preta característica, está "virado", na linguagem dos passarinheiros.

De qualquer forma, quer o bicudo sulino, quer seu irmão do extremo norte, são cantores de fama, êmulos dos canários e outros Carusos de pena, alcançando preços altos no mercado da especialidade, onde os amadores os disputam.

Semelhantes às cavatinas dos canários e outros improvisos musicais, os bicudos também lançam trinados de estalo, assobio e corrida, consoante a linguagem dos amadores.

Vivem estes belos pássaros muito aprazivelmente em cativeiro, alimentando-se de grãos. São muito sociais, aparecendo sempre em bandos, salvo na época da reprodução, em que, aos casais, vão construir seus ninhos.

Do ninho de um desses bicudos dá-nos notícia circunstanciada o naturalista Oscar Monte,[193] dizendo tê-lo encontrado no campo, em uma arvoreta, a 3 metros de altura, mais ou menos.

Estava localizado em galhos finos e mostrava formato um tanto hemisférico, construído externamente com nervuras das folhas dum arbusto espinhoso, encontradiço nos brejos e à margem dos riachos, chamado vulgarmente morcego ou cerca-negro.

Trata-se de ninho bem cuidado e fechado; de construção forte e internamente forrado de raízes brancas muito delicadas.

Completando o informe, acrescenta o autor de que nos estamos valendo: "Nele se achavam dois ovos de campo cinzento-claro, com manchas escuras, mais numerosas e carregadas na parte romba, medindo 20 × 15 mm".

Oryzoborus crassirostris maximiliani habita os campos e capoeiras do Rio de Janeiro, São Paulo, Mato Grosso, Espírito Santo e Bahia.

Costuma aparecer em redor das habitações.

Há ainda uma observação a registrar: No Ceará e Paraíba dão o nome de *bicudo-maquiné*[194] a uma casta de pássaros, naturalmente do gênero *Oryzoborus,* da qual ainda não houve identificação específica. O referido pássaro desfruta de grande conceito como cantor.

TRINCA-FERRO *(Saltador maximus maximus)* — É verde-azeitonado, na parte superior e na inferior cinzento, exceto na região da garganta, onde sobre a cor amarela se nota uma estria preta de cada lado.

Do ninho de *S. m. maximus* faltam notícias, mas os ovos são bem conhecidos.

Os da coleção José Caetano Sobrinho medem 27½ × 20 e são iguais aos abaixo descritos de um outro pássaro do mesmo gênero, *S.s. similis,* cuja parecença com o anterior é grande, mas o dorso é acinzentado. Este passarinho é chamado *tico-tico-guloso* e *tico-tico-do-mato,* em São Paulo e *bico-de-ferro,* em Minas.

O ninho deste é colocado na forquilha das árvores, a pouca altura. Trata-se de uma tijela bem feita, arcabouçada com folhas grosseiras e talos, forrada, no

Fig. 57. *Ninho de trinca-ferro*
(Saltator similis)

interior, com raízes finas. Euler achou um ninho na forquilha dum galho caído ao chão, dentro duma capoeira, no Estado do Rio.

Os dois ovos da postura, do *tico-tico-guloso* podem ser considerados primorosos.

A casca é lisa lustrosa, de cor geral azul, vagamente verde. No pólo obtuso voluteiam rabiscos capilares e raros, mas vigorosos pontos, como uma escrita taquigráfica, formando estreita coroa. Medem 28 × 20 mm.

O gênero *Saltator,* além das duas espécies citadas, conta com outras, sendo que somente *S. atricollis* mereceu a honra do nome popular de *batuqueiro* e *S. coerulesceus mutus,* conhecida na Amazônia por *sabiá-gongá.*

Registram-se ainda subespécies.

BICO-PIMENTA *(Pitylus fuliginosus)* — Bonito pássaro, do tamanho dum sabiá (23 cm), de cor cinza-ardósia-escura, lembrando a pelagem de um rato, mas com reflexos anilados, especialmente no dorso sobre as asas. Face, pescoço, garganta e peito negros; as rêmiges são negras com bordos interiores brancos; as retrizes são igualmente negras; o bico, bastante grosso, é vermelho-cinábrio. As cores da fêmea são idênticas, porém mais atenuadas, e o próprio bico é de um vermelho-pálido. Os jovens ainda se mostram mais descorados que as fêmeas, tendo o bico amarelo-limão. O Príncipe de Wied notou que ele prefere viver nas vizinhanças das plantações, a encerrar-se na mata. O ninho é localizado no campo, em moitas de capim, em forma de tigela, feito com raminhos, talos, ervas. A cavidade é forrada com talos de capim. Vive bem em cativeiro e durante longos anos. O seu grito é quase um silvo. Aparece em pequenos grupos ou aos pares. Ocorre desde o Rio Grande do Sul à Bahia, Rio de Janeiro, e Paraguai.

É em certos lugares chamado *bicudo,* e Pelzeln diz que também era conhecido sob o nome de *guaranisinga* e *puxicaraim,* nomes naturalmente já desaparecidos da memória do povo.

BICUDO-ENCARNADO *(Periporphyrus erythromelas)* — Deve figurar entre os belos fringilídeos esse bicudo amazonense. O macho, que tem quase o tamanho dum sabiá, ostenta vistosa cor vermelha-escura na parte superior, sendo a inferior dum vermelho-claro, quase cor-de-rosa. A cabeça é inteiramente negra. A fêmea é olivácea na parte superior e amarela na inferior, mas a cabeça é negra como a do macho.

De seus hábitos tudo se ignora.

FURRIEL *(Caryothraustes canadensis brasiliensis)* — Quando melhor se conhecer esta ave, talvez seja promovida a posto superior. Por enquanto a sua fé de ofício não passa duma simples carteira de identificação. E lá se encontra: tamanho 22 cm; cor verde-olivácea, amarelada na parte superior, e amarela-olivácea na inferior; sobrancelha, freio, faces pretos, e, de igual cor, uma mancha no mento, que dá ares de uma "pera", como deviam usar os furriéis doutros tempos, segundo infundamentada suposição minha.

Esse bravo encontra-se na Bahia, Espírito Santo, Rio de Janeiro e Minas.

PAPA-CAPIM *(Sporophila sp)* — Quando as gramíneas dos campos, das baixadas, das margens dos rios, lançam suas panículas ou espiguetas e o vento ondeia essa seara, que um gênio tutelar das aves sorrateiramente semeia, espalha-se a boa nova por todos os quadrantes. Surgem logo, bem avisados, os *papa-capins* e junto no seu bando os *curiós*, os *bicudos*, os *canários*, os *serra-serra* e os *bicos-de-lacre*, enfim a casta inteira dos granívoros. A mesa ampla estende-se ondulante, o grão é macio e saboroso, o apetite infinito. Não há tarefa mais agradável que comer, quando se tem fome, e os pássaros parece que não pensam noutra coisa. Então quando o deus dos passarinhos faz o milagre da multiplicação em miríades de grãos, com a liberalidade dum taumaturgo, sem preocupações de economia, a ordem geral é encher o papo.

Logo se diluem e apagam na bruma da memória os dias de escassez e fazeira, onde não havia por toda a terra um só grão disponível. O Deus de misericórdia ouviu as lamúrias e as preces dos passarinhos e fez brotar da terra aquele mundo de sementes. Agora é comer e cantar louvores.

Assim fazem realmente os *papa-capins* e o seu rancho, quando o capim-guiné, o pé-de-galinha, o naxemim, o capim-flor, o alpiste-dos-prados, o império todo das gramíneas floresce e lança sementes.

Não há, entretanto, um pássaro a que se possa chamar, com absoluta justeza, *papa-capim,* porque tal nome quase se generaliza entre *os Sporophilas* freqüentadores dos banquetes que oferecem os capinzais ou arrozais na época da frutificação. O mesmo diremos da designação *papa-arroz.*

Podemos apontar as seguintes espécies do gênero Sporophila, que são, por muitos, conhecidas sob o nome de papa-capim ou papa-arroz: falcirostris, frontalis, americana, albogularis, caerulescens, nigricolis, lineola e ainda outras.

PATATIVA *(Sporophila plumbea plumbea)* — Goza de alta fama, como cantora, a falada *patativa* e até a eloquente e grande vulto da política brasileira deram o cognome de patativa-do-norte, graças aos seus dotes oratorianos. Para falar com franqueza, eu preferia a retórica elegante do homem de Estado, à incansável mas medíocre, cantiga da patativa. Os nossos irmãos do Norte são assim superlativos, condoreiros e, por isso, o setentrião continua a ser, nesta época de petróleo, uma grande mina de poetas.

Não quero com isso desprestigiar tão mimoso passarinho. Em matéria de canto de pássaros, vai muito o gosto pessoal, e sobre gostos, lá diz um velho chavão, já corrente entre a gente do Lácio, não se discute.

De mais a mais, os nortistas, ou, mais precisamente, os paraibanos, gabam certa patativa, a de Jacuípe (Paraíba do Norte), e não qualquer outra. É possível que tenham razão e exista por lá uma verdadeira raça de grandes cantores, que, aliás, está rareando, segundo dizem.

Não é ave abundante e talvez, quando se chegue a apurar bem as coisas, a raça tenha desaparecido e só exista a dos cantores medíocres.

Se é verdade que não vivo enamorado pela loquela lírica da patativa, tenho-a na conta de um dos mais graciosos "passarinhos de gaiola". Esta graça, deve-a a pequena ave à natureza da plumagem, que é muito fina, quase um arminho, e também aos seus modos meigos e, sobretudo, à singular faceirice de afofar a plumagem encorujando-se, amuada, como um arrufo de noiva.

Lima Mindelo informou ao Dr. Artur Neiva da existência na sua residência de uma patativa que durou 26 anos. Nessa idade ainda ia para o poleiro, tomava seu banho e cantava, embora, com menos vivacidade que na juventude.

Como sinal de decrepitude somente se notava falta de penas ao alto do cocuruto.

Sobre ninho e ovos nada se sabe.

A espécie, ocorre do Paraná a São Paulo, Bahia, Paraíba, Mato Grosso, Minas; Paraguai, Argentina, Bolívia.

Fig. 58. *Patativa-do sertão* (Sporophila)

Com o nome de *patativa-do-sertão,* João Leonardo Lima descreve uma outra espécie *(Sporophila sertanicola)* por ele encontrada nas matas do alto da Serra de Santos, São Paulo[195], aliás já descrita anteriormente sob o nome de S. falcirostris, nome científico que prevalece.

BREJAL *(Sporophila albogularis)* — Os passarinheiros do Estado do Rio e Distrito Federal dão a este papa-capim o nome de *brejal,* sendo, aliás, um cantor digno de aplausos.

Há, no entanto, um *coleiro-do-brejo* que também por *brejal* é conhecido. Mede 13 cm aproximadamente, tendo a fronte, faces e nuca, e uma faixa curva à guisa de gola, situada no peito, negros; o alto da cabeça, nuca, dorso e coberteiras dum cinzento-escuro quase negro, cobertura superior da cauda quase branca, penas rêmiges primárias negras, secundárias com barbas externas claras, garganta e lados do pescoço, peito, ventre brancos, ou mui ligeiramente acinzentados, bico grosso amarelo, íris negro, tarsos anegrados.

É espécie da Bahia e para o Rio vinha trazida por embarcadiços.

Há muitos anos que não vejo este estimado cantor entre as coleções de amadores.

CHORÃO *(Sporophila leucoptera leucoptera)* — Outro papa-capim muito vulgar nas gaiolas e amplamente disperso pelo Brasil, pois é encontrado no Rio de Janeiro, Bahia, Pará, Goiás, Mato

Grosso e Minas. Como quase sempre acontece com as aves de tão larga distribuição, em condições mesológicas diversas, assinalam-se variações específicas e daí as subespécies, de que não falarei. Registro, entretanto, alguns nomes populares por que são conhecidos: *cigarra, bico-vermelho, papa-capim.* Mede 13 a 14 cm, tendo a cabeça, dorso, retrizes e cauda de um cinzento-ardósia; penas rêmiges anegradas; garganta, peito e ventre, brancos ou ligeiramente acinzentados; uropígio branco; bico forte, grosso, avermelhado; íris negro; tarsos anegrados.

O canto desta avezinha tem algo de triste e talvez daí o nome de *chorão,* batismo imaginoso dos passarinheiros do Estado do Rio de Janeiro.

PICHOCHÓ *(Sporophila frontalis)* — Dentre os de seu gênero distinguem-se bem, já por ser um dos maiores, já por uma estria branca que lhe marca o sobrolho.

A plumagem da parte superior é verde-olivácea, da inferior esbranquiçada, notando-se duas faixas amarelas na asa. É chamado também *pichanchão,* ou simplesmente *chã-chão.*

Entre os inimigos dos arrozais, lá está escrachado o *pichochó,* e isso lhe vale certa perseguição por parte dos rizicultores e a alcunha de *papa-arroz,* que, aliás, não lhe tira o apetite. O ovo é semelhante ao do *coleiro-virado,* um pouco maior É comum encontrá-los em gaiola onde, em matéria de canto, não vai muito além do *coleiro.*

É espécie que ocorre do Rio Grande do Sul a São Paulo e no Rio de Janeiro.

CABOCLINHO *(Sporophila bouvreuil bouvreuil)* — Vou descrevê-lo como o conheci. Mede 12 cm.

O macho tem a cor geral pardo-esverdeada, com o lado inferior pardo-amarelado; vértice, asas e cauda enegrecidas, bico e tarso anegrados, íris negra. A fêmea é de cor parda, sendo amarelenta na parte inferior.

Alimenta-se de sementes, grão, etc. e resiste bem ao cativeiro. O canto é muito agradável.

Passarinho comuníssimo nas matas do Rio de Janeiro, mas que é igualmente encontrado em São Paulo, Minas, Bahia, Pará, Goiás e Mato-Grosso.

Os passarinheiros dão o nome de *caboclinho-do-norte* a um passarinho deste mesmo gênero (*Sporophila minuta minuta*), um pouco menor, 11 cm, com a nuca e o dorso pardo-ferruginoso, vértice, rêmiges e cauda negros; garganta, peito, ventre e uropígio pardo-ferruginosos um pouco mais claro que o dorso. Fêmea e jovens são pardo-arruivados. Comportam-se bem em cativeiro e são excelentes cantores.

Embora seja chamado *caboclinho-da-Bahia,* vejo pelo catálogo de Ihering que a espécie, no Brasil, só ocorre no Pará. Acho, pois, que melhor lhe enquadra o nome também popular de *caboclinho-do-norte.*

Entre outros é chamado *coleiro-do-brejo,* em São Paulo, um passarinho muitíssimo parecido com o *caboclinho,* apenas distinguido-se dele por ter o todo ventral branco e o bico preto, enquanto que o daquele é fusco. Trata-se de *Sporophila bouvreuil pileata.*

COLEIRO-DO-BREJO *(Sporophila coloris coloris)* — Mede 13 a 13½ cm de comprimento, 7 a 8 dos quais pertencem à cauda, tendo a fronte, que de cada lado ostenta uma manchinha branca, cabeça, nuca, penas rêmiges e cauda, negros; dorso, tetrizes e cobertura da cauda, de um pardo-amarelado; garganta, alvacenta; lados do pescoço, peito, ventre e uropígio, de um amarelo-barrento-claro; bordo anterior da asa, tendo uma pequena mancha branca; garganta com uma espécie de gola negra, separando-a do peito; íris negra, bico fusco e tarsos anegrados. Quando jovens, são de cor geral pardo-esverdeada, com as penas rêmiges e a cauda anegradas; peito e ventre pardos, íris negra, bico e tarsos anegrados.

Estendo-me um tanto na descrição, porque as espécies do gênero *Sporophila* apresentam pouca distinção entre si.

O *coleiro-do-brejo, coleiro-de-sapê, coleira* ou *brejal,* como também é chamado, goza de estima como cantor.

Goeldi dá o nome de *coleiro-do-brejo* à espécie conhecida entre nós pelo nome de *coleiro-virado.* Ihering também aponta por este nome outras espécies que não ocorrem no Rio de Janeiro, onde é comum a que descrevi.

COLEIRO-VIRADO (*Sporophila caerulescens)* — É a vítima infalível de todos os passarinheiros. Não há amador de pássaros que não tenha o seu "virado", *virado* que, aliás, "não troca por nenhum outro". Podem queixar-se do *canário,* do *avinhado* ou do *chã-chão,* mas com o *coleiro-virado* sempre estão o contentes e julgam-no sem igual.

Freqüentes vezes, realmente, são bons cantores, e alguns indivíduos tornam-se notabilidades líricas. Não obstante a alta estima que desfrutam, são grandemente judiados. Inventaram até um suplício especial para o pobre *coleiro-virado*. Instalam-no numa espécie de gaiola de papagaio em miniatura, e aí o prendem, com uma correntinha fina, que lhe amarram ao pescoço. Ao alcance do bico põem uma pequena caixa, com tampa, dentro da qual depositam o alpiste. Para que a avezinha possa comer, tem de levantar, com o bico e a cabeça, a tampa da caixinha.

Ainda não pára aí a invenção diabólica. A água é posta no chão da gaiola, onde a ave, presa ao fio, não pode chegar. Junto ao poleiro em que está pousada, existe outra correntinha e, no extremo desta, um dedal que mergulha na água do bebedouro. Para saciar a sede, a ave tem que puxar a corrente com o dedal, cheio de água.

Em matéria de perversidade nem na China se encontra coisa mais perfeita. O *coleiro* sofre as torturas da fome e da sede, como Tântalo, com a água ali à vista e a comida próxima ao bico. O dono, geralmente um garoto, fica apreciando os esforços da ave, para saciar a sede e aplacar a fome. Alguns *coleiros,* quando ainda jovens, conseguem aprender a levantar a tampinha da caixa e a puxar a corrente, mas a maioria morre de fome e sede.

É um espetáculo de requintada crueldade, hoje felizmente não mais permitido, pois os animais gozam de proteção do Estado.

O *coleiro* é um pássaro bonito e, embora muito conhecido, aqui faço uma descrição bem minuciosa. Mede 13 cm, 5 a 6 dos quais pertencem à cauda.

São de cor negra, a fronte, faces, cabeça, nuca e a região que fica por baixo da mandíbula inferior, em forma de gola, coleira[196], separando assim a garganta do peito. São de cor cinzento-ardósia, quase negro, o dorso, retrizes e coberteira da cauda, sendo, entretanto, negras, quer as penas da cauda, quer as rêmiges. Uma raja que parte da raiz da mandíbula inferior, bem como a garganta, o peito, o ventre e uropígio são brancos ou levemente acinzentados, íris negro, bico amarelo-esverdeado, tarsos anegrados.

As fêmeas são pardo-oliváceo-claras, com asas e cauda mais escuras, parte inferior clara, lavada de ocráceo, e o centro do ventre, branco.

A plumagem dos jovens é parecida com a das fêmeas, sendo conhecidos nesta fase por *coleiros-pardinhos*. Aos três meses, já se nota o colar preto, que se vai acentuando; então, "o coleiro está virando", na linguagem dos passarinheiros.

É ave granívora e aparece em bandos, às vezes numerosos, especialmente nos capinzais, sendo por isso chamada, como tantas outras, *papa-capim*. Esses bandos chegam a causar estragos nas culturas de arroz.

Aninha-se geralmente nos arbustos, a pouca altura e, por vezes, em árvores. Euler notou-lhe a preferência pelas roseiras e diz de seu ninho que é "uma tigelinha relativamente funda, trabalhada com certa arte, embora de parede transparente. Emprega exclusivamente finas radículas como material".

Os ovos, em número de três, são de fundo branco-esverdeado, completamente cobertos de manchas alongadas e pontos de cor parda-amarelada, não raro, com garatujas pretas no pólo agudo. Medem 17-18 × 12½-13 mm.

A distribuição desta espécie é vasta, indo da Argentina à Bahia, Minas, Mato Grosso, Paraguai e Bolívia.

O gênero *Sporophila* contém cerca de 30 espécies e subespécies, muitas chamadas simplesmente *coleiro, coleira,* ou *papa-capim* e outras conhecidas por diversas designações, como estamos vendo.

COLEIRO-DA-BAHIA *(Sporophila nigricolis nigricolis)* — É um tanto parecido com o *coleiro-virado,* mas dele bem se distingue. Olivério Pinto escreve[197]:

"Não há possibilidade de confusão entre os machos deste *papa-capim* e os de outra espécie próxima *(S. c. caerulescens)* muito espalhada no sul e centro do Brasil e dada como existente também na Bahia."

As fêmeas, entretanto, faz notar aquele ornitologista, por vezes, se podem confundir.

Espécie do Rio de Janeiro e do Mato Grosso para o norte.

Os passarinheiros aqui do Rio dão a este passarinho o nome de *coleiro-da-Bahia, coleiro-da-serra* e *gravatinha*. Olivério registra apenas *papa-arroz*. Resiste bem ao cativeiro e é bom cantor.

BIGODINHO *(Sporophila lineola)* — O macho tem a parte superior do corpo negra, ostentando no vértice uma estria branca e, desta mesma cor, uma risca que corre sob cada olho à maneira dum bigodinho. A parte inferior do corpo é branca, mas a garganta é negra. O ovo deste *papa-capim,* aliás chamado *coleirinha,* em Goiás, é dum branco-cromo, com manchas ora escuras, superficiais, ora roxas, profundas, segundo Nehrkorn. Mede 17½ × 13 mm.

Distribuição geográfica: São Paulo, Bahia, Amazônia, Mato Grosso, Venezuela, Paraguai e Argentina.

SERRA-SERRA *(Volatinia jacarina jacarina)* — Mede 10 cm de comprimento, ou pouco mais. A cor geral é azul-ferrete cambiante, olhos negros, pés anegrados e bico esbranquiçado. Quando novo, tem a fronte, cabeça, nuca, dorso, cobertura das asas pardo-amarelados, penas rêmiges e cauda anegradas, garganta pardo-clara; ventre e uropígio esbranquiçados.

O macho muda de coloração do inverno para o verão, apresentando assim o mesmo traje dos indivíduos novos. As fêmeas são pardas.

Costumam, em certos lugares, aparecer em bandos numerosos, na época da frutificação de certas gramíneas.

O nome *serra-serra* origina-se do fato de a ave, todas as vezes que emite o seu *t-zu,* dar um salto vertical do lugar em que está pousada, alcançando cerca de 1 metro de altura e voltando ao mesmo lugar. O povo vê nisso o movimento da serra.

Por ser ave muito vulgar, recebeu nomes diversos, como *tiziu, tiam-tam-preto, alfaiate, veludinho,* etc.

O ninho costuma fazê-lo em sebes espinhosas e arbustos, meio escondido, mas a pouca altura. É em seu formato uma tijelinha achaparrada, de urdidura meio frouxa, feita de talos e raízes. Os ovos, em número de dois, são ovalados, setinosos, com campo branco, salpicado de marrom, marrom-avermelhado, e um nada de púrpura evaescente. No pólo rombo há um círculo de cor. Tamanho 16,6-17,5 × 11,8-15,2 mm.

Tal espécie vem da Argentina e Paraguai e distribui-se por todo o Brasil até Pernambuco, sendo daí para o norte substituída por outra: V. j. *splendens,* que apenas difere daquela por uma mancha branca ao lado inferior da asa do macho.

Os ovos foram descritos por Pedro Velho, que informa terem 16 × 12 mm e apresentarem campo branco, levemente esverdeado, com numerosas manchinhas no pólo rombo e esparsas noutra extremidade.

Nota — Cory de Carvalho, em minucioso estudo sobre o *serra-serra,* dá esta curiosa informação, sob o título "Socialização":

"Devido ao meio em que vive e talvez condições estranhas no presente às necessidades da espécie, *Volatinia* e *Sporophila* se reúnem durante a faina alimentar e sensorial (?) em grupamentos regulares sem que isso aparentemente traga qualquer vantagem para as referidas aves. Como um dos hábitos sociais interessantes e não muito vulgar temos a registrar uma aglomeração das diversas espécies de aves dos gêneros acima, predominando machos, numa moita de mato baixo de 70-90 cm, na borda da capoeira e do campo cultivado no Instituto Agronômico do Norte, em Belém, em bando de quase meia centena, todos a cantar, dando ao vozear conjunto um aspecto de gorjeio muito singular como uma execução coral (às 9.05 hs. de 17 nov. 56), disperso pelo autor a fim de identificar seus componentes no emaranhado de caules e folhas dos pequenos arbustos. Esse tipo de canto coletivo, onde é impossível reconhecer separadamente a voz de cada componente, já foi assinalado algumas vezes, inclusive para um dos membros dessa família na América do Sul (Hudson, 1920), indicando talvez um derivativo ou excitante para a procriação dessas aves."

PINTASSILGO *(Spinus magellanicus ictericus)* — A beleza desse passarinho corre paralela à sua alta fama de cantor. Poucos são os que lhe não apreciam o canto, que é meigo e delicado.

Embora se mostre um tanto agitado dentro da gaiola, entoa as composições musicais com ternura de artista apaixonado, sem espalhafato, não se preocupando com a platéia, como Caruso o faria na intimidade do lar em tom menor, de maneira que os vizinhos não o ouvissem graciosamente. É um cantor que fala à alma dos poetas e diz lindas histórias veladas, mágoas que ninguém entende ou suspeita sequer.

O canto do *pintassilgo* aproxima-se grandemente do canário da Europa, *(Fringilla spinus),* na frase simplesmente, sendo outros a entonação e o sentimento.

É um dos mais conhecidos pássaros de gaiola e logo distinguido pela sua inconfundível plumagem verde-olivácea no dorso, com as rêmiges primárias de base amarela e todo o restante negro, cauda também negra com base amarela. A plumagem da cabeça é negra, como se lhe acertassem uma longa carapuça daquela cor, que lhe vem, como gola, tomando a parte superior do pescoço e caindo por diante, em bico, quase até o peito. Bico e patas anegrados. Isso, a vestimenta do macho, pois a fêmea, que é algo menor, mostra cor amarela-esverdeada, mais apagada que a dos machos, e carece, totalmente, da longa carapuça negra.

São aves de tamanho pequeno: 11 a 13 cm. Habitam de preferência a mata e constroem o ninho na forquilha das árvores ou arbustos, a pouca altura. O ninho é uma tigelinha, algo funda, tecida de raízes finas claras e sem revestimento, segundo o que eu conheço. Os observadores citados por H. Ihering[198] dizem que é forrado de penas e crinas.

Os ovos são brancos, muito vagamente tocados de azul-celeste, sem máculas por vezes, mas encontram-se ovos com umas pintinhas perdidas de cor marrom. Medem 16½-17 × 12 mm.

A distribuição geográfica da espécie referida estende-se desde o Chile, Argentina, Paraguai, Minas, Rio de Janeiro, Mato Grosso, Paraná, até o Rio Grande do Sul.

Os ornitologistas distinguem uma subespécie, algo menor e dum amarelo mais desbotado no abdome *(S. magellanicus alleni),* que ocorre de Goiás até a Bahia e que habita o campo e não a mata, como o de que vimos tratando.

Os pintassilgos amam a liberdade, como os sociais democratas, e por isso os indivíduos adultos, os de caráter já formado, não se acomodam às restrições da gaiola, mesmo dourada, e morrem numa proporção talvez de 70%.

É preciso recrutar os da geração nova, os que ainda mal prelibaram as doçuras da liberdade, para que se acomodem às exigências da sujeição e vivam cantando, no poleiro que o dono lhes preparou.

Os amadores de pássaros sabem obter mestiços, acasalando um macho de pintassilgo com a fêmea do canário europeu, de preferência com a canária hamburguesa, por ser de menor tamanho. O mestiço recebe o nome de *pintagol* ou *arlequim,* assemelhando-se mais ao pintassilgo que ao canário. Vide *O Amador de Pássaros.*

São extraordinários cantores, rivalizando, muitas vezes, com os melhores canários.

CANÁRIO-DA-TERRA *(Sicalis flaveola brasiliensis)* — Deu-se, no Brasil, o nome de *canário-da-terra,* por oposição ao que nos vinha de Portugal, *canário-do-reino,* a pássaros, aliás, da mesma família daquele e, muito especialmente, a este.

O *canário-da-terra* mede 12 a 13½ cm, 5 a 5½ dos quais pertencem à cauda. A fronte e o vértice são dum amarelo-laranja-vivo, nuca, dorso, retrizes e cobertura da cauda, de cor amarela-esverdeada; rêmiges e cauda, negras com as barbas externas de um amarelo-esverdeado; garganta, peito, ventre e uropígio de um amarelo-vivo; face interna das asas e da cauda de um amarelo-pálido-esverdeado; íris negra, bico com a mandíbula superior cor de chifre e a inferior amarelada, mais ou menos escura; tarsos tirantes a cor de carne.

Os jovens são de um verde-azeitona com muitas estrias anegradas no dorso, peito e ventre; penas rêmiges e cauda quase negras, com as barbas externas esverdeadas; íris negra; bico com as mandíbulas escuras; tarsos anegrados.

A fêmea é parecida com os jovens, mas nota-se, à altura do peito, uma faixa amarela-clara, que não existe nas fêmeas de *S. f. pelzelni.*

No Estado do Rio dão à fêmea o nome de *coróia* e *canário-pardinho.*

Desviando-se das normas gerais da família, o *canário-da-terra* nidifica no oco das árvores, uma cavidade qualquer que encontre e, por essa razão, gosta de se aproveitar do ninho do *joão-de-barro* e do palacete do *bentererê* e de outras espécies do gênero *Synallaxis.*

São bons cantores e fácil se habituam ao cativeiro.

O Príncipe de Wied dizia que o canário e o pintassilgo eram os dois pássaros brasileiros que melhor cantavam. Os indígenas, de certo que muito o apreciavam, e tanto assim que lhe deram o nome de *uirá-nheengatu,* que significa *o que canta bem.*

No estado silvestre vivem aos casais e, como são muito ciosos, os machos travam lutas entre si. Nessa ocasião as fêmeas dos lutadores, as *coróias,* quando não lutam também, acompanham a briga com seus *corruchiados,* estimulantes, dando fogo ao macho, que parece então duplicar as forças. A luta prolonga-se, às vezes, por cerca de sessenta minutos, terminando pela carreira inevitável do vencido, perseguido pelo vencedor.

Minutos após regressa este à fronde da árvore, onde já o espera a doce companheira, corrulchiando, e aí permanece à luz do sol, como sentinela vigilante, altivo e cônscio de sua força, trinando agudamente num verdadeiro desafio.

No norte, onde lhe dão o nome de *canário-do-ceará,* costumam criar *canários-da-terra,* visando ao esporte, aliás bárbaro, da luta. Para isto costumam pegá-los quando em luta natural um com o outro, ocasião em que não é difícil prendê-los, tão empenhados se acham na peleja. Os canários apanhados em alçapão, quando em busca de alimento, raro se prestam para a luta.

Os machos cantam, quando isolados, em gaiolas. Os casais em viveiros comuns procriam facilmente.

Quando casado, prendendo-se à fêmea *(coróia)* e mostrando-se um *bug* (canário que não briga), pode-se soltá-lo sem receio de que fuja, desde que mostre desejos de brigar.

Nesse caso acompanhará ele o *bug* para onde se quiser, prendendo-se sem a menor dificuldade. O *bug* serve de isca e é sempre surrado. Aumenta o fogo dos casais, predispondo os machos à luta.

Para fazer criação, usa-se um viveiro igual aos empregados na criação do canário europeu, mas o ninho é fechado, uma bola de palha, com um orifício de entrada. A incubação dura de 14 a 15 dias.

Os ovos medem 19-20 × 15-15½2. São brancacentos com manchinhas acinzentadas e sépia, às vezes distantes, mas geralmente tão densamente espalhadas pela superfície, que dão ao ovo uma aparência de cor parda. Postura, 4 ovos. Faz três posturas ao ano.

O *canário-da-terra* alimenta-se especialmente de grãos. É visitante comum dos galinheiros, nas fazendas do interior do país, onde quase sempre o tenho visto em companhia de outros apreciadores de grão.

Distribuição: Santa Catarina, São Paulo, Rio de Janeiro, Bahia, Goiás, Minas Gerais, Pará e Venezuela.

CANÁRIO-DA-HORTA *(Sicalis flaveola brasiliensis)* — É muito parecido com o anterior, um tanto menor. Distingue-se dele, entretanto, escreve O. Pinto, "pelos riscos escuros nos flancos e pelo amarelo-vivo e maior, mescla de pardo, no conjunto da plumagem especialmente no dorso, e finalmente pela cor do píleo, muito manchado de pardo-escuro e apenas tingido de laranja no limite frontal. As duas raças experimentam transição do nível de São Paulo, onde ocorrem sem se misturar":

As fêmeas, na parte inferior, são brancacentas com estrias anegradas longitudinais na região do pescoço, parte do peito e flancos. Parte superior cinza-terrosa, com estrias anegradas longitudinais.

Orla das rêmiges amarelo-esverdeada e as interiores dum amarelo-apagado.

As fêmeas deste canário diferem mais acentuadamente das fêmeas do *canário-da-terra,* que os machos respectivos.

Seus hábitos são um tanto semelhantes aos do anterior, e aparecem em pequenos bandos, freqüentando as hortas, jardins e aviários em busca de sementes. Em certa quadra do ano, andam aos casais. São mansos e aninham-se em árvores, mas onde não se vêem perseguidos, fazem o ninho em qualquer recanto.

O ninho, que contém quase sempre 4 ovos, e às vezes 5, é composto com palha e crina, um tanto fofo. Os ovos, que medem 17½-20 × 12-14½, são de contorno ovalado pontiagudo, quase sem lustro, por vezes com fundo creme ou esverdeado, sempre manchado e salpicado de marrom, cinzento e lilás.

Também gostam de tomar conta de ninhos abandonados do *joão-de-barro* e de outros.

J. A. Pereira[199] tem encontrado ninhos com 7 ovos, alguns um tanto menores, e supõe que se trate de ninhos tomados a outras fêmeas que já houvessem iniciado a postura.

É apreciável cantor e, neste particular, muito mais digno de atenção que o seu parente *tipiu (Sicalis luteola luteiventris).*

Em cativeiro, onde se dá bem, costumam misturar-lhe ao alimento pimentão doce seco em pó e farinha de rosca, manjar que não só lhe agrada, como lhe torna a plumagem de um amarelo-alaranjado, que assaz se acentua, principalmente na fronte e vértice.

A espécie de que tratamos ocorre em Mato Grosso, Pará, Bahia, Rio Janeiro, Minas, São Paulo e Rio Grande do Sul, onde é conhecida por *canário-do-campo*. É também encontrada no Paraguai, Argentina e Bolívia.

Ainda no gênero *Sicatis* há outras espécies de aspecto semelhante, conhecidas igualmente sob a denominação de canário.

Muito vulgar na Amazônia é *Sicalis colombiana goeldii* que, além de outros característicos, se distingue por ser um tanto menor e quase inteiramente amarelinho.

TIPIU (*Sicalis luteola luteiventris*) — É ainda do grupo dos nossos canários, porém mais conhecido sob o nome de *tipiu* ou *tibiu*, aqui no sul.

É algo parecido com o *canário-da-terra*, sendo no entanto menor.

A parte superior do corpo é verde-oliva, com barras longitudinais escuras, que seguem os raquis da pena; a parte inferior é amarela com manchas oliváceas sujas. O lado inferior da asa é cinzento. Andam em grandes bandos e por isso são caçados por meio de redes.

Aninham-se em buracos de árvores, ou nos dos muros, quando não tomam conta dos ninhos abandonados. Há quem lhes observasse ninho no solo, entre capins.

Não obstante seu regime granívoro, têm sido encontrados sempre em seu estômago coleópteros diversos, inclusive o crisomelídeo *Diabrotica speciosa,* uma das "vaquinhas" tão prejudiciais às plantas cultivadas.

Os ovos, 4 a 5 em cada postura, são de um oval largo, mas por vezes alongado, com fundo branco, muito salpicado e manchado de marrom avermelhado e lilás.

O tamanho destes ovos varia grandemente e assim podemos dar esses limites extremos 15-20 × 12½-14½.

Os gaviões dão caça a esses passarinhos, sem dó nem piedade. Quando acerta ser surpreendido um bando de *tipius,* no campo, por um rapace qualquer, observa-se uma curiosa manobra. O bando inteiro, comandado sem dúvida por um mais velho, levanta o voo e, aos gritos, evolui em pelotões compactos descrevendo cambalhotas no espaço.

Distribuição geográfica: São Paulo, Rio Grande do Sul, Mato-Grosso e Amazônia; Bolívia, Paraguai e Argentina.

TICO-TICO *(Zonotrichia capensis subtorquata)* — Quando os animais readquirirem o dom de falar, que perderam, como rezam tradições imemoriais, a primeira ave que nos vai dirigir a palavra é, por certo, o *tico-tico*. Nenhum, como ele, se mostra tão desejoso de entrar em relações amistosas com o homem. Onde se implante uma choupana, onde se instale um jardim, onde haja um quintalejo, lá está o gentil *tico-tico,* pipilando amabilidades, limpando a horta, embora, por vezes, arranque uma sementezinha. Sim, porque, no final de contas, todos os que trabalhamos cobramos o nosso jornal, e ele, sempre modesto, não quer fazer exceção. Ajustadas as contas, vemos que o salário é nada, diante do trabalho prestado.

Houve decerto patrões recalcitrantes, que julgavam o bom operário um valdevino e lhe carregava nas culpas de sementeiras mal nascidas, oriundas de velhas sementes já sem vida. Propalava-se o boato e, como sempre sobejam os maus, em detrimento dos bons, já se assoalhava por aí além que era preciso dar fim à terrível casta dos *tico-ticos,* que, com um arzinho de sonsos, eram refalsados amigos das hortas e engordavam à custa das sementeiras malogradas. Se nada fazendo de mau, os passarinheiros não lhes poupavam a vida, então, agora, que lhes arrumavam às costas pesadas culpas, os pobrezitos teriam de desaparecer. Houve então um naturalista, o Dr. Rodolpho Ihering, que tomou o encargo de esclarecer o caso.

Para saber de que se alimenta uma ave silvestre, só há um meio: examinar-lhe o conteúdo estomacal.

Eram alguns indivíduos sacrificados em favor de toda a raça.

O resultado deste estudo, diz-nos o naturalista citado, nas seguintes palavras[200]:

"É com verdadeira satisfação que agora comunicamos o seguinte resultado, altamente lisonjeiro à reputação do nosso *tico-tico,* como fator econômico. Em três indivíduos sobre quatro, predomina o alimento animal, constituído por insetos, tais como, besouros (conseguimos identificar apenas os da família *Staphilinídeos),* formigas e outros restos quitinosos, cuja proveniência específica não nos foi possível reconhecer.

"É notório o apetite abençoado dos passarinhos; eles comem quase que o dia inteiro (com exceção apenas de curtas horas de sesta, durante a canícula) e assim, como o demonstrou um naturalista, um passarinho ingere, por dia, um "quantum" de alimento igual a seis vezes o volume do conteúdo do estômago repleto. Ora, nas nossas investigações encontramos, nos estômagos dos *tico-ticos* examinados, fragmentos de insetos em quantidade tal, que demonstraram haver cada avezinha devorado pelo menos 10 a 15 insetos maiores (besourinhos, formigas, etc.) além de outras formas menores (talvez larvas e ovos de insetos). Para que não incorramos em nenhum exagero, calculemos em 20 apenas o número de insetos contidos, em média, no estômago de cada um desses passarinhos. Pelo que ficou dito acima, cada avezinha dará cabo, portanto, diariamente, de 120 insetos, entre adultos e formas larvais.

"Continuemos o cálculo. No jardim ao redor do monumento do Ipiranga, nessa ocasião temporariamente abandonado, com uma área de mais ou menos 30 mil metros quadrados, havia um bandinho de seguramente 40 *tico-ticos*. Estes nossos pequenos operários destroem, por dia, segundo cálculo supra, 480 insetos e, em uma semana, terão eliminado 33.600 bichinhos, alguns inofensivos, mas também muitos que estavam estragando as plantas ou preparando posturas, das quais iam surgir milhares de larvas daninhas. Mesmo que a alguns pareça insignificante este serviço, haverá quem o possa dizer supérfluo? E por outro lado, que prejuízo nos poderá causar este bando alado. Não sabemos se há em cartório queixa formal contra os nossos amiguinhos, prejuízos alegados pelos hortelões, que, porventura, lá uma vez ou outra tenham suas sementeiras desfalcadas, devido a algum "tico" que revistasse mais detidamente os canteiros.

"Em todo caso, esses pequenos malefícios, desde logo, eles mesmos indenizam largamente, catando larvas daninhas, as quais, durante o seu ciclo evolutivo, devorariam valores agrícolas incomparavelmente maiores."

Quis apresentar o réu já limpo das culpas que injustamente lhe tisnavam a reputação e agora passarei a descrevê-lo. Parece que não será preciso gastar muita tinta na pintura do *tico-tico,* tão conhecido é ele.

Com a cor cinza escura lhe esboçaremos o dorso, com cinza-claro o peito até o crisso, manchas brancas nas extremidades das coberteiras das asas, e uns riscos pretos, tríplices, em cada lado da cabeça, um por baixo do olho, outro que daí parte para trás e o terceiro que, vindo por cima do olho, se liga ao que, na parte oposta, também corre nessa direção.

Fig. 59. *Ninho de tico-tico parasitado por* Molothrus

Essas risquinhas dão ao passarito o melhor da sua individualidade, individualidade que um topete, também cinzento-escuro, ainda mais acentua. Bastaria pintar essa cabecita para sabermos a quem pertence.

Os indivíduos novos usam, até um ano de idade, uma roupeta de criança, diferente do trajo dos mais velhos. A cor geral é cinza-clara, mas toda pincelada de tracinhos pretos, tracinhos esses que na cabeça se apresentam, como no adulto, porém ainda confusos e mal delineados.

As fêmeas parecem-se com os machos, mas, observando bem, percebe-se que as cores são mais apagadas e o topete menos empinado.

Quanto aos hábitos do *tico-tico,* dado a sua sociabilidade, não há mistério. Do convívio do homem não se afasta e, pela manhã, já o temos no quintal aos pares, e, por vezes, em pequenos grupos. Mariscando pelos canteiros, não cessa de palestrar com os colegas, no seu *tic-tic,* que lhe valeu o nome popular e que parece sempre a mesma palavra, mas talvez não seja. A sua linguagem monossilábica ouvida por nós outros, não parece dizer senão a mesma coisa. Quem nos dirá que as nuances ou gradações destes *tic-tic* significam cousas diversas? Se o assustamos, se acaso um bicho qualquer surge no quintal onde está o grupo de pássaros, o *tic-tic* tem entonações de zanga que bem percebemos.

Em geral os grupos vivem em boa paz, paz européia: cada qual pensando no momento da briga. E o momento chega com a época de escolher esposa. Cada *tico-tico* transforma-se num desordeiro; rebentam rixas, de instante a instante, e os valentões, atracados, rebolam do cimo das árvores ao chão, empenhados em luta corporal. Passada a grande crise dos amores, vêm as preocupações da família, e aqueles bravos de outrora transformam-se em criaturinhas pacíficas, entregues de todo à criação e educação dos filhos.

Em matéria de canto, o nosso amigo *tico-tico* é de uma simplicidade absoluta. Pela manhã e pela tarde, às vezes já ao anoitecer, ele nos assevera que a sua vida não é lá grande coisa, e naturalmente, podia ser bem melhor, se não houvesse tanto gato neste mundo e se as crianças não fossem tão ruinzinhas. E assim ele nos diz, muito francamente, como de amigo para amigo: "minha vida é assim, assim, assim". Quando um canta, logo outro responde.

Não sei porque sempre simpatizei com essa confidência meio queixosa da avezinha; é que, talvez, a minha vida, qual a dela, tem sido sempre assim, assim.

Como mostra predileção pelas chácaras, hortas e jardins, é por ali mesmo, sempre a pequena altura e até, por vezes, no próprio chão, escondido entre moitas, que constrói o ninho. Amigo da família, toma sempre o maior desvelo em preparar o berço para os pimpolhos. Este berço, o ninho, é uma tigela bem variável de tamanho, em geral 5½ a 6 cm de diâmetro. O material que entra na confecção também varia, segundo os recursos disponíveis. Por via de regra, talos, raízes e folhas arcabouçam a construção e, por dentro, dispõem material mais macio, ervinhas secas delicadas, cabelos, etc.

Pode-se, pois, colocar a ave entre as de bom gosto artístico.

Euler estudou com muita minúcia vários ninhos que teve ensejo de observar, e H. von Ihering suspeita que os ninhos feitos no fim do verão se apresentam mais descuidosamente arranjados que os da primavera.

As posturas são normalmente de três ovos.

Tenho aqui presente a coleção oológica de José Caetano Sobrinho, onde existem 10 ninhadas, 5 das quais estão parasitadas pelos ovos de *Molothrus*. Das ninhadas não parasitadas, duas têm 4 ovos, uma 3 e duas apenas 2 ovos cada uma.

O tamanho do ovo varia entre 19½-21 × 15 mm, e o formato ora é oval-alongado, ora curto.

A cor fundamental do ovo é um verde marinho claro, por vezes levemente azulado e sempre salpicado por pingos e pontos de cores nem sempre constantes, porém o mais das vezes pardo-avermelhadas, dando um aspecto sardento. Os pingos aglomeram-se no pólo rombo, formando cúpula, que é um conjunto de pintalgado mais cerrado, a coroa, na linguagem dos oologistas.

Quantos dias demora a incubação dos ovos? Franco da Rocha, num estudo sobre a ave de que tratamos[201], embora não observasse com rigorosa exatidão, julga que leve 12 dias, e, após nascidos, dentro de meio mês já estão emplumados e vão cuidar da vida.

O *tico-tico* é a vítima predileta do *chopim,* que lhe prefere o ninho ao de qualquer outra ave, para as posturas clandestinas. Ao tratarmos do *chopim,* esmiuçaremos curiosos aspectos deste parasitismo. Oscar Monte informa que no norte dão ao *tico-tico* o nome de *maria-judia,* e em Sergipe, *jesus-meu-deus.*

Em certos lugares é chamado *maria-é-dia*. A subespécie Z. *capensis matutina* ocorre no Brasil central e este-septentrional até a Bahia.

PICHOCHÓ *(Haplospiza unicolor)* — Só pelo nome vulgar pode ser confundido com o outro *pichochó,* pois dele difere grandemente, por trajar-se o macho de negro cinzento, quase uniforme, e a fêmea, de esverdeada cor.

Entretanto, numa coisa ambos os *pichochós* se parecem, porque são, igualmente, doidos por arroz. Que o digam os rizicultores rio-grandenses.

Nada mais encontrei sobre a vida deste papa-arroz.

QUEM-TE-VESTIU *(Poospiza nigro-rufa)* — É um passarinho muito parecido com o *coleiro-virado,* ao qual os riograndenses do sul dão o nome de *quem-te-vestiu,* parece que por influência do nome vulgar idêntico que corre na Argentina: *"quién te vistió".*

A fêmea é um tanto menor que o macho e mostra-se, na parte superior, menos escura, mas a parte inferior é leonada-clara, com estrias e salpicos anegrados. Os indivíduos jovens de ambos os sexos são parecidos com as fêmeas, porém mais escuros. O ninho, ora é colocado em arbusto, mas muito próximo ao solo, ora é situado no chão. Os ovos, 3 em cada postura, são azuis-claros com salpicos brancos e pretos irregulares.

A espécie ocorre em Santa Catarina, Rio Grande do Sul, Paraguai e Argentina.

Do gênero *Poospiza,* de que, ao todo, ocorrem cinco espécies no Brasil, há ainda a citar a chamada *andorinha-do-oco-do-pau (Poospiza cinerea),* que habita especialmente Minas, Goiás e Mato Grosso, nada transpirando sobre seus costumes, possivelmente excêntricos, a julgar pelo nome vulgar. Se o povo lhe deu tal designação, é porque, assim suspeitamos, ela se aninha em cavidades das árvores, o que constitui uma quase excentricidade entre os fringilídeos. Suposições apenas sugeridas pelo nome.

À *Poospiza lateralis cabanisi* cabe o nome de *tico-tico-do-campo,* nome, aliás, mais geralmente empregado para designar outra espécie do género *Myospiza,* como veremos adiante.

Os ovos de *P. l cabanisi* são de um bonito azul carregado com pontos e manchinhas pretas. Medem 19,5 × 15 mm. São do tamanho de um ovo de *tico-tico,* mas diferentes na cor.

Os *chopins* costumam pôr, clandestinamente, nos ninhos deste *tico-tico-do-campo,* como vejo aqui na coleção de José Caetano Sobrinho.

TICO-TICO-DO-CAMPO *(Myospiza humeralis humeralis)* - Pela sua cor parda acinzentada, com finas pinceladas de preto, embora os encontros e a região loral sejam amarelos, *omanim-bé,* como lhe chamavam os naturais da terra, tem algo de um *tico-tico,* um tanto apoucado.

É ave comum, mas não muito abundante, nos campos e caatingas de quase todo o Brasil.

Frequenta também as pastagens e prefere aí colocar seu ninho, feito no chão, entre talos de capim, meio oculto na macega.

A postura consta de 2 a 3 ovos, de 19-20 × 15 mm de cor branca uniforme.

Vivem geralmente solitários ou aos casais, mas, por vezes, juntam-se aos pequenos grupos de *coleiras, canários-da-terra,* etc.

Durante a época da postura e da incubação, o macho empoleira-se pelas imediações do ninho e vai distraindo a esposa com uma cantiga sibilada muito simplória, que Wetmore assim figurou: *Chip-p-p, chee-ee-ee che che.*

Ocorrem algumas subespécies. Na Amazônia é conhecido por *canário-pardo.*

Fig. 60. *Ninho do tico-tico-do-campo* (Myospisa humeralis)

SABIÁ-DO-BANHADO *(Embernagra platensis platensis)* — Nem no canto nem no tamanho se pode assemelhar a um sabiá, mas com um pouco de boa vontade é possível encontrar semelhança entre a plumagem desta espécie e a do *sabiá-laranjeira.* Para que o leitor tenha melhor idéia da ave, direi que regula o tamanho dum *chopim.* A coloração é verde-azeitonada, sem brilho, na parte superior; no verde-azeitonado das asas, nota-se cor negra nas barbas internas das penas primárias e os bordos das asas amarelados, retrizes verde-azeitona-fosca, garganta e peito cinza, ventre leonado, bico amarelo-rosado, patas córneas.

O canto, é um *chi-chi-chi-chi* suave.

Freqüentam de preferência os juncais e capinzais que margeiam rios e riachos, e no meio da macega, mesmo nos pastos, constroem o ninho, uma tigela mal amanhada, feita de capim.

Os ovos, em número de três, são brancos rosados, com manchas e signos avermelhados e escuros no pólo obtuso. Medem 26 × 18 mm.

É um fringilídeo que mostra grande predileção por insetos e outros artrópodes, como demonstram as verificações procedidas no conteúdo estomacal destas aves[202].

CANÁRIO-DO-CAMPO *(Emberizoides herbicola herbicola)* — É um pássaro de bom tamanho, regulando de 20 a 22 cm, sendo que a cauda mede entre 11 a 12 cm.

A parte dorsal, inclusive o alto da cabeça, é de cor pardo-cinzenta densamente marcada de estrias longitudinais pretas, orladas de verdoengo, com muito pouca ou nenhuma ferrugem; a parte ventral é sempre bastante clara, sem qualquer mancha escura, apenas sombreada de pardo-acinzentado no peito e nos flancos.

Esta é a forma típica descrita por Olivério Pinto[203], que informa ser tal passarinho sujeito a extraordinárias variações de plumagem, o que levou Ihering E. Ihering a suporem a existência de subespécies.

Nada se sabe, que me conste, da vida do *canário-do-campo*.

A distribuição desta espécie vem da Argentina, Uruguai, Paraguai, até Rio Grande do Sul, Paraná, São Paulo, Minas e encontra-se também na Bahia.

Na Argentina, tem-se notado o desaparecimento gradual da espécie.

TICO-TICO-REI *(Coryphospingus cucullatus rubescens)* — O macho é de cor escura-avermelhada na parte superior do corpo, e na inferior, carmezim; as primárias e as retrizes são negras; no vértice, há um topete de penas alongadas, de um vermelho escarlate que Azara disse ser "o mais brilhante e belo que se poderia ver". Essa roupa, infelizmente, só é bem visível e brilhante quando a ave, excitada, arrufa as penas. Então dá-nos a idéia duma chamazinha que se levanta, ameaçando incendiar-lhe a cabeça.

A fêmea é, na parte superior, parda, porém com uma tinta escarlate no dorso inferior, toda a região ventral é salmon, com a garganta esbranquiçada. Não possui topete.

Trata-se, pois, de um belo pássaro, que, apesar de não ser maior que um *canário-da-terra,* faz linda figura num viveiro, onde se dá perfeitamente.

Aninha-se nas capoeiras e até em cercas vivas, sebes, a pouca altura. O ninho é semi-esférico, tecido de palhas finas e cerdas, isto internamente, mas por fora é revestido de uma substância cotonosa e teias de aranha[204].

Euler diz que a postura regula entre 3 a 4 ovos e que estes são brancos com salpicos pardo-cinzentos no pólo rombo. Peixoto Velho informa que os ovos que o Museu Nacional possui, colecionados por E. Snethlage, no Pará, são brancos e medem 21 × 14,5 mm.

Olivério Pinto refere-se a outro *tico-tico-rei, Coryphospingus pileatus,* que lhe parece apenas uma variedade geográfica, embora fortemente diferenciada no colorido da plumagem, e que substitui *cucullatus,* no norte do Brasil, a partir do Espírito Santo e Minas.

Assim a distribuição da espécie e subespécie quase que se dá por todo o Brasil.

Além do nome de *tico-tico-rei,* esses pássaros ainda são conhecidos por *vinte-um-pintado, galo-do-mato* e *cardeal.*

O indígena dava-lhe a denominação poética de *araguirá,* ou seja "pássaro da luz" (De *ara* = dia, claridade + *guira,* alt. de *uira* — pássaro).

CARDEAL *(Paroaria coronata)* — Poderíamos denominá-lo *cardeal-do-sul,* porque ocorre do Rio Grande do Sul a São Paulo, e ainda mais para o sul, Argentina e Paraguai. É um pássaro dinâmico, esperto, com seu longo topete de penas dum vermelho-vivíssimo, cor essa que lhe toma as faces, garganta e regiões circunvizinhas. Na região occipital há, entretanto, penas pretas e brancas. A parte dorsal e a cobertura da cauda são cinzentas, e os lados do pescoço e uropígio, brancos. O bico tem a maxila superior anegrada e a inferior, mandíbula esbranquiçada, íris escura. Tarsos plúmbeos. Mede 17 a 19 cm. A fêmea é semelhante ao macho, e os filhotes mostram topete mais claro.

Convém ressaltar que se observam com alguma freqüência certas anomalias na cor dos *cardeais,* especialmente no topete, que ostenta cor alaranjada.

Nidifica nos capões, a pouca altura. O ninho é uma tigela ampla, feita de talos secos. A postura consta de 3 a 4 ovos alongados, de campo branco com bastos salpicos, verde-acinzentados, de mais carregada cor no pólo rombo. Medem 27 × 20 mm.

Gostam de aparecer nas baixadas amenas e pelas margens dos rios, em procura de sementes, de que freqüentemente se alimentam.

Pela beleza da sua plumagem, mais que pelo canto, é hóspede apreciado da gaiola.

Entretanto há *cardeais* que chegam a notabilizar-se pelo canto e já tive ensejo de ouvir há muitos anos uma dessas sumidades. O fato não parece singular, porque entre amadores de pássaros sempre aparecem referências aos méritos de tais aves. G. Hudson, no seu trabalho *Adventures Among Birds,* que conheço através do capítulo traduzido por J. Casares, "História de mi primer pajaro enjaulado" — uma jóia de literatura ornitológica — evoca os maravilhosos gorjeios do seu cardeal e acentua: "eu, por mim, posso acrescentar que desde então tenho escutado centenas de cardeais, livres e engaiolados, porém jamais ouvi canto tão impetuoso e de largo fôlego".

Tenho também notícia da faculdade, de que gozam os *cardeais,* de imitarem o canto de outros pássaros. Certo garoto amador de passarinhos, com quem sempre entretenho palestra, por ser dotado de bom espírito observador, já por vezes me contou proezas do seu *cardeal,* que imitava uma boa parte do canto dum *sabiá-laranjeira*.

Fato idêntico refere o naturalista Juan Ambrosetti[205] em relação ao *cardeal* e, precisamente, ao *sabiá-laranjeira*. Eis o que observou:

"Próximo ao viveiro onde existiam *cardeais* havia uma gaiola com um *sabiá-laranjeira (Turdus rufiventris)* muito cantador. Enquanto cantava, um dos *cardeais* quedava-se, em seu poleiro, com a cabecinha de lado, como quem ouve e procura escutar com atenção. Quando o *sabiá* parava, o *cardeal* ensaiava o canto que escutara, procurando imitar. Isso durou algum tempo, até ao ponto em que, não se estando junto das gaiolas e escutando-se o canto, não se distinguia mais quem era o cantor. Morreu um dia o *sabiá,* porém ainda hoje, à hora de costume, pela manhã cedo, repete o imitador o canto que lhe não pertence".

Os *cardeais* reproduzem-se em cativeiro. A propósito da reprodução do *cardeal* em gaiola, temos algumas informações. Não há dificuldade maior, pois tanto se cria em viveiro como em gaiolas semelhantes às usadas para os canários. Nos viveiros, em tais ocasiões, não admite a presença de outras aves, as quais persegue até matar. Por vezes, até fora da época da reprodução, mostra espírito belicoso, travando pelejas com os colegas. Um vez iniciados esses desaguisados entre eles, é indispensável separar os contendores que, na falta de outra distração, vivem engalfinhados. Quando não termina a luta pela morte dum dos combatentes, geralmente acontece encontrarem-se ambos no fundo da gaiola, em estado lastimável.

A fêmea, na época apropriada, novembro a dezembro, procura elementos para arquitetar o ninho e, na falta desses, utiliza-se dos ninhos artificiais, postos à sua disposição. A incubação dura 14 dias.

Na época de nutrição é indispensável fornecer-lhes larvas de coleópteros *(Tenebrio molitor)* chamados vulgarmente vermes da farinha, os quais facilmente se podem conseguir, criando em caixas apropriadas os referidos coleópteros.

Convém dar mesmo aos adultos, sempre que possível, além de grãos, frutas e as larvas aludidas, pois os cardeais têm um regime alimentar onívoro. Isso é tão indispensável que, freqüentemente, observamos nas aves cativas a pterofagia, quer dizer o "vício de comer penas", picagem, prova evidente que lhes falta ao organismo certos elementos que os grãos não lhes podem ministrar.

O gênero *Paroaria* contém cinco espécies, na maioria, conhecidas por cardeal, distribuídas diferentemente pelo Brasil. O nome indígena de *P. coronata* era *tié-guaçú-paroara*. Assim a *P. gularis* poder-se-ia chamar *cardeal-do-norte*. Entretanto, é mais vulgarmente denominada *galo-de-campina* e *tangará*.

Difere muito de *P. coronata,* no seu aspecto geral, embora seja mais ou menos de igual tamanho. A cabeça e o mento são vermelhos, mas a parte superior da cabeça é preta, de igual cor a garganta, onde se misturam penas vermelhas; o resto da parte inferior é toda branca, pincelada de preto nas coxas. Pés negros.

Ocorre na Amazônia e Mato Grosso.

Refere-se Antônio Bezerra, em sua *Viagem ao Norte do Ceará,* à dança do *galo-de-campina*, também por lá chamado *tangará,* como dissemos. É pouco provável que um fringilídeo apresente tal hábito.

Rod. Ihering, no *Dicionário dos Animais do Brasil,* sugere uma muito aceitável conjetura a tal propósito. Diz ele: "Há um pássaro, *Antilophia galeata,* da família dos piprídeos, que talvez possa ser dançarino, como seu parente próximo, o tangará. E como pelo colorido e pelo penacho, talvez tal espécie do gênero *Antilophia* seja confundida com o *cardeal,* quem sabe venha a ser *o galo-de-campina* esse dançarino ainda não identificado".

Para possível identificação, passa em seguida a assim descrevê-lo: "O macho tem uma bela crista na fronte, que é de viva cor vermelha, bem como o alto da cabeça, a nuca e a parte anterior do dorso; o resto do corpo é preto brilhante. A plumagem da fêmea é verde-pálida, mais clara no lado inferior."

Outro cardeal, o do nordeste, é *P. dominicana,* muito freqüente na Bahia, estendendo-se a Pernambuco, Pará, norte de Minas e Rio de Janeiro.

É muitíssimo parecido com *P. coronata,* sendo, no entanto, um pouco menor. Vive perfeitamente em cativeiro. Henri Moreau[206] informa que a *P. coronata* e *P. dominicana* se cruzam quando em cativeiro.

Os ovos são um pouco mais escuros que o de seu parente e medem $21,9 \times 17$ mm.

CARDEAL-AMARELO *(Gubernatrix cristata)* — Mede 18 a 19 cm. Tem a fronte negra; vértice também negro, ornado com penas alongadas em forma de topete, mui notável principalmente quando a ave está excitada; nuca e dorso de um verde-azeitona rajado de negro; retrizes mais claras com as rajas mais largas; penas rêmiges quase negras; cauda amarela com as retrizes quase negras; garganta negra; lados do pescoço, bordo anterior da asa e uma raja que passa por cima dos olhos, de um amarelo-canário; peito verde-amarelo e amarelo-canário; ventre e uropígio amarelos; face inferior da cauda amarela ligeiramente esverdeada; íris negro; bico curto com a mandíbula superior grisácea e a inferior clara; tarsos plúmbeos.

A fêmea é um tanto mais clara, no dorso, a raja superciliar é grisácea-clara na metade anterior, e da mesma cor os lados da garganta, pescoço, região loral, peito e flancos, sendo amarelo o ventre, a porção posterior da raja superciliar, as escapulares e as tíbias. O mais é em tudo igual ao macho.

O ninho, que tem a forma de taça, é feito com fibras e raízes e forrado interiormente de folhas.

Geralmente, encontra-se na forquilha duma árvore, a regular altura.

Os ovos, que medem 24×18, são algo parecidos com os do *trinca-ferro (Saltator),* de cor azul-esverdeada, com traços capilares e garatujas, como notas musicais que se localizam no pólo obtuso somente. Trata-se de um ovo lindíssimo.

O *cardeal-amarelo,* por alguns chamado *cardeal-de-Montevidéu,* passa por ser um razoável cantor, tendo Wetmore figurado as modulações de seu canto pela seguinte forma *wir-tu-wir tu tse kwa wir tu.* O valor das letras aqui é o da prosódia inglesa, mas quem não souber essa língua, pode ler em português que também dá certo.

Na gaiola porta-se com a nobreza digna do nome que lhe deram, apenas por pertencer à família dos *cardeais,* pois que suas vestes amarelas, e o seu topete negro não lhe podiam granjear tão elevado título.

A sua discrição no cativeiro vai a ponto de acolher, com bonomia, qualquer hóspede, na sua gaiola.

Se o excitarmos com um pio, arma logo o topete e responde, com uma linguagem muito parecida com a dos outros *cardeais.*

NOTAS EXPLICATIVAS

1) Com essa citação, um tanto imprecisa, queremos dar apenas a idéia da multidão das espécies. O recenseamento numérico das aves, ao menos por enquanto, é incompatível com o rigor das estatísticas, como assertoa Olivério Pinto.

2) Um dos mais prodigiosos exemplos de proliferação dá-nos o pulgão das macieiras *(Eriosoma lanigerum),* já tão espalhado no Rio Grande, São Paulo e Minas. O número de pulgões que uma fêmea pode originar é, na realidade, fantástico. Cita-se como exemplo, o de uma fêmea, que em 1° de janeiro começou a produzir; em 10 de fevereiro, rodeavam-na 100 larvas, em 20 de março 10.000, em meados de abril, cerca de um milhão, em 1° de maio 100 milhões e no fim do mesmo mês, 1.000 milhões! Outro exemplo de surpreendente prolificação nos dá a vulgaríssima mosca doméstica *(Musca domestica).* Um naturalista calculou que a mosca faz 6 posturas no espaço de 3 a 4 dias, pondo de cada vez de 120 a 150 ovos. Um só casal desses insetos, dentro de 5 meses, produziria 191 quintilhões de moscas, uma vez que todos os ovos chegassem ao termo e não existissem os naturais inimigos da espécie.

3) "O Campo", agosto, 1936.

4) La Menace des Insectes, Paris, p. 56.

5) "Insetos que corroem o chumbo", Carlos Moreira *in* Boletim 8 do Instituto Biológico de Defesa Agrícola", Rio, 1930.

6) Obra citada.

7) "O Biológico", n° 9,1936, p. 329.

8) *Le Monde des Oiseaux,* Paris, 1873,1.1, p. 72.

9) Leo Pucher, tratando de "Una nueva interpretación de los bajorrelieves de la puerta del Sol de Tiahuanaco", escreve: "Esse monumento foi erigido para simbolizar a luta contra as pragas daninhas da agricultura. Entre os inimigos das plantas, aparece, em primeiro lugar, uma larva que ainda existe na região. A voracidade desta larva está representada por um jaguar ou puma. Como poderoso inimigo das pragas da agricultura figura a ave chamada *ayacucho* e em língua *quíchua, acchi,* espécie de aquilucho que se alimenta de insetos. Como se vê, conclui Leo Pucher, os incas já se utilizavam da luta biológica para combater as pragas".

10) "Yearbook of the U. S. Departament of Agriculture", 1900.

11) Nestas fossas cavadas pelas vizcachas, nestas cidadelas subterrâneas, vivem em sociedades, mais ou menos pacíficas, vários animais, que se aproveitam da habilidade arquitetural daqueles roedores. Vemos um roedor, espécie de preá, "cuis" *(Cavia pamparum),* a coruja buraqueira *(Speotito* cunicularia), "filhotes de víbora", um lacertílio (Saccodeira sp.), cobras diversas, sapos (Bufo marinus), insetos, aranhas, etc.

12) "Memórias del Jardin Zoológico", tomo VII, 1936-1937, p. 259.

13) De modo geral, esse é o conjunto da plumagem; ela porém, varia de conformidade com as subespécies. *F. rufus commersoni* tem a fronte intensamente ferrugínea, forte rufescência na base da nuca, partes inferiores mais claras que *F. rufus badius. F. rufus rufus* distingue-se bem dos dois, porque a parte inferior é ainda mais clara que nos dois citados, o peito apenas mais pardo sem cor de canela, nem ferrugínea.

14) *El Hornero,* vol. III, 1924, p. 249.

15) *El Hornero,* vol. 1º 1919.

16) Do guarani *óga,* casa + *raitig,* ninho.

17) *Curiyu* é o nome guarani da cobra conhecida entre nós por *sucuri,* aliás, *sucuriju,* na Amazônia, e *sucurijuba,* no Norte. Parece que o nome *curiyu* designava a sucuri amarela *(Eunectes notaeus).*

18) Parece que o verdadeiro nome deste pássaro seria *tico-tico-do-piri,* de acordo, aliás, com H. Ihering.

19) El Hornero, vol V, p. 199.

20) *Tenhênhén* é que devia ter sido o nome, pela vernaculização do *nheen nheen,* do tupi-guarani, que é, como se disséssemos, *muito falador.*

21) "Sobre um ninho construído de arame de um pássaro brasileiro" — Boletim do Museu Nacional, vol. VII, n° 2, p. 91.

22) *Le Nid de l'Oiseau* — F. Cathelin, p. 76, Paris, 1924.

23) *El Hornero,* vol. IV, p. 128.

24) *El Hornero,* vol. IV, p. 79.

25) Da Ema ao Beija-Flor, p. 190.

26) Também em tais ninhos são encontrados insetos hematófagos. C. Pinto e H. Lent chamam a atenção dos pesquisadores para o assunto, pois num desses ninhos encontraram triatomídeos ainda pouco estudados entre nós. V. *Anais da Academia Brasileira de Ciências,* t. VII, n° 4. 1935.

27) Memórias del Jardin Zoológico, t. VII.

28) *El Hornero,* vol. IV. p. 132.

29) Conquanto a aparência destes monstruosos ninhos, a que nos temos referido, seja idêntica, ou quase igual, cada espécie faz suas modificações. Uns ninhos têm entrada pelo lado, outros por cima e outros por baixo. Quase se pode dar absoluta segurança a esta característica, pois cada espécie adota sempre o seu tipo. Convém ressaltar que, por vezes, há falsas entradas e saídas de emergência. Não é muito comum, mas têm-se encontrado, de quando em quando, entre a palitaria do ninho, pedaços de pele de cobras. Euler aventa a idéia de que esse material aí esteja para espantar certos ofídios arborícolas, apreciadores de ovos e filhotes de passarinhos. Parece-me perspicácia demais.

30) Em nota à *Viagem ao Brasil,* Olivério Pinto diz que o fato é raro e não deve ser considerado biologicamente uma associação, pois examinou inúmeros ninhos e jamais encontrou ratos, como habitualmente se encontram insetos comensais que Lent e outros vêm estudando.

31) Barra do Paraopeba — "Revista do Museu Nacional", vol. VII, n° 2, 1931, p. 104.

32) El Hornero, vol. IV, p. 65.

33) "El Berlepschia rikeri y su biologia" in Revista do Museu Paulista, tomo XIX.

34) Voyage d'un naturaliste en Haiti, 1799-1803, Paris, 1935, p. 74

35) L'Oiseau et son Millieu, Paris, 1922, p. 195.

36) A Bertoni, em *El Hornero* (vol. III, p. 398), dá uma descrição minuciosa destes pelotões, aqui no sul da América, capitaneados por uma determinada espécie, e mostra como se distribuem, percorrendo sempre cada grupo a mesma zona, traçando círculos ou elipses, uns explorando a parte mais baixa, junto ao solo (formicarídeos); outros um pouco mais acima; ainda um terceiro, a média altura, e mais para cima, até às grimpas; finalmente outros bandos heterogêneos em que se abadernam até os tucanos.

37) É certo que as numerosas espécies de aves que acompanham os exércitos de formigas em marcha não têm por fim nutrir-se delas e sim capturar, ao vôo, os vários e abundantes insetos que fogem destas hordas famintas. Convém notar, no entanto, que Reichenow (1875, "Jour. f. Ornithol", XXIII, p. 29) fez observações sobre esse assunto e achou no estômago de *Alethe castanea,* no Camerum, uma multidão de formigas legionárias. Ainda o mesmo observador notou costume idêntico em *Turdinus fulvescens.* Segundo o Prof. Sjostedt (1895, "Zur Ornithologie Kameruns, Kongl. Sv. Vet. Ak. Handl"), no Camerum, nada menos de seis espécies que examinou, todas acompanhando as correições de formigas, tinham o estômago cheio delas.

38) *A Planície Amazônica,* Manaus, 1926, p. 158.

39) A propósito de tão copiosa multidão de subespécies de formicarídeos e seus vizinhos dendrocolaptídeos, não vem fora de ensejo registrar as palavras do pranteado zoólogo patrício R. von Ihering, no trabalho "Em prol da catalogação da fauna do Brasil" in *Livro Jubilar do Prof. Lauro Travassos.* Aquele autor acusa justamente a sistemática em atender a pequenas discrepâncias de forma, cor ou medida, o que favorece o prazer que sentem os naturalistas em descrever espécies novas. Acentua o fato e nota que se vem dando à sistemática um cunho de filatelia. Por outro lado, lembra a plasticidade de certas espécies e a estabilidade de outras, daí, o critério adotado de espécies *estáveis* e espécies *plásticas.* Endossa a observação de F. Haas, ao aludir *a formas ecológicas,* que induzem "o especialista menos cauteloso a descrevê-las sob outros tantos nomes específicos e subespecíficos, quando de fato lhes deve caber um só nome. Cita, entre outros grupos, os formicarídeos e os dendrocolaptídeos como constituindo espécies que apresentam grande variação específica, cujos limites de expansão condizem com as sub-regiões zoogeográficas em que vivem. No Brasil, podemos encontrar, segundo R. Ihering, duas zonas bem acentuadas, uma muito propícia à plasticidade de tipos (Amazônia), e outra, que com essa forma contrasta, apresentando tipos estáveis (Nordeste).

40) "Exterior y biologia de las aves uruguayas" *in* Revista de la Associación Rural del Uruguay", julho, 1914.

41) "Una viaje hacia el rio Juruá", *in* "Revista do Museu Paulista", vol. XXIII.

42) Aspectos Biológicos da Flora Brasileira.

43) O formivorismo das espécies da ordem dos formicarídeos não deixa de ter numerosas exceções, sendo bem possível que algumas adotem um regime misto, especialmente as do gênero *Thamnophilus*. J. S. Decker, em *Aspectos Biológicos da Flora Brasileira,* informa que a goiaba do mato *(Feijoa sellowiana),* também chamada feijoa e goiaba serrana, é fecundada por certos pássaros do gênero acima referido.

44) *Taoca é* o nome dado às formigas de correição *(Eciton).* O nome é *nheengatu* e parece significar "que não tem casa". O indígena, observando os exércitos de insetos em marcha, a esmo, concluiu que não possuem casa. Alguns escrevem *tauoca*.

45) "Revista do Museu Paulista", t. XXIII, p. 291.

46) *Uirapuru,* segundo a mitologia indígena, é o ser protetor das aves. Talvez fosse observando as singularidades dos costumes de *Rhamphocaenus melanurus amazonum,* que o indígena criou o mito.

47) Vide *Da Ema ao Beija-Flor*, p. 228.

48) "Notas de Campo" — "Observaciones biológicas", *in* "Revista do Museu Paulista", tomo XXIII.

49) Maranon observa que não escasseiam animais que se amem aos pares, constituindo assim verdadeiros casamentos, porém interpreta isso como uma necessidade que modificou o instinto. A prova é que, uma vez sejam alteradas as condições de vida, a monogamia desaparece. Cita como exemplo o pato, o canário e o pintassilgo, monógamos nas condições naturais, mas que a domesticidade tornou polígamos. Há, evidentemente, exceções. A águia de cabeça branca tem o seu casamento como totalmente indissolúvel. Só a morte pode apartar o casal, e Letorneau consigna um caso ainda mais notável. Diz este autor que, para certo papagaio do Illinois, a viuvez e a morte são fatos sinônimos, pois o falecimento de um cônjuge acarreta inevitavelmente o do outro. *(El Amor, en la Naturaleza, en la História y en la Arte.* Ed. González-Blanco, Madrid, 1931).

50) Somente alguns japus, na família dos icterídeos, a eles se rivalizam e com eles igualam.

51) Há um "fácies" de tão evidente heterogeneidade, que alguns ornitologistas colocam o gênero *Anila,* por exemplo, entre os tiranídeos ou os formicarídeos, e os gêneros *lodopleura* e *Calyptura,* na família do piprídeos. Hellmayr, do gênero *Rupicola* fez a família *Rupicolidae.*

52) Aliás *Erator inquisitor,* pois Ridgway mostrou diferenças morfológicas suficientes para separar esta espécie das do gênero *Tityra,* restaurando assim o antigo gênero *erator,* segundo nos informa Olivério Pinto.

53) "Ensaios sobre ornitologia" — Antônio Caetano Guimarães Jr., *in* "Revista do Museu Paulista", t. XIV, p. 623.

54) "Aves da Bahia", *in* "Revista do Museu Paulista", t. XIX, p. 231.

55) Roquete Pinto, em *Rondonia,* refere-se a essa história lendária, e encarna no tiranídeo *Ornithion cineracens* o herói do bruxedo. Desconfiei da identificação, julguei pequerrucho demais, para tal façanha, o passarito que o príncipe Neuwied encontrou na Barra do Jacu, no Espírito Santo. Apelei para Olivério Pinto, que sempre me vale, generosamente, em aperturas de tais momentos. O mestre, com a clareza meridiana, que o distingue, escreveu: "O poaieiro, a meu ver, pássaro que Roquete Pinto diz ser "do tamanho dum sabiá", outro não é senão o mesmo *bastião* ou *tropeiro,* dos sertanejos da zona oriental; essa hipótese é tanto mais plausível, quanto a confusão de nomenclatura a seu respeito se explica perfeitamente pela circunstância de ter sido descrito por Vieillot, em 1822, com o nome de *Ampelis cineracea,* isto é, quase sob a mesma apelação dada por Wied ao tiranídeo por ele descoberto. Lembremo-nos, a propósito, de que a Expedição Rondon-Roosevelt colecionou exemplares do *bastião* no alto Gi-Paraná, não longe, portanto, do Sepotuba, referido no trabalho de Roquete".

56) Artur Neiva, no relatório duma viagem científica empreendida através do Brasil, uma das mais gigantescas excursões desta natureza, escreve: "O sertanejo inconscientemente está preparando o deserto. Os aborígines que habitavam o Brasil, antes do descobrimento, só conheciam um único meio de lavrar a terra, que era o fogo. Deles, os invasores não só herdaram a "técnica", como ainda perpetuaram a terminologia, já absorvida pelo vernáculo, como se verifica pelos vocábulos *capoeira, caiçara, coivara.* Uma das tribos de índios mais nume-

rosas do Brasil, a dos caiapós, tirou esse nome, segundo os entendidos, do fato de fazer queimadas. De tantas leis que protegem o homem, nenhuma protegeria a riqueza do conjunto dos homens que habitam o Brasil, a nação enfim, como aquela que viesse salvaguardar o patrimônio natural do seu solo, a floresta com seus animais, o cerne vivo da pátria".

57) *Galo-da-rocha* ("coq-de-roche" e "cock of de rock", dos autores franceses e ingleses) é designação empregada naturalmente, devido à localização de seu ninho, entretanto, não parece popular tal nome, entre nós.

58) A. R. Wallace, que em sua viagem à Amazônia, subiu até o alto Rio Negro só para obter exemplares do galo-da-serra, dá-nos a informação seguinte: "nunca se vêem nesses sítios as fêmeas e os filhotes. Desse modo, vós podeis estar certos de apanhar somente os machos crescidos e de linda plumagem". Quer dizer que, em certas regiões, encontram-se somente as fêmeas com os filhotes, e em outras, os machos exclusivamente.

59) Não devemos perder o ensejo de recordar esse bom conselho de Bernardin de Saint-Pierre: "Não inspireis jamais às crianças o desejo de experiências cruéis. Se são bárbaras para os animais inocentes, não tardarão a sê-lo para com os homens. Antes de assassinar seus concidadãos, Calígula se havia entretido em exercer a crueldade com as moscas. A moral do homem para com o homem principia com a da criança para com os insetos".

60) Esta espécie já esteve colocada na família dos piprídeos *(Ptilochloris squamata Pelzeln)*.

61) Os índios jivaros, por causa deste estranho pendente, acreditam que o *anambé-preto* é a encarnação dum guerreiro, que ostenta uma, cabeça-troféu, *tzantza (Les Betes Sauvages de l'Amazonie,* Marquis de Wavrin).

62) Ao odor que exalam os corpos, especialmente em referência ao peixe, o indígena dá o nome de *pitiu*. Há, até, certa tartaruga, mal cheirosa, que carrega esse nome. O indígena distingue no branco cheiro de peixe *(opitiú);* no preto, fedor *(oca tinga)*. Só o tapuio, lá para seu olfato, cheira bem *(osakéna catu)*. A raça amarela também encontra mau cheiro nos brancos. Se a gambá falasse, tavez dissesse lindas coisas do seu cheirinho.

63) *Zoofonia* — Memória escrita em 1829 e traduzida por A. D'Escragnolle Taunay, em 1877.

64) Cumpre lembrar a confusão reinante, entre os naturalistas europeus, a respeito do nome vulgar *tangará,* o qual deve ser usado somente em referência aos piprídeos, respeitando-se a tradição da nomenclatura indígena colhida pelos primeiros cronistas. Por vezes, encontramos desarrazoadamente tal nome designando saís, sanhaços, gaturamos, etc.

65) "Catálogo descriptivo de las aves útiles del Paraguay", *in* "Revista de Agronomia" — Ano I, n°s 1 e 2, p. 532.

66) Le Naturaliste a la Plata, p. 175.

67) A seleção sexual, dentro das conseqüências da concepção darwiniana, parece ter ficado no rol das lindas hipóteses, mas a eleição sexual é evidente e muito notada no mundo das aves. A fêmea não aceita qualquer macho que a solicite e, negando-se a um e abandonando-se a outro, claro que pratica uma eleição. Os machos conhecem bem essas coqueterias femininas (que a mulher sublimou ao infinito), e as danças, as paradas e outras sutilidades que talvez nos tenham escapado à observação, não têm outro fim. São artimanhas, lábia masculina, armas de D. Juan para lograr as graças das suspiradas deidades. Darwin escreve: "O pavão, quando se quer fazer ver, descobre e estende a sua cauda no sentido transversal, porque se coloca em face da fêmea e exibe ao mesmo tempo a sua garganta e o seu peito tão ricamente decorado de azul. Uma outra ave cuja ornamentação lembra a do pavão, o poliplectro, toma uma atitude um pouco diferente. Ele tem o peito escuro e os ocelos não estão circunscritos às retrizes. Em conseqüência disso, o poliplectro não se conserva em frente à fêmea; mas ergue e desdobra as suas retrizes um pouco obliquamente, abaixando a asa do mesmo lado e levantando a asa oposta. Nesta posição, expõe à vista da fêmea admiradora a extensão total da superfície do seu corpo semeado destes ocelos." *(La Descendence de l'Homme et la Selection Sexuelle",* 1872). A justeza das observações de Darwin, ninguém a nega, embora as suas conseqüências — fator de seleção sexual — estejam reduzidas a uma hipótese. O próprio Wiesmann, que fez séria crítica à teoria da seleção sexual, não nega a eleição por motivos estéticos, embora diga que nem sempre a escolha seja guiada por tais motivos. O evidente é que a beleza do canto e a da plumagem representam os motivos da preferência, e daí a regra, quase sem exceção, de serem os machos sempre os de plumagem mais vistosa e os únicos que cantam. Escrevendo

sobre esses fatos, o autor do L'Esprit des Bêtes, o adorável Toussenel, chega a esses devaneios antropomórficos: "Esta desconfia do seu macho e não lhe aceita as carícias, porque ele perdeu a cauda e está um tanto fanhoso. Receia naturalmente que os seus filhinhos venham ao mundo suros e falando pelo nariz como o pai". (*Le Monde des Oiseaux*, t. 2°, p. 239).

68) Após ter escrito o capítulo dos piprídeos, foi que tomei conhecimento deste livro.

69) Não ocorre no Brasil.

70) *Tratados da Terra e Gente do Brasil,* Ed. J. Leite & Cia., Rio, 1925, pág. 53.

71) Já anteriormente descrevemos um outro *tangará,* de igual nome, mas do gênero *Chiroxiphia.*

72) Nada menos de dez espécies de piprídeos, no *Catálogo das Aves Amazônicas,* de Emília Snethlage, recebem o nome de *uirapuru,* como escreve a autora, seguindo rigorosamente a etimologia do vocábulo. É possível recrutar entre outras famílias de pássaros mais alguns *uirapurus,* e entre eles, o tido como verdadeiro *uirapuru,* que é um vireonídeo. Stradelli diz, no seu *Vocabulário Nheengatu Português,* que o passarinho que lhe tem sido apontado como tal é um tiranídeo. A própria ornitologista acima citada regista nome igual para pássaros de outras famílias. De tudo isso se conclui que a palavra *irapuru* ou *uirapuru* não pode entrar no rol das designações específicas, porque não aponta determinada espécie.

73) A região neotrópica é a que vem do México até o extremo sul do continente americano.

74) "Considerações preliminares sobre a Zoogeografia brasílica", *in* "O Campo" — dezembro, 1937, pág. 54.

75) Montevidéu, 1929, 2.ª edição.

76) Recordemos fato idêntico existente entre o *xofrango* e a *cotovia,* na fauna européia. Aquele, sempre que a encontra, sai-lhe ao encalço, e esta não tem a calma precisa nem a mestria para se livrar do algoz como X. *cinerea*. Esconde-se, como pode, espavorida. A lenda diz que Cila, filha de Niso, apaixonada por Minos, traiu o pai, arrancando-lhe um fio de cabelo do qual pendia a segurança do reino. O pai, cheio de ódio, queria vingar-se, sendo transformado no gavião *xofrango* e, a filha, na ave chamada *cotovia.* Daí a perseguição.

77) Moeurs et coutumes des Indiens Sauvages de Amerique du Sud — Paris, 1937.

78) Convém lembrar que o povo conhece ainda sob o nome de *viúva* e *viuvinha* vários pássaros de cor preta com algum enfeite branco. Mas os aqui apontados são os que recebem mais geralmente tal nome.

79) "Cat. Deser. de las aves útiles del Paraguay", *in* "Revista Agronómica", Ano I, N° 9-10, p. 410.

80) J. Moojen, pessoalmente, advertiu-me que o *bem-te-vi* que pesca é *Megarhynchus p. pitangua,* de bico chato. Possuo, no entanto, informes de outros, como J. A. Pereira, abaixo citado, que viu *Pitangus sulphuratus bolivianas,* a subespécie argentina, exercer o ofício de pescador. Cito-lhe as palavras ("Mem. Jard. Zool", tomo IX, p. 212):"... se le ve al borde de las lagunitas o assentado en algún arbusto a la pesca de larvas, renacuajos o algún pequeño pescadito." Gabriel Soares já informava que o *bem-te-vi* sabia pescar e, assim, o registrou: "Pitaoão são passarinhos do tamanho e cor dos canários, e têm uma coroa branca na cabeça: fazem grandes ninhos nos mangues, ao longo dos rios salgados, onde põem dois ovos e mantêm-se dos peixinhos que alcançam por sua lança."

81) "El Hornero", vol III, p. 68. Trata-se da subespécie *P. s. bolivianus.*

82) Antônio Ronna, no seu estudo intitulado *Animais Inimigos da Abelha Européia e de seus Produtos* aponta os seguintes tiranídeos como apívoros: Satrapa icterophrys, Machtornis r. rixosa, Myiozetetes s. similis, Muscivora tyrannus, Pitangus s. sulfuratus e Tyrannus m. melancholicus.

83) "O Campo", setembro 1936, p. 13.

84) A propósito das subespécies de *bem-te-vis* do gênero *Pitangus,* diz Olivério Pinto, com a autoridade que todos lhe reconhecem: "Existe em todo o Brasil, representados por variedades de caracteres e relações geográficas ainda não suficientemente esclarecidos." ("Aves da Bahia", Rev. M. Paulista, t. XIX, p. 213).

85) No Estado do Rio de Janeiro e no Distrito Federal, recebe igual nome um pássaro da família dos coerebídeos, do qual oportunamente trataremos. Curioso é assinalar que tal ave ocorre na Amazônia, onde possui o mesmo nome chulo e vulgar.

86) Sabe-se que o parasitismo integral, holoparasitismo, é praticado pelas plantas desprovidas de clorofila. Basta olhar a cor verde da erva-de-passarinho para compreender que lhe não escasseia clorofila. Não se

trata, portanto, de um parasitismo completo, mas o certo é que esta fanerógama, sem raízes, mas provida de haustórios, sabe estrangular, no ramo a que se apega, o tecido do câmbio, interceptando a seiva de que se nutre, acabando por matar a hospedeira.

87) Patologia y Terapêutica Vegetales, t. II, p. 483, Barcelona, 1930,

88) Não confundir com "sangue-de-boi" do Norte (Espírito Santo a Piauí) que é um tanagrídeo.

89) Castellanos, em "El Homero", voL V, p. 171 diz que o nome científico *muscivora* vem de *museus* = musgo +*vorare* — comer. Porque dar a um gênero de aves flagrantemente insetívoras essa designação errônea biologicamente? *Muscivora* deve vir de *Musca,* a nossa mosca doméstica, que constitui o prato de resistência de todos os pássaros do gênero *Muscivora.* Assim está certo etimológica e biologicamente.

90) *Le Naturaliste a la Plata,* 10ª ed., Paris, 1930, p. 186.

91) Sirinx era uma formosa ninfa, que, ao se ver perseguida por Pã, suplicou ao Rio Ladão, seu pai, que a transformasse em caniço. Como recordação da sua eterna desejada, o grande Pã arrancou um dos caniços e com ele fabricou a flauta de 7 furos, chamada siringe, o que relembra a mitológica deidade. Os naturalistas, poetas a seu modo, ao órgão de fonação das aves dão o nome da flauta de Pã.

92) *Ornitologia,* São Paulo, 1923.

93) Foi Buffon, parece, o primeiro a menosprezar o canto dos pássaros tropicais, mas, neste ponto, com menor autoridade de tantos outros naturalistas que por aqui realmente andaram e tiveram ensejo de ouvir o gorjear do grande orfeão das selvas neotropicais. A. R. Wallace, já em 1853, escrevia em suas *Viagens pelo Amazonas e Rio Negro:* "Não estamos de acordo com a generalizada crença de que os pássaros dos trópicos têm uma deficiência de canto, proporcional ao brilho da sua plumagem, crença essa que deverá ser modificada." Isto constitui um testemunho valioso, para o extremo norte, como W. H. Hudson é para o extremo sul, quando escreve, em *Un Flâneur en Patagonie:* "A floresta sul-americana apresenta ademais o caráter duma orquestra sinfônica, na qual um número enorme de instrumentos toma parte na execução, havendo sonoras discordâncias, ao tempo que notas amoráveis e espirituais se fazem ouvir, a intervalos, em contrastes infinitamente suaves e preciosos."

94) Negando-se inteligência aos animais e concedendo-se-lhes apenas instinto — que chegaram a definir como um impulso inconsciente — criou-se um problema, mais do que isso, um enigma, ante o qual o homem parece desaparelhado para resolvê-lo. A ave faz o ninho obedecendo ao instinto, dizem os que assim pensam. Quer dizer que ela faz o ninho sem saber para que fim, põe os ovos, da mesma forma, cerca de cuidados os filhos, defende-os, lamenta, por vezes, a morte deles, tudo instintivamente. Opera como se fosse uma máquina. É como um relógio, que, impulsionado por certa mola, a corda, faz girar os ponteiros em derredor do mostrador e vai medindo os instantes que o homem inventou para se guiar através do infinito do tempo, sem consciência da sua misteriosa tarefa. A razão repele esse modo de entender. O que chamamos instinto pode bem ser uma inteligência rudimentar, os primeiros clarões daquela faculdade que se sublimou no homem, mas que se encontra embrionária em toda a escala animal e cujas gradações perfeitamente conhecemos. Bergson diz: "É que a inteligência e o instinto, tendo começado por se entrepenetrarem, conservam alguma coisa da sua origem comum". O filósofo faz distinção entre as duas, porém não lhes nega uma origem comum. O porco é, ou não, menos "inteligente" que o cavalo e o cão? O macaco não será ainda mais inteligente de que os três animais citados? O cão selvagem não ladra. O latido do cão é uma linguagem, que ele adotou junto ao homem civilizado, talvez pretendendo imitar-lhe a fala. É, pois, um progresso. O instinto, na definição geral, é um ato realizado sem ser aprendido. Os animais, por possuírem instinto, só realizam os atos ditos instintivos. O cão doméstico somente ouviu o cão selvagem ladrar, mas, precisando corresponder-se, a seu modo, com o dono, inventou uma linguagem. Se inventou uma coisa, essa coisa não cabe dentro da esfera do instinto, que se define pela realização de atos não aprendidos, mas cegos e invariáveis através das idades. Poderão dizer que o caso do cão é excepcional. Entretanto esse progresso pode ser explicado pela sua longa domesticação. Todos sabemos que é o mais antigo dos animais domésticos. W. M. Reed e J. M. Lucas (*Les Étapes des Espèces Animales,* p. 118) dizem que ele era já companheiro do homem neolítico, quando este entrou na Europa, faz mais de 10.000 anos.

95) Pourquoi les Oiseaux Chantent, Paris, 1928, p. 22.

96) A linguagem articulada, em sua origem, parece que nasceu e se aperfeiçoou pela imitação, segundo o entender da maioria dos filólogos, inclusive Max Muller.

97) "El Hornero", VoL IV, p. 359.

98) A Descendência do Homem e a Seleção Sexual, Rio, 1933, p. 51.

99) Há uma exceção inexplicável. Segundo "Ornit. toscana", citada no "Dict. Un. d'Hist. Naturelle", Paris, 1845, as leis em vigência lá, naquela época, consideravam as andorinhas entre os animais nocivos, sendo permitida a sua caça.

100) Dict. Universel d'Histoire Naturelle, Paris, 1845.

101) Quando o homem vivia em íntimo contacto com a natureza, podia decifrar coisas que já agora se lhe deparam inexpressivas. A literatura antiga oferece rico filão desta velha sabedoria popular. Vergílio, nas *Geórgicas,* a cada trecho aponta um fato, interpreta a voz, o vôo, a inquietação e a calma dos animais e traduz-lhes os misteriosos motivos:

"Borrasca assoladora é sempre anunciada:
Olha os grous como vão fugindo em debandada,
Vendo-a surgir do vale! Olha a bezerra atenta
De olho fito no céu a farejar tormenta.

E mais além:
"Sozinha a ruim gralha, a passear na areia,
a chuva anda a chamar com voz roufenha e cheia."

Hesíodo, lendário moralista e poeta grego, nas páginas saborosas de *Os Trabalhos e os Dias* a cada passo se refere às aves, no que elas adivinham e ensinam ao homem do campo. E escreve: "Fique atento ao grito que, todos os anos, solta o grou do alto dos céus. É o tempo de lavrar a terra." Noutro ensejo adverte: "A seguir, a filha de Pandião, a andorinha de trinços matinais, volta a se mostrar aos homens com a nova primavera. Não te atardes em podar as vinhas, como convém." Na Europa ainda hoje, o *cuco* goza do justo prestígio de anunciar o fim do verão. É o primeiro pássaro que desaparece. Não que seja o único a perceber o fenômeno, mas porque, não tendo de cuidar dos filhos, uma vez que põe ovos em ninho alheio, emigra mal sente a mudança da estação. Os outros ficam até um pouco antes da entrada do inverno. Os nossos homens do campo também possuem um tesouro de experiências neste sentido. Há na Amazônia, uma ave, *emanai* lhe chamam, *mãe-da-chuva* dizem outros, ave cujo canto é prenúncio infalível de chuva. Anunciam chuvas os *tachãs (Chauna torquata),* quando, aos pares, começam a dar voltas em espiral, indo a grande altura e descendo após prolongado pairar. Dentro de três dias choverá. As *saracuras,* sempre que muito se apuram nas cantigas, e a *seriema,* também quando se excede nos seus gritos, estão prevendo chuva. Os *tucanos*, quando batem bico na serra, no Estado do Rio, diz o povo sentenciosamente: "Tucano na serra, chuva na terra". Quando o *carão* deixa de cantar, é prenúncio de chuva.

O assunto é amplo demais para uma nota. Nem sempre, entretanto, podemo-nos fiar nestes meteorologistas, e outros são positivamente pouco sagazes, como, por exemplo, o *joão-bobo*. Geralmente quando nos dá o sinal de chuva, já a maria-das-pernas-compridas nos está tamborilando no lombo. O povo, por seu lado, também força interpretações. Na Paraíba do Norte, e talvez em todo o Nordeste, certo passarinho, o *pitiguari*, quando canta, é certo que vai aparecer uma visita, ou novidade boa. O nordestino, meu informador, grande amigo de pássaros, disse mais que o povo chega a compreender claramente a informação do *pitiguari* e lhe traduz a frase: "olha para o caminho, aí vem", "olha para o caminho, aí vem".

Marquis de Wavrin, em *Les Bêtes Sauvages de l'Amazonie* relata que na Amazônia peruana, quando certo pássaro canta, é que está anunciando para o dia seguinte a chegada dum vapor ou dum estrangeiro.

102) Quem pelo assunto tiver interesse, poderá ler *L'Oiseau et Son Milieu,* de Maurice Boubier, e *Les Oiseaux,* do mesmo autor, obra na qual existe uma bibliografia sobre migração das aves.

103) *Moeurs Étranges des Oiseaux,* A. Hyatt Verril, Paris, 1968, p. 14.

104) O porquê da bifurcação da cauda das andorinhas explica-nos certa história folclórica africana. Um pouco antes de deixar a arca de Noé, a cobra encarregou o mosquito de verificar qual o sangue mais saboroso de animal. O mosquito ia informar que era o do homem, quando a andorinha, nossa velha amiga, engoliu o perverso pesquisador. A serpente deu um bote contra a andorinha vingadora, mas só lhe abocanhou o meio extremo da cauda, que, por isso, apresenta a bifurcação original. Foi o primeiro conflito registrado a bordo da veneranda arca de Noé, onde reinava sede, a julgar pelas idéias da cobra, já disposta a beber sangue.

105) Já li referências que até no Alasca se aninha e cria.

106) Citado por W. B. Barrows, *in Michigan Bird Life,* p. 546.

107) As andorinhas campineiras, ao verem inútil e abandonado o velho mercado de Campinas, pensaram lá consigo que bem poderiam instalar ali uma cidadela, uma acrópole. E, pacificamente, tomaram conta

do vetusto barracão. O prefeito municipal de então, Dr. Heitor Penteado, que deve ser um homem culto e bom, teve a idéia dum grego dos belos tempos. Mandou retocar o velho mercado, que passou a ser a "Casa das Andorinhas", marco real de verdadeira civilização.

108) *Taperá* escreveu Martius, repetiu Ihering e registra Rodolfo Garcia, mas julgo que *tapera* seria o nome genérico destas andorinhas, porque habitavam malocas abandonadas. *Tapera-uirá*, escreve Stradelli, variedade de andorinha, que escava o buraco onde faz ninho, de preferência nos lugares que foram habitados. C. Tastevin explica que *tapenduçu* era o nome do *gavião-tesoura* e como a andorinha, pela sua forma, lembrasse um pequeno gavião rabiforcado, *tapendí* seria, analogicamente, o correspondente mínimo daquele. Devemos ainda notar, por outro lado, que os tupis davam a um dos maiores, senão o maior dos andorinhões *(Chaetura zonaris), cipelídeo,* o nome de *taperuçu,* aumentativo, naturalmente, de *tapera,* andorinha. Simples divagação conjectural para que outros competentes decidam.

109) "Exterior y biologia de las aves uruguayas", na Rev. de la Asociación Rural del Uruguay, julho de 1934.

110) *Jacamaralcyon tridactyla,* o cuitelão, ou violeiro, como lhe chamam em Minas.

111) "El Hornero", vol. VI, n9 3, p. 485.

112) "Aspectos sociológicos da caça", *in Armas e Munições de Caça,* de C. F. Buys, Porto Alegre, 1934.

113) *Gralha é* designação dada pelos portugueses aos nossos corvídeos, por analogia com as gralhas de Portugal, do gênero *Corvus,* gênero que, aliás, não ocorre entre nós. No nordeste, o nome vulgar é *cã-cã,* ou *quem-quem,* onomatopéia do crocitar de tais pássaros. *Acaé,* segundo alguns autores, era a designação indígena dos nossos corvídeos. Entretanto, Stradelli aponta-a como nome de certa casta de japu.

114) Ocorrem algumas subespécies de cambaxirras. Do Paraná a Pernambuco é *Troglodytes musculus musculus;* a espécie da Amazônia é *T. m. clarus* Cuti-paruí. A do Rio Grande do Sul é *T. m. bonariae.*

115) "El Hornero", vol. V, p. 396.

116) Burmeister fala em posturas de 5 ovos. T. Alvarez *(Exterior y Biologia de las Aves Uruguayas)* fala em 8 ovos. José Pereira ("Memórias del Jardin Zool.", t. IX) fala em 5 e mais. Brehm, em referência à carriça européia, alude a 6 e 8. Eu, embora não observasse senão meia

dúzia de ninhos, sempre vi 4 ovos, e três, uma só vez. Euler também aponta 3 a 4. As posturas que constam da coleção José Caetano Sobrinho e que tenho aqui presentes, são todas de 4 ovos. A propósito de ovos, como nota pitoresca, registro o que me confidenciou um garoto mineiro. Disse o informante (infelizmente destruidor de pássaros e ninhos) que quando alguém rouba os ovos da cambaxirra, ela roga pragas.

117) "Chácaras e Quintais", dezembro 1938, p. 68.

118) "A Flora do Rio Cuminá", *in* Arquivo do Museu Nacional, vol. XXXV, 1933.

119) Folclore Acreano, Rio, 1938.

120) "Contribuição à ornitologia de Goiás", *in* "Revista do Museu Paulista", vol. XX.

121) Obra citada.

122) Refiro-me ao hábito de cantar elevando-se no espaço, fato esse que realiza a calhandra. A gente simples do campo, na França, com a linda ingenuidade das eras primitivas, quando vê a calhandra altear-se aos céus cantando, encoraja-a a subir mais, bem alto, para "prier Dieu qu'il fasse chaud".

123) Lista das aves coligidas e observadas no Estado do Rio Grande do Sul. ("Egatea", vol. XV, n° 5, 1930, p. 276). Luis Carlos de Morais, no entanto, em seu *Vocabulário Sul-Riograndense,* registra o nome *calandra,* mas resta saber se apenas se abonou em H. von Ihering.

124) "Aves del valle de los Reartes" *in* "El Hornero", vol. V, p. 313.

125) "Memórias del Jardin Zoológico", vol. VII, p. 289.

126) Azara dava a essa ave o nome de *agalha pelada.*

127) *L'Oiseau et son Milieu,* Maurice Bourbier, p. 132.

128) Anfíbios e Répteis do Brasil, Briguiet editor.

129) O nome indígena da ave é *uira-angu* e *anga-u,* que quer dizer *o que leva as almas ao céu.* Da deturpação de tal nome lhe veio o de *pássaro-angu,* ou, simplesmente, *angu,* da terminologia popular. — Certo capiau, malandrote e caçador furtivo, disse-me uma vez que o nome angu lhe era dado porque a ave era saborosa comida com angu (pirão de milho). Perdeu-se nesse comedor de passarinhos um etimologista de enchemão. — Agora uma conjectura. Porque dava o indígena a essa

ave o nome de *anga-u,* que tem o significado acima referido? Aventuro uma ideia. O *japacanim* costuma, como o *sabiá--do-campo,* elevar-se ao ar em vôo vertical, indo a grande altura. Ora, se ele vai assim tão alto, sem fim conhecido, o indígena, observador, mas supersticioso, achou logo uma razão: ia levar as almas ao céu. — Ainda uma observação: À mesma ave deve-se referir a estrofe 36 do poema *Caramuru* e não ao gavião de igual nome popular, segundo aventurou C. Teschauer, no seu estudo "Avifauna e flora nos costumes, superstições e lendas brasileiras e americanas", pois na citada estrofe alude-se a "canto enternecido" e tal não pode atribuir-se ao gavião.

130) "O Campo", dezembro 1933.

131) Rudolf Gliesch, "O pardal europeu", *in* "Egatea", jan-fev. 1924.

132) Na cidade do Rio de Janeiro costuma acolchoar o ninho com confete.

133) Th. Bisschop, em *Le Gerfaut* (vol. XIII, 1925), informa que, retirando do ninho do pardal os ovos, cada vez que eram postos, conseguiu obter 29 ovos no transcurso de 4 meses.

134) De *cará,* alteração de *guirá,* por *uirá* — pássaro; *xué* = vagaroso, chorão.

135) Vi *sabiás-laranjeira* sem a falada cor ferrugínea. Olivério Pinto, em *Aves da Bahia,* referindo-se à subespécie *T. rufiventris juensis,* diz que os sabiás do Recôncavo mostram plumagem mais clara e o "abdome é antes acanelado que cor de ferrugem". *Os sabiás,* que vi, realmente tinham sido trazidos do norte, por um embarcadiço.

136) "El Hornero", vol. V, p. 311.

137) "Revista do Museu Paulista", vol. XIII, p. 790.

138) As leis de proteção à fauna ainda são pouco eficientes, mas já vão refreando as expansões assassinas. É necessário torná-las mais eficientes, ou, melhor, é indispensável fazê-las respeitar. Quando estive no Rio Grande do Sul, notei, admirado e consternado, pois em Bento Gonçalves e Caxias não existia uma só ave silvestre. A colônia italiana lá estabelecida comera até o último passarinho. Não exagero. Não se vê e nem se escuta o pio de um pássaro. Isso numa região agrícola, onde pompéia vitoriosa a cultura da vinha. A ausência dos pássaros entristece a paisagem; é como se olhássemos a quietude de um quadro. Em lugar de cânticos, chilros, pios, há as abomináveis eructações de automóveis, símbolo do progresso material, que enaltece a atividade, mas desonra o sentimento das coisas belas, pode criar uma geração de operários mecânicos, e não homens de espírito e coração. Quando as leis de proteção à fauna

houverem logrado êxito, e os pássaros compreenderem que o homem realmente se civilizou, então virão confiados colocar seus ninhos nas forquilhas das árvores dos nossos jardins e pomares. Penso assim, mas não creio nessa idade de ouro, nesse primado de bondade. O bárbaro caçador da idade de pedra, que matava para se alimentar, deu lugar ao homem superindustrializado, que hoje mata pelas necessidades da indústria e do comércio, quando não pelo simples esporte da caça. O bruto o que quer é sangue.

139) "Mem. del Jard. Zool.", Tomo IX, 1938, Argentina.

140) Vernaculização de *uirapuru*. Também se grafa *guirapuni*. Dissentem os autores quanto à etimologia da palavra. Rodolfo Garcia informa que vem de *uira* — ave + *puni,* ou *piru* = seco, magro. Alberto Faria dá *uira* = ave + *puru* — que recebe emprestado (subentende-se a voz alheia). P.C. Tastevin aponta *uira* = ave + *puru,* qualificativo que recebem certos animais ou plantas, aos quais se atribuem qualidades mágicas. Couto Magalhães grafa *guirapuru* e diz que significa pássaro emprestado, ou pássaro que não é pássaro. Quer com isso significar o ameríndio que o *uirapuru* é um deus que toma a forma de ave e tem sob a sua proteção todas as espécies animais plumadas. A mitologia túpica criou deuses subalternos para zelar pela vida dos animais gerados por *Guaraci,* o Sol, e pelos vegetais criados por *Jaci,* a Lua. Assim, além de *uirapuru,* os animais campestres têm em Anhangá, ou Anhangá, o seu protetor. Aparece sob o aspecto de um esbelto e sobrenatural veado branco, de cujos olhos de fogo saem fagulhas. Os animais da floresta estão guardados pelo Caapora, gênio polimorfo que ora surge na figura dum caboclinho, ou negrinho unípede, ora se revela com a aparência dum homem de grandíssima estatura, tendo o corpo coberto de pêlos negros e cavalgando um porco de desmesurado tamanho. Dos peixes toma conta a *Iara,* deidade andrógina na transfiguração do feíssimo boto. Frascário como Júpiter, por vezes surge disfarçado em mancebo e seduz as caboclas ribeirinhas; doutra feita aparece à tona dágua, na imagem provocadora de deslumbrante mulher — sereia fluvial tupínea — e leva seus amantes de um momento para os verdes e encantados palácios que demoram no fundo das águas.

141) "Aves del valle de los Reartes", *in* "El Homero", vol. V, p. 316.

142) C. E. Hellmayr, *in* Cat. of Birds of the Americas.

143) O fato acima citado, em referência ao apuizeiro, tem uma significação ticular que merece ser frisada. O apuizeiro, ou mata-pau *(Urosa sp.),* somente pode ser propagado por meio dos passarinhos que

lhe ingerem as sementes. A árvore, certamente, não tem conhecimento disso, mas o fato é que apresenta seus frutos cheios de doçura para atrair os seus propagadores. As sementes, então ingeridas, atravessam intactas o tubo digestivo e de envolta com as fezes ficam em cima das árvores frequentadas pelos gulosos voláteis. Como os traupídeos acham muito encanto em pousar nos amplos penachos das palmeiras, é por sobre elas que germinam, de preferência, as sementinhas do apuí. Deposta ao acaso, nas reentrâncias dos pecíolos das folhas caídas duma palmeira, na maioria das vezes no urucuri *(Attalea excelsa),* a semente do mata-pau aí encontra, nos detritos depositados, os elementos necessários para germinar. Germina e surge alfim a plantinha que envia logo, na direção do solo, a raiz tateante, faminta de húmus. Ao alcançar o solo, a verdadeira terra da promissão, cuja esperança confusa dorme nos cromossomos de toda a raça de apuizeiros, aí mergulha com a calma tenacidade dos vegetais. A planta mesquinha, epífita, lá do cimo, toma novos alentos, surgem outras raízes e, como um polvo, estirando seus tentáculos para todos os lados, em breve a árvore hospedeira, pobre Lacoonte vegetal, vê-se cingida pelo mais pérfido dos abraços. Em redor do tronco acolhedor cresce o tecido vegetal do monstro, que emparedam, constrange e asfixia. Ao fim desta tragédia muda, que durou anos, nada mais resta, senão o apuizeiro vigoroso, triunfante, esquecido da sua origem precária, humilde, parasitária, como o símbolo vegetal de certas vidas humanas.

144) "Descrição de ninhos e ovos das aves do Brasil", na "Revista do Museu Paulista", vol. IV, p. 135.

145) *Gaturamo,* segundo Th. Sampaio, deriva-se de *catu,* bom + *rama,* sufixo temporal que significa *o que será bom,* em referência ao fato de que se constituem, quando engaiolados, bons cantores. Jorge Hurley, em *Amazônia Ciclópica,* afirma que vem de *angá* = alma + *turama* = da pátria, isto é, *alma da pátria.* O Padre C. Tastevin registra *gaturamo,* nome ainda hoje vivo no falar do povo.

146) "Chácaras e Quintais", outubro, 1938, p. 456.

147) Em *Tratados da Terra e Gente do Brasil,* Fernão Cardim descreve desta maneira o *gaturamo,* a que chama *guigranhéengetá:* "é do tamanho dum pintassilgo, tem as costas e asas azuis, e o peito e a barriga dum amarelo finíssimo. Na testa tem um diadema amarelo, que o faz muito formoso; é pássaro excelente para gaiola, por falar de muitas maneiras, arremedando muitos pássaros, e fazendo muitos trocados e mudando a fala de mil maneiras, e atura muito em o canto e são de

estima, e destes de gaiola há muitos e formosos e de várias cores". Rodolfo Garcia identifica esse pássaro, dizendo que se trata da *pombinha-das-almas (Xolmis cinerea)*. Há evidente engano, pois *Xolmis cinerea* é cinzenta na parte superior, peito claro, cauda negra. Nem de longe se pode parecer com a descrição de Cardim. Melo Leitão, aliás, em *A Biologia no Brasil,* 1937, faz esse reparo. Trata-se, naturalmente, do gaturamo verdadeiro, *Tanagra violácea*. Goeldi ao tratar do *Xolmis cinerea,* diz que os tupis lhe davam o nome de *guira-ru-nheengeta*. Daí deve talvez provir a confusão.

148) Também ouço dizer *gaipava*.

149) Observação de José A. Pereira, *in* "El Hornero", vol. IV, p. 27.

150) O povo, por vezes, nas suas generalizações dá também o nome de *saí* a algumas destas espécies, quando de fato a designação aludida cabe de preferência aos cerebídeos.

151) Segundo Rodolfo Garcia, *saíra* vem de *ça-ir,* aquele que faz sair os olhos, olhador, mirador + *rã,* parecido. É como se dissessem "aquele que se porta como o curioso que tudo olha". Referência ao espírito de curiosidade muito constante nestas aves.

152) L'Amateur d'Oiseaux de Volière.

153) A propósito de tais apreciadores de *Citrus,* impõem-se algumas observações. Um bom número de traupídeos, de fato, come laranjas e sabe furá-las com perfeição, mas isso somente acontece com os frutos muito maduros e assim tardiamente colhidos. Nos laranjais do antigo Distrito Federal e Estado do Rio, além do *sanhaço,* podemos apontar: *sabiá, tié-vermelho, tié-preto* e *pardo, gaturamo*. O *Bico-de-lacre,* que por vezes aparece apreciando a fruta, só o faz quando encontra o furo começado pelos outros. No Rio Grande do Sul, ao *Thraupis bonariensis,* pregaram o cognome revelador de *papa-laranja*. Sei de fonte limpa que o *guache (Cacicus haemorrhous affinis)* icterídeo, também não pode ver laranja bem madura que não fure. Só as excessivamente maduras. Os traupídeos, frugívoros confessos, são, por outro lado, grandes destruidores de *içás* e bitus, isto é, fêmeas e machos alados de saúvas, segundo o conspícuo observador A. W. Bertoni, *in* "Agronomia", 9-12, p. 419, Paraguai, 1913. O *guaxe* tem a seu favor o consumo que faz de lagartas. Bem razão tinha Wappeus ao afirmar que metade das aves brasileiras eram insetívoras.

154) "Catálogo descriptivo de las aves utiles del Paraguay", *in* "Revista Agronômica", ano I, nº 11-12, p. 529.

155) Não se deve emprestar grande rigor a estas determinações populares. Os *sanhaços* não sofrem a vertigem das alturas e sentem-se atraídos pelos coqueiros e outras palmáceas. Quer a espécie citada, quer a *sayaca* e outras, freqüentemente visitam aqueles régios vegetais.

156) H. v. Ihering, em seu "Catálogo crítico comparativo dos ninhos e ovos das aves do Brasil", nota que os ovos de *Thraupis e. episcopus, cyanoptera, coelestis, cana, palmarum, ornato e b. bonariensis* "são semelhantes entre si em tamanho e desenho, que consiste em manchas numerosas, cinzentas,"sobre campo esbranquiçado, com salpicos e garatujas ou linhas curtas, pretas".

157) "Revista do Museu Paulista", tomo XIV, 1926.

158) A nomenclatura popular das aves, como a dos outros animais, e o mesmo se pode dizer em relação ao formidável reino das plantas, está cega de erros. Capitão-de-saíra é um posto respeitável, disputado por dois pássaros assaz diferentes em tamanho, cor, hábitos e até famílias. Um pertence aos cotingídeos, e já dele tratamos *(Attila rufus);* outro é o acima referido, que reputo o autêntico *capitão*. Não parece estranho que, para capitanear as saíras, fossem buscar um figurão entre os cotingídeos, havendo na luzidia corte dos traupídeos individualidades tão conspícuas? Agora fico a pensar porque foi dado a tal pássaro o nome de *capitão-de-saíra*. Na falta de uma observação norteadora, avento uma conjectura. Já ao tratar dos formicarídeos, relatei o fato conhecido de se reunirem certas aves em bando, capitaneados por determinada espécie. Tais bandos reunem-se diariamente e percorrem, quase sempre, o mesmo itinerário em busca de alimentos. Enquanto os formicarídeos, por exemplo, vão à caça de insetos, os traupídeos, que apresentam o mesmo costume, devotam-se à procura de frutos, principalmente. W. Bertoni chegou a identificar o *tié-do-mato-grosso (Habia rubica)* capitaneando os traupídeos ("Las aves capitanas en las selvas tropicales", in "El Hornero", vol. III, p. 398). Isto no Paraguai. Será que a *Orthogonys chloricterus* se comete igual entreprisa e a observação ficou consignada na nomenclatura popular? Os costumes, a etologia dos nossos animais silvestres são ainda muito escassamente conhecidos.

159) Pode dizer-se que *japim, japi-í* (= japu pequeno), *japué, japiim,* são denominações da Amazônia; *joão-congo, joão-conguinho,* de Goiás; *japuíra* e *guaxe,* da Bahia, sendo que por este último nome e ainda mais pelo de *xexéu* é a ave conhecida aqui no sul.

160) Vide Da Ema ao Beija-Flor.

161) Certos pássaros parece, realmente, que conhecem o espírito de agressividade das vespas e, por isso, junto delas colocam seus ninhos, resguardando-os de possíveis inimigos. Não é somente o *japim* que chegou a tais conclusões; muitos outros pássaros de igual forma procedem. Stradelli, no seu *Vocabulário,* cita um tiranídeo que situa o ninho junto aos vespeiros, e Th. Belt, em "The Naturalist in Nicarágua", refere-se também a um tiranídeo amarelo e pardo que tem igual hábito. No trabalho mencionado há ainda a citação de Gosses, que viu, na Jamaica, *Spermophila olivacea* valer-se de igual processo de defesa. Poderia facilmente fazer muitas outras citações. Muito curioso é o fato narrado por Juan Tremoleras, em "El Hornero", vol. IV. Conta ele que um casal de *joão-de-barro* andava em maré de má sorte por ocasião de construir o ninho. Após três tentativas diversas, duas malogradas por intervenção de crianças que lhes destruíram a casa, decidiram construir seu "forno" num álamo junto a um camuati, que é uma casa de vespas temíveis. A narrativa de Tremoleras está documentada com a fotografia do ninho (vide fig. 5). Até aqui estamos observando pássaros que colocam ninhos em árvores onde existem vespeiros, mas também verificamos que certos marimbondos instalam suas casas junto à de formigas, para que essas os protejam contra os pássaros. Gregório Bondar, em trabalho recente, *Insetos Nocivos ao Cacaueiro,* registra a seguinte e curiosa observação: Certas vespas, como *polybia versicolor* e *Polybia angitlata,* localizam as suas temidas "casas de marimbondos" junto aos ninhos arborícolas da formiga caçarema *(Azteca chartifex).* Uma das razões da escolha parece ser a de se defenderem dos pássaros insetívoros que costumam colocar-se à porta das habitações para caçarem os habitantes à proporção que saem. Ora, as formigas, em seu constante vaivém, não permitem que os pássaros ali pousem. Há ainda uma segunda razão destas sociedades animais. A formiga caçarema é criadora. Constrói ali estábulos para seu gado, que é constituído por pulgões, cochonilhas, aleirodídeos, etc. e, como as vespas alimentam a ninhada com esses pequenos insetos, ali mesmo à mão encontram do que precisam. Quer dizer que exploram a própria polícia que lhes assegura a vida.

162) "Sobre vêspidas sociais do Pará" — Boletim do Museu Goeldi, t. IV, p. 679.

163) "Aves da Bahia", *in* Revista do Museu Paulista, t. XIX, p. 292.

164) H. Ihering e o *Catálogo do Museu Britânico* dizem que o bico é branco. A. Pereyra contesta, informando que é preto. Os exemplares

que examinei, no Museu Nacional, possuem o bico de cor córnea, quase denegrida na base. O bico da fêmea é um pouco mais escuro.

165) "Catálogo crítico-comparativo dos ninhos e ovos das aves do Brasil" — *in* "Revista do Museu Paulista", vol. IV, p. 218.

166) "El Hornero", vol. V, p. 64.

167) "El Hornero", vol. V, ano 1932, p. 46.

168) Talvez não desagrade aos curiosos, menos cientes da entomologia, saber que o bicho-de-cesto, outra coisa não é que a lagarta dum lepidóptero *(Oiketicus Kirbyi)*, cuja vida é duma singularidade inacreditável. Vive tal lagarta polífaga dentro de um casulo feito de pauzinhos ligados por um tecido de seda. Macho e fêmea assim se apresentam, mas enquanto o macho evolui, como os demais lepidópteros, e atinge a fase de adulto — a borboleta, que é a apoteose triunfante de todas as lagartas — , a fêmea jamais alcança aquela finalidade gloriosa. *Natura naturante* não lhe concedeu a graça de seguir o mesmo roteiro das metamorfoses dos demais insetos da sua ordem. Atinge, é certo, a fase de crisálida, mas com patas, antenas e asas atrofiadas. É sempre um esboço incompleto de borboleta.

169) Graúna, alteração de *guirá* = pássaro + *una* = preto, era designação de certo dada pelos indígenas a um grande número de passarinhos negros, e daí resulta que por igual nome são conhecidos outros como o *Gnorimopsar c. chopi*, também chamado *chopim* e *vira-bosta*; *Gnorimopsar c. sulcirostris*; *Molothrus bonariensis*, o legítimo *vira-bosta*; etc.

170) Buli, nº 13 — División of Biological Survey, U. S. Dep. of. Agr.

171) *Michigan Bird Life* — Publ. de Michigan Agricurltural College, 1912.

172) Valor econômico do *Molothrus bonariensis*, *in* "O Campo", abril de 1938.

173) "O Campo" abril 1938, p. 17.

174) "El Hornero", t. V, p. 219.

175) *Psomocolax oryzivorus*, chamado graúna, metrão, rexanxão, é acusado de igual hábito como já aludimos.

176) *In Transactions Philosophiques*, vol. LXXVIII, p. 221. Citado por G. J. Romanes *in* L'Intelligence des Animaux, t, 2°, p. 62.

177) Sei que não é muito filosófica essa dedução. Cai-se sempre em erro querendo atribuir aos animais certas qualidades, que os homens possuem, ou devem possuir, em conseqüência de diretrizes filosóficas ou princípios de educação em que foram criados. Quem já não ouviu alusões à pudicícia do elefante? Ainda não disseram ao leitor que aquele elegante e simpático passarinho, o *joão-de-barro,* deixa de trabalhar aos domingos em observação aos preceitos católicos? Grande número de observações existem sobre costumes de animais, que nos afiguram inexatas. O mais das vezes não é a inverossimilhança do fato, mas as conclusões dela tiradas que nos levam a pôr de remissa o acontecimento. Entretanto, mantenho minha interpretação quanto ao *Molothrus,* evidentemente velhaco, embora me encontre inclinado a participar da opinião de H. Friedman .

178) "Aves del Valle de los Reartes", *in* "El Homero", vol. V, p. 331.

179) Designação geralmente adotada em referência ao conjunto continental formado pela Europa e Ásia.

180) *Le Nid de l'Oiseau,* Dr. Cathelin, p. 69. 181 — "El Hornero", vol. III, p. 252.

181) Da Ema ao Beija-Flor.

182) S. Baker — *Cockoos'eggs, and Evolution* (Proc. Zool. Soc. London, 1923-227) e Stresemann — *Aves* (Handbuch d. Zoolog., 1928, 418).

183) J. A. Pereyra ("Men. del Jard. Zool.", t. VII) afirma ter visto ovos inteiramente brancos.

184) "Revista do Museu Paulista", t. XXIII, p. 316.

185) "Mem. del Jardin Zool.", t. VII, p. 304.

186) "El trile, a cuyo canto se atribuye el verdadero orijen del nombre de Chile, por un cambio de sus notas corridas, es bastante comun en los terrenos húmedos cobiertos de verdura del Cientro y Norte del pais." ("Bol. del. Mus. Nac. de Chile", t.1, n° 8, 1911).

187) "Mem. Jard. Zool.", t. IX, p. 249.

188) "Aves da Bahia", *in* "Revista do Museu Paulista", t. XIX, p. 290.

189) O Dr. Diógenes Caldas, ex-inspetor agrícola e hoje alto funcionário do Ministério da Agricultura, testemunhou o fato e dele me deu conhecimento.

190) "El Hornero", vol. VII, p. 28.

191) Nem só o peixe morre pela boca, como diz o ditado. Entre os pássaros colhem-se exemplos muito ilustrativos do pecado da gula. O *encontro, o sanhaço,* para exemplificar, apanham-se com extrema facilidade, uma vez que se use, como engodo, a banana. Curioso é o que se sucede com certo pássaro da Bahia, que o povo chama *papa-pimenta.* Relata um observador, citado por R. Ihering, que tal pássaro é doidinho por pimenta cumari, como todo baiano. Quando encontra uma pimenteira, pensa que o mundo vai se acabar e come desabaladamente. Mas na hora de defecar é que são elas... O pobre do guloso, nestas aperturas, estorce-se todo, eriça as penas, solta guinchos, que são gemidos de sofrimento. A dor é tão grande que a ave perde quase o conhecimento. Hebetada e lerda, deixa-se segurar por quem quer que esteja próximo. Passada a crise e restabelecida, ao encontrar outra pimenteira, esquece-se do mal que lhe fez pelo bem que lhe sabe. Renova-se a tragédia. Quem não terá visto, entre humanos, muitos papa-pimentas.

192) *Cat. of. Bird of the Americas,* parte X, Icteridae, p. 191.

193) "Chácaras e Quintais", fev. 1928.

194) Há, no município de Araruna (Paraíba), uma velha fazenda que tem por nome Maquiné. Serão daí originários os famosos *bicudos?*

195) Aves coligidas nos Estados de São Paulo, Mato Grosso e Bahia, com algumas formas novas, *in* "Revista do Museu Paulista", vol. XII, 1920.

196) Tal disposição de cores, afetando a forma de uma coleira, deu este nome à ave, e assim é ela chamada, mas no Distrito Federal e Estado do Rio, sempre ouvi dizer *coleiro.* No Rio Grande do Sul, denominam-na *coleirinha.*

197) " Aves da Bahia", *in* "Revista do Museu Paulista", t. XIX.

198) "Catálogo crítico-comparativo dos ninhos e ovos das aves do Brasil" — "Revista do Museu Paulista", t. IV.

199) "Memórias del Jardin Zoológico", vol. IX, p. 276, 1938.

200) Contos de um Naturalista, São Paulo, 1924.

201) *Ornitologia,* São Paulo, 1923.

202) Angel Zotta — "Sobre el contenido estomacal de algunas aves" *in* "El Hornero", vol. V, p. 81.

203) Aves da Bahia.

204) Assim descreve o ninho J. A. Pereyra, *in* "Mem. del Jardin Zoológico", t. IX (2ª parte), p. 281, referindo-se a *Coryphospingus cucullatus araguira*.

205) "Notas Biológicas", *in* "Revista del Jardin Zoológico", de Buenos Aires, 1.1, entrega II, p. 41,1893.

206) L'Amateur d'Oiseaux de Volière, p. 270, Paris, 1914.

ÍNDICE DOS NOMES VULGARES

A

Alcaide – 237
Alfaiate – 315
Alegrinho – 110, 120
Anambés – 72, 88
Anambé-açu – 75
Anambé-azul – 90
Anambé-branco – 76
Anambé-preto – 72, 73, 88
Anambé-una – 84
Andorinhas – 146, 156
Andorinha-de-casa – 159
Andorinha-de-bando – 146, 162
Andorinha-de-pescoço-vermelho – 146, 156-157
Andorinha-de-rabo-branco – 146, 156
Andorinha-do-campo – 146, 160-161
Andorinha-grande – 146, 158
Andorinha-pequena – 146, 161-162
Angu – 188
Anicavara – 256
Anu – 278
Arapaçu – 30, 34, 54
Arapaçu-de-bico-torto – 31-32
Arapaçu-dos-coqueiros – 34, 52-54
Arapaçu-grande – 31
Araponga – 72, 93-95
Araponga-asa-preta – 93, 94
Araponga-da-horta – 145
Araponguinha – 72, 75-76, 90, 145
Arranca-milho – 257, 299-300
Arrumará – 301
Asa-de-telha – 257
Assobia-cachorro – 188
Assoviador – 57, 72, 86
Azulão – 243, 241, 301, 303
Azulão-bicudo – 243
Azulão-cabeça-vermelha – 244
Azulão-da-serra – 244
Azulinho – 301, 263
Avinhado – 305

B

Babacu – 72
Babacu-preto – 90
Barbudinho – 96, 108
Batuqueira – 188
Bem-te-vis – 110, 125-130
Bem-te-vi-cabeça-de-estaca – 119
Bem-te-vi-carrapateiro – 119
Bem-te-vi-de-bico-chato – 131-132
Bem-te-vi-de-coroa – 119
Bem-te-vi-do-mato-virgem – 132
Bem-te-vi-gamela – 132
Bem-te-vi-pequeno – 110, 124-125, 130
Bem-te-vi-riscado – 109

Bem-te-vi-verdadeiro – 125, 131
Bem-te-vizinho – 124
Bico-de-lacre – 195-196
Bico-de-veludo – 230, 256
Bico-pimenta – 301, 307
Bicudo – 304, 305-306
Bicudo-encarnado – 301, 307
Bicudo-preto – 305
Bicudo-maquiné – 306
Bigodinho – 315
Bobolink – 239, 277
Bonito-do-campo – 230, 232
Borralharas – 60, 62
Brejal – 301, 310, 312
Brujara – 62

C

Cabeça-branca – 106
Cabeça-encarnada – 107
Caboclinho – 301, 311
Caboclinho-do-norte – 312
Caga-sebo – 110, 132-133, 219
Calhandra – 181, 183
Camachilra – 172
Cambacica – 219, 222-223
Cambaxirra – 170-172
Caminheiro – 209, 211
Canário-baeta – 248
Canário-da-horta – 320
Canário-da-terra – 301, 318-319
Canário-do-campo – 301, 329
Canário-do-ceará – 319
Canário-do-brejo – 225
Canário-do-mato – 230, 250
Canário-do-sapé – 226
Canário-pardinho – 318
Canário-pardo – 328
Caneleiro – 72, 76
Caneleirinho – 72, 76-77
Caneleirinho-preto – 77
Canjica – 90

Capitão – 257, 293
Capitão-da-porcaria – 56
Capitão-de-saíra – 80, 230, 250
Caraxué – 202, 206
Cardeal – 301, 330-331
Cardeal-amarelo – 301, 333-334
Cardeal-de-montevidéu – 334
Carrega-madeira – 50
Carriça – 172
Casaca-de-couro – 34, 47, 188
Catingá – 87
Chão-chão – 301, 311
Chibante – 72, 85, 145
Choca – 57, 60-61
Chocão – 57, 62
Chopim – 279-281
Chopim-do-brejo – 257, 294
Chorão – 301, 310-311
Cachimbó – 44
Coaraci-uirá – 89
Cochicho – 30
Coleiros – 301
Coleiro-da-bahia – 314-315
Coleiro-do-sapê – 312
Coleiro-do-brejo – 312
Coleiro-pardinho – 314
Coleiro-virado – 312-313
Concris – 297
Corocochó – 72, 87
Corocotéu – 87
Coróia – 319
Corruíra – 172, 179
Corruíra-açu – 170, 179-180
Corruíra-do-brejo – 34, 49
Corrupião – 257, 294-295
Corrixo – 279
Cotinga – 88
Cri-cri-ó – 79
Curió – 301, 304-305
Curriqueiro – 34-35
Curutié – 49

D

Dançador – 96
Dragão – 257
Dragona – 298

E

Encontro – 257, 297-298
Engana-tico-tico – 279
Espanta-porco – 57

F

Ferreiro – 93
Felipe –132
Filho-de-bem-te-vi – 125, 130
Filho-de-saí – 254
Foguetinho – 209
Fruxu – 123-124
Furriel – 301, 308

G

Gaipapo – 233
Galo-do-pará – 81
Galo-da-serra – 72, 81-82
Galinha-do-mato – 57, 64
Garrinchão – 180
Gaturamo-miudinho – 230, 233, 237
Gaturamo-rei – 230, 233, 236-237
Gaturamo-serrador – 230, 233, 237
Gaturamo-verdadeiro – 230, 236
Gaturamos – 230, 232-237
Gaturamo-verde – 232, 233
Gaudério – 279
Gente-de-fora-aí-vem – 212
Gorinhatã – 233
Gralhas – 164, 165
Gralha-azul – 164, 167-169
Gralha-do-campo – 164
Gralha-do-mato – 164, 165
Gralha-do-peito-branco – 169
Graúna – 257, 274-276
Graúna-de-bico-branco – 257, 272-274
Guaracava – 110, 123
Garacavuçú – 123
Guarandi – 252
Guarandi-azul – 303
Guarandi-preto – 252
Guaratã – 222
Guaxe – 257, 266-270
Guaxe-do-coqueiro – 267
Gainambé – 93
Guriantã – 233
Guira-tangueima – 262

I

Irapuru – 96, 108, 177
Irapuru-verdadeiro – 215, 216
Irré – 137
Iratuá – 290-291

J

Japacanim – 181, 187-188
Japim – 257, 263-265
Japim-da-mata-encarnado – 271
Japim-de-costa-vermelha – 257
Japira – 266
Japu – 257-258
Japu-verde –257, 262
Japu-açu – 262
Japu-guaçu – 262
Japu-ira – 266
Japu-preto – 262
João-de-pau – 34, 51
João-conguinho – 263, 267
João-de-barro – 34, 35-43
João-pobre – 110, 121
João-teneném – 34
João-tiriri – 45-46
Juruviara – 214-215

L

Lavadeira – 110, 113-114
Lavadeira de Nossa Senhora – 114
Lecre – 110, 136
Lenhador – 51
Lindo-azul – 243

M

Macho-de-joão-gomes – 252
Macuquinho – 34, 55-56
Mãe-de-sol – 135
Mãe-de-taóca – 57, 64-65
Mãe-de-torá – 66
Mandingueiro – 178
Maria-branca – 112
Maria-cavalheira – 137
Maria-com-a-vovó – 34, 49-50
Maria-é-dia – 110, 112, 122-123
Maria-preta – 110, 117, 279
Mariquita – 224, 225
Marrequinho-do-brejo –
Matraca – 63
Maú – 91-92
Melro – 272
Melro-pintado-do-brejo – 294
Miguim – 135
Monge – 96
Mono – 108

N

Nagaça – 243
Nhapim – 298

P

Pai-agostinho – 137
Papa-arroz – 279
Papa-capim – 301, 308-309
Papa-formiga – 54, 57, 66
Papa-laranja – 230, 246
Papa-mosca – 137
Papa-mosca-real – 136
Papa-ovo – 57, 62
Papa-pinto – 62
Papa-piri – 110, 121-122
Parasita – 279
Pardal – 189-195
Passarinho-do-verão – 135
Pássaro-angu – 188
Pássaro-preto – 279, 300
Pássaro-sol – 89
Patativa – 301, 309-310
Patativa-do-sertão – 310
Pavão-do-mato – 89
Pavó – 90-91
Pavo – 91
Pega – 255, 256, 298
Pega-do-norte – 256
Pega-nhapim – 272
Peitica – 123
Perna-lavada – 64
Peruinho-do-campo – 209, 211
Pia-cobra – 224, 225-226
Pica-pau-de-bico-torto – 28
Pica-pau-de-bico-comprido – 28, 30, 31
Pica-paus-vermelhos – 28, 29, 31
Pincha-cisco – 34, 54-55
Pinchochó – 301, 311, 326
Pintassilgo – 230, 254, 301, 316-317
Pintassilgo-do-brejo – 188
Pintassilgo-do-mato-virgem – 256
Pintassilva – 256
Pinto-do-mato – 57
Pipira-encarnada – 249
Pipira-papo-vermelho – 249
Pipira-preta – 252
Piranha – 140
Poaeiro – 79
Pombinha-das-almas – 110, 112-113
Pombo-anambé – 92

Prebixim – 256
Presidente-da-porcaria – 56
Príncipe – 135
Pula-pula – 244, 226-227
Puvi – 237

Q

Quem-quem – 164, 166, 167
Quem-te-vestiu – 301, 326-327
Quiruá – 72, 87-88

R

Rabilhão – 63
Rajadão – 63
Rendeiro – 109
Rendeira – 96, 109
Rexenxão – 275
Rocororé – 87
Rouxinol – 145, 257, 272
Rei-dos-bosques – 302
Rouxinol-do-campo – 257
Rouxinol-de-encontro-amarelo – 298
Rouxinol-do-Rio-Negro – 257, 297

S

Sabiá-branco – 198, 201-203, 209
Sabiá-da-capoeira – 198, 204-205
Sabiá-da-lapa – 202
Sabiá-da-mata – 198, 204
Sabiá-da-praia – 181, 185
Sabiá-da-restinga – 185
Sabiá-cinzento – 198, 202
Sabiá-coleira – 198, 204
Sabiá-do-banhado – 328
Sabiá-do-campo – 181, 182-183
Sabiá-do-brejo – 188
Sabiá-guaçu – 188
Sabiá-laranja – 200
Sabiá-laranjeira – 198-199
Sabiá-pardo – 203, 204

Sabiá-poca – 198, 201
Sabiá-preto – 205-206
Sabiá-tinga – 255
Sabiá-una – 205
Saí-açu-pardo – 230
Saí-andorinha – 228, 229
Saí-arara – 229
Saí-azul – 220
Saí-buraqueira – 229
Saí-de-fogo – 250
Saís – 219, 221
Saíra-açu – 243
Saíra-amarela – 241
Saíra-de-sete-cores – 239
Saíra-guaçu – 243
Saíra-militar – 240
Saíra-sapucaia – 243
Saíras – 230, 238-239, 242
Saíra-verde – 240
Sangue-de-boi – 135, 248
Sanhaço – 230, 244-245
Sanhaço-da-serra – 230
Sanhaço-de-coqueiro – 230, 256
Sanhaço-de-encontro – 247
Sanhaço-de-fogo – 250
Sanhaço-de-mamoeiro – 246
Sanhaço-do-campo – 256
Sanhaço-de-coqueiro – 256
Sanhaço-frade – 230
Sanhaço-pardo – 256
Sanhaço-tinga – 256
Sanhuçuira – 242
Sebinho – 223
Sebite – 223
Serra-serra – 301, 315
Sete-cores – 239
Siriri – 110, 137-138
Sofrê – 295
Soldado – 257, 271-272, 291-292
Soldado-de-bico-preto – 298
Sombrio – 210-211
Subideira – 28

Suiriri – 110, 118-119
Suiriri-dos-campos – 119
Suiriri-tinga – 110, 130-131

T

Tamurupará – 263
Tangará – 96-106
Tangará-de-cabeça-branca – 106-108
Tangará-de-cabeça-vermelha – 96, 107
Tangarazinho – 107-108
Tapera – 146, 160
Tapiranga – 248
Teitei – 233
Tem-tem – 221, 223
Teque-teque – 110, 120
Tesoura – 110, 138-140
Tesoura-do-campo – 110
Tesourinha – 72, 84-85
Tchá – 252
Tiam-tam-preto – 315
Tico-tico – 301, 322-326
Tico-tico-do-biri – 34, 40
Tico-tico-do-campo – 301, 327-328
Tico-tico-do-mato – 306
Tico-tico-guloso – 306
Tico-tico-rei – 301, 329-330
Tié-da-mata – 251
Tié-de-topete – 230, 253-254
Tié-do-mato-grosso – 230, 251
Tié-fogo – 248
Tié-galo – 230, 251-252
Tié-piranga – 250
Tié-preto – 230, 252
Tié-sangue – 230, 248-249
Tié-tinga – 230, 256
Tié-vermelho – 248
Tietê – 237
Tijuca – 86
Tinguaçu – 72, 80
Tipió – 301
Toron-toron – 64
Toropichi – 88
Tovaca – 57
Trinca-ferro – 301, 306-307
Triste-pia – 257, 276-277
Tropeiro – 72, 77-79
Trovoada – 67
Tziu – 315

U

Uirá-paçu – 29
Uirapuru – 67
Uirapuru-de-costa-azul – 106
Uiarapuru –

V

Verão – 110
Viola – 188
Vira – 279
Vira-bosta – 257, 279
Vira-çu – 79
Vira-folha – 34, 54-55
Viúva – 116-117, 230, 238
Viuvinha – 110, 115
Vivi – 237

X

Xexéu – 263
Xexéu-de-bananeira – 298

A presente edição de PÁSSAROS DO BRASIL - *Vida e Costumes dos Pássaros do Brasil* de Eurico Santos, é o volume nº 5 da Coleção Zoologia Brasílica. Capa Branca de Castro. Impresso na Líthera Maciel Editora e Gráfica Ltda., à rua Simão Antônio 1.070 - Contagem, para a Editora Itatiaia, à Rua São Geraldo, 67 - Belo Horizonte - MG. No catálogo geral leva o número 00987/7B. ISBN. 85-319-0219-3.

CAPÍTULO VI
PIPRÍDEOS 96
Descrição das Espécies 97
Tangará 97
Tangará-de-cabeça-branca 106
Tangarazinho 104
Rendeira 108

CAPÍTULO VII
TIRANÍDEOS 110
Descrição das espécies 112
Pombinha-das-almas 112
Lavadeira 113
Viuvinha 115
Viúva 116
Maria-preta 117
Suiriri 118
Teque-teque 120
Alegrinho 120
João-Pobre 121
Papa-piri 121
Maria-é-dia 122
Guaracava 123
Fruxu 123
Bem-te-vi-pequeno 124
Bem-te-vi 125
Siriri-tinga 130
Bem-te-vi-de-bico-chato 131
Caga-sebo 132
Verão 134
Lecre 136
Papa-mosca 137
Siriri 137
Tesoura 138

CAPÍTULO VIII
OXIRUNCÍDEO 145
Araponguinha 145

PARTE II
PÁSSAROS QUE CANTAM

CAPÍTULO IX
HIRUNDINÍDEOS 149
Descrição das Espécies 156
Andorinha-de-rabo-branco 156
Andorinha-de-pescoço-vermelho 158
Andorinha-grande 159
Andorinha-do-campo 160
Andorinha-pequena 161

CAPÍTULO X
CORVÍDEOS 162
Descrição das Espécies 165
Gralha-do-mato 165
Quem-quem 167
Gralha-azul 167
Gralha-do-campo 169

CAPÍTULO XI
TROGLODITÍDEOS 170
Descrição das Espécies 170
Cambaxirra 170
Lenda 177
Irapuru 177
Corruíra 179
Corruíra-açu 179
Garrinchão 180

CAPÍTULO XII
MIMÍDEOS 181
Descrição das Espécies 182
Sabiá-do-campo 182
Sabiá-da-praia 183
Japacanim 187

CAPÍTULO XIII
PLOCEÍDEOS 188
Pardal 188
Bico-de-lacre 190

CAPÍTULO XIV
TURDÍDEOS 198